浙江省普通高校"十三五"新形态教材

应用数学

YINGYONG SHUXUE

主　编　顾央青　曹　勃

副主编　童　春　卢滢宇　张　欢

U0316375

ZHEJIANG UNIVERSITY PRESS
浙江大学出版社

图书在版编目（CIP）数据

应用数学 / 顾央青，曹勃主编. —杭州：浙江大
学出版社，2019.7
ISBN 978-7-308-19323-8

Ⅰ.①应⋯ Ⅱ.①顾⋯ ②曹⋯ Ⅲ.①应用数学
Ⅳ.①O29

中国版本图书馆 CIP 数据核字（2019）第 143424 号

应用数学

主　编　顾央青　曹　勃

副主编　童　春　卢滢宇　张　欢

责任编辑　王　波

责任校对　陈　宇　陈静毅

封面设计　周　灵

出版发行　浙江大学出版社
　　　　　（杭州市天目山路 148 号　邮政编码 310007）
　　　　　（网址：http://www.zjupress.com）

排　　版　杭州中大图文设计有限公司

印　　刷　杭州高腾印务有限公司

开　　本　787mm×1092mm　1/16

印　　张　15.5

字　　数　397 千

版 印 次　2019 年 7 月第 1 版　2019 年 7 月第 1 次印刷

书　　号　ISBN 978-7-308-19323-8

定　　价　39.00 元

前　言

根据高职专业人才培养目标，结合高职学生的专业课程体系和数学认知基础，以工作岗位任务引领、生活化情境设置和案例驱动形式，我们编写了《应用数学》新形态教材。本教材主要针对高职学生的专业学习需要和未来的工作需要而编写，在教材中突出体现了以下几方面特色：

1. 教材建设与时俱进。应用数学是一门高职院校的文化基础课，承担着培养学生数学思维素质和可持续发展的任务，因此，本教材以"贴近学生，贴近实际，贴近专业"为指导思想，贯穿"因材施教""以人为本"的理念，注重数学方法的学习和引导，加强数学思维的培养，强化数学文化的学习。

2. 突出教学资源多元化。新形态教材适合不同学生的需求，除了文字内容，还以二维码形式嵌入了微视频讲解、知识运用、测试、讨论、小结、案例分析思路讲解、数学文化等。

3. 突出教学内容与学生数学认知相吻合。更多地利用图表、通俗的生活化语言，提高内容的可读性、趣味性。

4. 突出培养学生的互译能力。无论是模块任务、引例还是应用案例，都以学生的专业知识或生活知识为基础，强调培养学生"将数学知识专业化和将专业知识数学化"的双向互译能力。

5. 突出为高职学生多元需求服务的教学思想。高职学生的数学需求不仅包括专业课程数学需求、工作岗位问题解决需求，还包括学历提升需求和研究性需求。本教材以实用数学能力培养为主，例题分析和数学知识拓展模块从数学角度统筹构建数学知识体系，有利于满足教学过程的各类需求。

6. 淡化数学体系和理论推导过程。突出解决实际问题能力的培养，突出创新能力和数学模型应用能力的培养。淡化纯数学计算技巧和理论证明推导，有关定理和结论基本都是直接给出，或只做简单的说明（或几何解释），突出其应用，包括数学应用和案例应用。

7. 融合数学建模思想。结合章节相关内容，引入数学建模案例，供学有余力的学生学习，增加教材的适用面，同时提高学生的应用能力。

本教材由宁波职业技术学院数学教研室教师结合教学改革经验和相关理论研究编写而成。曹勃老师提出了本教材的整体编写架构，并完成了第五章的编写；顾央青老师全面主持教材的编写工作，并完成了第三章、第四章的编写；卢滢宇老师完成了第一章的编写；童春老师完成了第二章的编写；张欢老师参与了第五章的编写工作。

由于编者水平有限，书中不妥之处在所难免，恳请广大专家、同行、读者批评指正。

编　者

2019 年 1 月

目　录

第一章

数据的统计分析与预测方法

🌐 学习目标

【能力培养目标】

1. 会将统计问题中的概念与数学概念进行互译；

2. 会对数据进行统计分析；

3. 会利用时间序列预测法和连续预测法对数据进行科学预测。

【知识学习目标】

1. 理解数据统计中均值、中值、众数、方差等概念；

2. 掌握数据的均值、中值、众数和极差、方差、标准差的计算方法；

3. 了解数据拟合的概念，掌握数据拟合的方法；

4. 熟练运用以时间为序列的离散预测法和以拟合为基础的连续预测法。

📋 工作任务

某销售公司要求其财务部门根据销售员工的前几年工作业绩，拟出每个销售岗位员工的下一年度销售业绩目标，制订销售部门的总销售业绩目标。结合销售部门总业绩目标和公司产品市场情况，做出公司未来三年生产规划，判断如果要扩大生产规模，是否需要贷款，按公司发展状况，该贷款计划是否合适。

请谈谈你的想法。

🔍 工作分析

综观公司要求，要完成公司给出的任务(项目)，做出符合要求的方案，需要我们对公司过往的业绩进行科学评估，认识数据中反映的规律，发现其中的不足与问题，提出解决问题的方案，并为公司的规划发展提供决策量化依据。因此，我们必须至少具备以下几方面的数学能力：

(1)如何对公司已有数据进行具有统计意义的数据量化；

(2)如何根据量化数据进行销售业务预测；

(3)如何根据公司销售业务和公司产品市场情况进行公司发展预测；

(4)在前期预测数据基础上，结合公司资金状况做出银行贷款计划，并计算在不同贷款情况下公司的还款总额及公司的承受能力等。

📖 知识平台

1. 数据的初步统计思想与方法；

2. 数据的时间序列预测法；

3. 数据的拟合；

4. 函数的概念；

5. 函数极限的概念与计算。

第一节　数据的描述性统计

子任务导入

某电器有限公司销售部门有销售(1)部、销售(2)部和销售(3)部,2018 年前 6 个月销售业绩如表1.1所示。

表 1.1　某电器有限公司销售部各员工的月销售业绩表　　　　（单位:元）

员工	销售部门	月份					
		1	2	3	4	5	6
CXL	销售(1)部	66500	92500	95500	98000	86500	71000
ZY	销售(1)部	73500	91500	64500	93500	84000	87000
LH	销售(1)部	75500	62500	87000	94500	78000	91000
LL	销售(1)部	79500	98500	68000	100000	96000	66000
DY	销售(1)部	82050	63500	90500	97000	65150	99000
ZC	销售(1)部	82500	78000	81000	96500	96500	57000
LHY	销售(1)部	84500	71000	99500	89500	84500	58000
LJ	销售(1)部	87500	63500	67500	98500	78500	94000
DYH	销售(1)部	88000	82500	83000	75500	62000	85000
ZT	销售(2)部	56000	77500	85000	83000	74500	79000
LML	销售(2)部	58500	90000	88500	97000	72000	65000
MY	销售(2)部	63000	99500	78500	63150	79500	65500
ZXL	销售(2)部	69000	89500	92500	73000	58500	96500
LY	销售(2)部	72500	74500	60500	87000	77000	78000
PY	销售(2)部	74000	72500	67000	94000	78000	90000
FJD	销售(2)部	75500	72500	75000	92000	86000	55000
YWJ	销售(2)部	76500	70000	64000	75000	87000	78000
MLG	销售(2)部	77000	60500	66050	84000	98000	93000
YHM	销售(2)部	80500	96000	72000	66000	61000	85000
HHS	销售(3)部	62500	57500	85000	59000	79000	61500
TYX	销售(3)部	63500	73000	65000	95000	75500	61000
ZTT	销售(3)部	68000	97500	61000	57000	60000	85000
LLM	销售(3)部	71500	61500	82000	57500	57000	85000
MXY	销售(3)部	71500	59500	88000	63000	88000	60500

员工	销售部门	月份					
		1	2	3	4	5	6
STC	销售(3)部	75000	71000	86000	60500	60000	85000
XXH	销售(3)部	75500	60500	85000	57000	76000	83000
YP	销售(3)部	76000	63500	84000	81000	65000	62000

公司要求我们分析销售部每个员工的业绩,并通过对员工业绩的分析,分析公司的总销售业绩情况,并提出相关建议。

子任务分析

从表1.1看,其中的数据没有规律,显得比较凌乱,不便于我们阅读,更不利于我们理解与分析,为此我们可以对数据加以整理,从不同的角度对数据进行统计分析,探索数据的分布特征。

对每个员工的业绩分析,可以通过分析每个员工6个月来的销售业绩情况,统计分析:

(1)每个员工的个人销售业绩水平;

(2)每个员工的个人销售业绩的稳定性等。

在横向分析每个员工的销售业绩的基础上,统计分析:

(1)不同员工之间的销售业绩差异情况;

(2)6个月来公司总销售业绩的变化情况;

(3)以多种方式对数据进行排序分析。

在两种统计分析的基础上,就可以初步评判每个员工的总体销售能力、员工之间的能力差异情况,同时可以了解到公司产品的销售和市场变化情况。

从子任务分析情况看,解决相关问题必须具备度量数据的集中趋势和离散趋势的数学方法和相关数学知识。

通过调查获得、经过整理后展现的如表 1.1 所示的数据已经可以反映出被研究对象的一些状态与特征,但由于数据比较凌乱,认知程度还比较肤浅,反映的精确度不够,不便于阅读,也不便于理解和分析。为此,我们要使用各类代表性的数量特征值来准确地描述这些数据。对数据的特征描述,主要有反映包括数据分布特征与排序、频数分布等的描述性统计方法。

一 数据的分布与排序

数据的分布特征主要包括数据的集中趋势和数据的离散趋势,其中数据的集中趋势包括均值、中位数和众数等测定指标,其反映的是一组数据向某一中心值靠拢的倾向,在中心附近的数据数目较多,而远离中心的较少。对集中趋势进行描述就是寻找数据一般水平的中心值或代表值。数据的离散趋势主要有极差、方差或标准差等测定指标,其主要反映各变量值远离中心值的程度,即主要测定数据的稳定(波动)性如何。

1. 数据的集中趋势

(1)均值

引例 1.1 【工资水平分析】某公司 2017 年 7 月份部分员工的工资如表 1.2 所示。

表 1.2 　　2017 年 7 月份某公司部分员工的工资 　　　　　　　　（单位:元）

序号	姓名	工资	序号	姓名	工资
1	HYL	2361.00	6	CYC	2855.50
2	SLY	1985.25	7	QLP	3812.00
3	LCP	3470.80	8	XYZ	2388.10
4	YZY	1359.15	9	SWY	4008.60
5	GTP	4811.50	10	CMM	3187.35

作为公司的财务人员,公司员工的平均工资如何计算?如果有些公司员工的工资相同,是不是有更简洁的办法计算该公司员工的平均工资?

引例 1.2 【商品价格分析】现在市场上经常有很多促销活动,小王在该活动的不同时段分别花 1 元买到了单价分别为 1.2 元/kg、1.8 元/kg、2 元/kg 的某类商品,请问:你能计算出他在该活动中买到该商品的平均价格吗?

问题分析 该类问题的总体目标相同,即要计算一组数据的平均数,但由于情境不同,导致解决问题的思路有一定的差异,如何根据不同的情境,采用合理的办法计算平均数,是我们下面重点讨论的问题之一。

商品价格分析
（调和平均数）

一组数据各变量值相加后除以数据的个数所得到的结果，称为**均值（Mean）**，也称为**算术平均数（Arithmetic Mean）**，用 $\overline{x}$ 表示。设一组数据为 $x_1, x_2, \cdots, x_n$，则数据的均值 $\overline{x}$ 为

$$\overline{x} = \frac{x_1 + x_2 + \cdots + x_n}{n} = \frac{1}{n}\sum_{i=1}^{n}x_i$$

由于算术平均数在分析数据时没有考虑各数据的重要性，因此有时对算术平均数做一些改进。通常，根据各个数据的重要性，分别对其赋予适当的权值，对于越重要的数据赋予越大的权重，一组数据各变量值与对应的权重乘积之和称为**加权平均数（Weighted Mean）**。设一组数据为 $x_1, x_2, \cdots, x_n$，对应的权重分别为 $f_1, f_2, \cdots, f_n$，则数据的加权平均数

平均销售额
（算术平均数）

$$\overline{x} = \frac{f_1 x_1 + f_2 x_2 + \cdots + f_n x_n}{m} = \frac{1}{m}\sum_{i=1}^{n}f_i x_i$$

其中，$f_1 + f_2 + \cdots + f_n = m$。

除了上述的算术平均数和加权平均数外，调和平均数和几何平均数是另外两种常见的集中趋势测定统计量。

各个变量值倒数的简单算术平均数的倒数称为**简单调和平均数（Harmonic Mean）**，用 M_H 表示。简单调和平均数主要应用于各变量值对应的标志总量相等的情况。设一组数据为 $x_1, x_2, \cdots, x_n$，则数据的简单调和平均数为

$$M_H = \frac{1 + 1 + \cdots + 1}{\dfrac{1}{x_1} + \dfrac{1}{x_2} + \cdots + \dfrac{1}{x_n}} = \frac{n}{\displaystyle\sum_{i=1}^{n}\dfrac{1}{x_i}}$$

当各变量值对应的标志总量不相等时，设一组数据为 $x_1, x_2, \cdots, x_n$，且各单位或各组的变量值对应的标志总量分别为 $M_1, M_2, \cdots, M_n$，则数据的加权调和平均数为

$$M_H = \frac{M_1 + M_2 + \cdots + M_n}{\dfrac{M_1}{x_1} + \dfrac{M_2}{x_2} + \cdots + \dfrac{M_n}{x_n}} = \frac{\displaystyle\sum_{i=1}^{n}M_i}{\displaystyle\sum_{i=1}^{n}\dfrac{M_i}{x_i}}$$

在计算平均比率和平均速度时，通常采用**几何平均数（Geometric Mean）**来度量，用 M_G 表示。设一组数据为 $x_1, x_2, \cdots, x_n$，则数据的几何平均数为

$$M_G = \sqrt[n]{x_1 \times x_2 \times \cdots \times x_n} = \sqrt[n]{\prod_{i=1}^{n}x_i}$$

均值是最常见的度量数据集中趋势的方法，用于寻找定量数据的中心代表值，但其统计量的稳健性较差，即容易受到极端值的干扰。例如一个企业中如果有少数高管的工资很高，而大部分员工的工资很低时，均值就不能很好地反映该企业的大部分员工平均工资水平了。这时用中位数或众数度量数据的集中趋势比较合适。

（2）中位数

引例 1.3 **【公司平均工资】**某贸易公司人员年薪情况如表 1.3 所示。

表 1.3　某贸易公司人员年薪 　　　　　　　　　　　　　　（单位:万元）

序号	姓名	工资	序号	姓名	工资
1	总经理	50	8	员工 4	6
2	主管 1	20	9	员工 5	4
3	主管 2	18	10	员工 6	5
4	主管 3	15	11	员工 7	6
5	员工 1	5	12	员工 8	5
6	员工 2	5	13	员工 9	4
7	员工 3	6	14	员工 10	3

如果你是该贸易公司的一个新人,请问如何看待自己的期望年薪比较合理?

引例 1.4　【平均受教育水平】为了解公司员工的整体受教育水平,公司对 3000 名员工做了相关调查,得到数据如表 1.4 所示。

表 1.4　员工受教育水平调查表

受教育水平	人数(人)	百分比(%)
小学及以下	240	8
初中	564	18.8
高中	1635	54.5
大学及以上	561	18.7
合计	3000	100

该如何认定公司员工的整体受教育水平?

问题分析　用前面所述的均值去分析这类问题合适吗? 明显是不行的,这时需要根据不同的情境采用中位数或众数的概念解决之。

一组数据排序后处于中间位置上的变量值,称为**中位数**或**中值(Median)**,用 M_e 表示。设一组数据为 $x_1, x_2, \cdots, x_n$,按从小到大的顺序排序后为 $x_{(1)}, x_{(2)}, \cdots, x_{(n)}$,则中位数为

$$M_e = \begin{cases} x_{(中)} & n \text{ 为奇数} \\ \dfrac{1}{2}(x_{中} + x_{(中+1)}) & n \text{ 为偶数} \end{cases}$$

(3)众数

一组数据中出现次数最多的变量值,称为**众数(Mode)**。

数据的均值、中位数(中值)和众数主要用于度量数据的总体(平均)水平,反映数据的集中趋势。

⊗ 案例分析

案例 1.1 【股票平均收盘价格】根据某证券交易所信息,已知四只股票某日的收盘价和成交额如表 1.5 所示。

表 1.5　四只股票某日的收盘价和成交额　　　　　　　　　（单位:元）

股　票	收盘价	销售额
1	8.12	6400000
2	11.30	310000
3	16.54	230000
4	14.70	520000

计算这四只股票的当日平均收盘价格。

解　由调和平均数计算公式知,这四只股票的当日平均收盘价格 M_H 为

$$M_H = \frac{\sum_{i=1}^{4} M_i}{\sum_{i=1}^{4} \frac{M_i}{x_i}} = \frac{M_1 + M_2 + M_3 + M_4}{\frac{M_1}{x_1} + \frac{M_2}{x_2} + \frac{M_3}{x_3} + \frac{M_4}{x_4}} = \frac{7460000}{864891} \approx 8.63(元)$$

案例 1.2 【产品合格率】生产某产品需要经过六道工序,每道工序的合格率分别为 98%、91%、93%、98%、98%、91%,求这六道工序的平均合格率。

解　根据几何平均数,有

$$M_G = \sqrt[6]{98\% \times 91\% \times 93\% \times 98\% \times 98\% \times 91\%} = 94.78\%$$

所以,这六道工序的平均合格率为 94.78%。

产品合格率
（几何平均数）

案例 1.3 【产品销售分析】某公司在 2012—2017 年的销售数据如表 1.6 所示。

表 1.6　某公司 2012—2017 年销售数据　　　　　　　　　（单位:万元）

年　份	销售额	年　份	销售额
2012	495	2015	560
2013	490	2016	580
2014	510	2017	575

试分析该公司这 6 年来产品的总体销售水平如何。

解　该公司产品销售的总体水平分析,从数据特点看,采用均值或中位数度量比较科学。产品销售额的均值为 $\bar{x} = \dfrac{495 + 490 + 510 + 560 + 580 + 575}{6} = 535(万元)$

产品销售额的中位数为 $M_e = \dfrac{510 + 560}{2} = 535(万元)$。

2. 数据的离散趋势

很多时候,我们不仅希望了解数据的总体水平和集中趋势,同时希望了解数据的稳定性和离散趋势。数据的稳定性主要利用数据的极差、方差(标准差)度量,方差(标准差)越大,数据的稳定性越差,反之,数据的稳定性越好。

引例 1.5　**【销售业绩水平分析】**上海一销售公司主要销售商品条形码的扫描枪、定位扫描枪、刷卡器和报警器等相关设备,2017 年 3 月份 8 名员工的销售业绩如表 1.7 所示。

表 1.7　2017 年销售员各产品销售总额统计表　　　(单位:元)

员工序号	扫描枪销售额	定位扫描枪销售额	刷卡器销售额	报警器销售额
1	5638	4908	2089	4890
2	2010	3109	3882	2135
3	2080	3915	3090	3901
4	1595	2108	1840	2170
5	5660	2120	3098	5659
6	5661	3135	5659	5578
7	2106	1845	2101	2109
8	4903	3155	3910	4890

试在分析这 8 名员工的总体平均销售能力的基础上,进一步分析这 8 名员工销售能力的差距。

问题分析　员工的总体平均销售能力可以利用前面介绍的集中趋势中的均值或中位数去度量,而要进一步分析这些员工销售能力的差距,我们可以通过销售能力最强和最弱者的销售额差距、每个个体销售额和平均销售额之间的差距等指标进行分析。这就需要我们具备数学中的极差、方差(标准差)等知识和能力。

(1)极差

一组数据中的最大值与最小值的差,称为**极差(Range)**,用 R 表示。设一组数据为 x_1, $x_2,\cdots,x_n$,按从小到大的顺序排序后为 $x_{(1)},x_{(2)},\cdots,x_{(n)}$,则极差为

$$R = x_{(n)} - x_{(1)}$$

极差是最容易计算的度量数据离散趋势的统计量,但它容易受极端值的影响。因此,更多时候我们利用方差或标准差度量数据的离散趋势。

(2)方差

一组数据中的各变量值与其均值之差平方的均值,称为**方差(Variance)**,用 S^2 表示。设一组数据为 $x_1,x_2,\cdots,x_n$,则方差为

$$S^2 = \frac{(x_1 - \overline{x})^2 + (x_2 - \overline{x})^2 + \cdots + (x_n - \overline{x})^2}{n} = \frac{1}{n}\sum_{i=1}^{n}(x_i - \overline{x})^2$$

（3）标准差

方差的算术平方根，称为**标准差**（**Standard Deviation**），用 S 表示。设一组数据为 $x_1,x_2,\cdots,$ x_n，则标准差为

$$S = \sqrt{\frac{1}{n}\sum_{i=1}^{n}(x_i - \overline{x})^2}$$

方差（或标准差）能较好地反映出数据的离散程度，是实际中应用最广泛的离散程度测量值，在实际问题分析中，人们更多地习惯于使用标准差。

为了通过浏览数据发现数据的一些明显特征趋势，需要将数据按一定的顺序排列，称为**数据排序**（**Rank**）。排序与排名不同，排序可以重复，而排名是不可以重复的。

二 数据的频数分析

引例 1.6 【**加工水平直观分析**】根据某车间 200 名工人加工零件的资料，计算平均每个工人的零件生产量，资料如表 1.8 所示。

表 1.8 某车间职工加工零件平均数计算表

按零件数分组（个）	职工人数（人）	组中值
40～50	20	45
50～60	40	55
60～70	80	65
70～80	50	75
80～90	10	85
合计	200	—

如何直观反映这些工人的平均零件加工水平以及加工水平的差异性？

问题分析 要想解决这类问题，需要了解数据为什么这样分组，这样分组后的数据如何定义，如何直观地反映这些数据带给我们的信息等。因此，需要具备数据的分组、频数、频率等概念，掌握用直方图、饼图等直观图表来解决相关问题的方法。

在进行数据整理分析时，有时由于数据量比较大，或分析时有实际需要，不得不将数据按照某种特征或标准分成不同的组别，计算出所有类别或数据在各组出现的次数，称为**频数**（**Frequency**），形成频数分布表（即全部数据在各组中的分布状况），若将频数除以数据总个数，所得的商称为**频率**，对应地可以形成频率分布表。根据频数（频率）分布表，可以绘制出直观的频数（频率）分布图，这对我们了解数据的分布特点有很大的帮助。常见的频数（频率）分布图可以用直方图、饼图、条形图或柱形图等表示。

一般地，数据的分组经验公式为

$$组数\ K = 1 + \frac{\lg n}{\lg 2}$$

$$组距\ d = \frac{最大值 - 最小值}{K}$$

其中,n 为数据的个数。

从数据的描述性统计看,当频数分布呈对称分布或近似对称分布时,以均值、中位数或众数描述数据的集中趋势,以极差、方差或标准差描述数据的离散趋势都比较理想;当频数分布呈偏态时,极端值会对均值、极差产生较大影响,而对众数、中位数没有影响,此时,用众数、中位数来描述集中趋势,用方差或标准差来描述数据的离散趋势比较好。

案例分析

案例 1.4 【**产品销售分析**】某公司在 2012—2017 年的销售数据如表 1.9 所示。

表 1.9　某公司 2012—2017 年销售数据　　　　　　　　　　（单位:万元）

年　份	销售额	年　份	销售额
2012	495	2015	560
2013	490	2016	580
2014	510	2017	575

试分析该公司在这 6 年中产品销售的稳定性如何。

解　该公司的销售稳定性可以从极差、方差或标准差来分析。

产品销售额的极差为 $R=90$,

产品销售额的方差为 $S^2=\dfrac{(-40)^2+(45)^2+(25)^2+25^2+45^2+40^2}{6}=1416.67$,

产品销售额的标准差为 $S=\sqrt{1416.67}\approx37.64$。

案例 1.5 【**商场销售分析**】全国十大商场某年 10 月份的销售额统计数据如表 1.10 所示。

表 1.10　全国十大商场某年 10 月份销售额　　　　　　　　（单位:千元）

编号	商场	销售额	编号	商场	销售额
01	广州天河城	886138	06	济南贵和中心店	951650
02	武汉新世界百货	1061241	07	大连百年城	699084
03	北京国贸商场	800493	08	西安世纪金花广场	570238
04	杭州大厦	737777	09	北京崇光百货	1573397
05	昆明柏联广场	578036	10	上海中信泰富	680216

试分析比较这十大商场 10 月份的销售额。

解　分析比较这十大商场 10 月份的销售额,可从销售均值、极差进行,同时还可以通过数据排序了解这十大商场的排名及变化情况。

商场 10 月份的销售额均值 $\bar{x}=853827$,

商场 10 月份的销售额极差 $R=995361$,

十大商场某年 10 月份销售额的数据排序分析如表 1.11 所示,通过表 1.11 可以清晰地反映各商场的销售情况。

表 1.11 全国十大商场 10 月份销售额数据排序分析 （单位：千元）

编号	商场	销售额	编号	商场	销售额
01	西安世纪金花广场	570238	06	北京国贸商场	800493
02	昆明柏联广场	578036	07	广州天河城	886138
03	上海中信泰富	680216	08	济南贵和中心店	951650
04	大连百年城	699084	09	武汉新世界百货	1061241
05	杭州大厦	737777	10	北京崇光百货	1573397

案例 1.6 【零售公司刷卡手续费】为了研究银行卡刷卡费率对零售业的影响程度，中金公司展开了相关调查研究，相关报告显示，2011 年全国 21 家零售公司刷卡手续费占销售额比例情况如表 1.12 所示。

表 1.12 零售公司 2011 年刷卡手续费情况

零售公司	占销售额比例	零售公司	占销售额比例
大商股份	0.2％	银泰百货	0.7％
王府井	0.6％	金鹰商贸	0.5％
天虹商场	0.5％	永辉超市	0.1％
合肥百货	0.4％	中百集团	0.2％
友好集团	0.5％	华联综超	0.1％
重庆百货	0.3％	新华都	0.2％
欧亚集团	0.5％	京客隆	0.1％
银座股份	0.3％	苏宁电器	0.2％
友谊股份	0.1％	国美电器	0.2％
广州友谊	0.4％	汇银家电	0.3％
首商股份	0.6％		

试用频数分布表和频数分布图统计分析这 21 家零售公司的刷卡手续费占销售额比例情况。

解 根据本题特点，可利用单数据值分组法，直接将数据分为 7 组，可得频数分布表如表 1.13 所示，频率分布直方图如图 1.1 所示。

表 1.13 频数、频率分布表

刷卡手续费占销售额比例	频 数	频 率
0.1％	4	0.19
0.2％	5	0.24

续表

刷卡手续费占销售额比例	频 数	频 率
0.3%	3	0.14
0.4%	2	0.095
0.5%	4	0.19
0.6%	2	0.095
0.7%	1	0.05

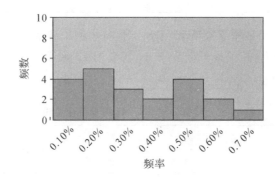

图 1.1　频率分布直方图

案例 1.7　【产品销售分析】某商场规定若营业员月销售额大于等于 60000 元,将被评为"销售之星";销售额大于等于 45000 元而小于 60000 元,将被评为"销售能手";销售额大于等于 20000 元而小于 45000 元,将被评为"合格销售员工",并可在底薪的基础上分别加薪 1000 元、800 元和 500 元。销售额小于 20000 元,则将被评为"不合格销售员工"。据统计,该商场 20 位营业员业绩如表 1.14 所示。

表 1.14　销售人员业绩统计表　　　　　　　　　　　　(单位:元)

编号	姓名	销售额	编号	姓名	销售额
01	FLD	65000.00	11	HAJ	31000.00
02	WLH	32560.00	12	HL	42000.00
03	ZCH	75000.00	13	LMH	48000.00
04	LYP	26000.00	14	ZST	62000.00
05	WXP	34560.00	15	ZXP	45000.00
06	DLT	85235.00	16	SSH	32000.00
07	ZPY	62300.00	17	NXQ	34500.00
08	GL	45000.00	18	WSF	63000.00
09	JJ	12000.00	19	ZXD	53210.00
10	LHX	52000.00	20	LHZ	45600.00

试建立合理的频数分布表和频数分布图,结合直方图分析各类员工人数及对应员工。

解　根据本题特点,可利用组距分组法,直接将数据分为 7 组,可得频数分布表如表 1.15 所示,频数分布直方图如图 1.2、图 1.3 所示,由此可以全面了解研究需要掌握的各类信息数据。

表 1.15　频数、频率分布表

销售额(元)	频　数	频　率
(0,20000)	1	0.05
[20000,45000)	7	0.35
[45000,60000)	6	0.30
[60000,∞)	6	0.30

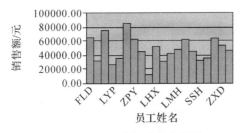

图 1.2　员工销售额分布直方图

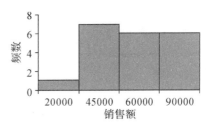

图 1.3　员工销售额频数分布直方图

从图 1.2 可以看到,"销售之星"有 6 人,分别为 FLD、ZCH、DLT、ZPY、ZST、WSF;"销售能手"有 6 人,分别为 GL、LHX、LMH、ZXP、ZXD、LHZ;"合格销售员工"有 7 人,分别为 WLH、LYP、WXP、HAJ、HL、SSH、NXQ;"不合格销售员工"有 1 人,为 JJ。

案例 1.8　【电器公司销售业绩】(子任务的解决方案)公司规定员工业绩达(包含等于)8000 元以上为优秀,达(包含等于)6000 元以上为达标。试综合分析该公司 3 个销售部员工 1 月份至 6 月份的业绩统计数据,同时分析公司员工的优秀率和达标率及每月的前三名和后三名的业绩量,以了解该公司总的销售业绩情况,并做出相关建议。

解　有关数据的描述性统计结果如表 1.16 所示。

表 1.16　销售(1)、(2)、(3)部的销售额统计数据

	1 月份	2 月份	3 月份	4 月份	5 月份	6 月份
平均销售额(元)	73039	76389	77576	80506	77265	77722
中值(元)	74000	73000	81000	84000	78000	83000
众数(元)	75500	63500	85000	97000	78000	85000
优秀率	22.2%	33.3%	51.9%	55.6%	37.0%	51.9%
达标率	92.6%	92.6%	96.3%	85.2%	92.6%	88.9%
前三名(元)	88000	99500	99500	100000	98000	99000
	87500	98500	95500	98500	96500	96500
	84500	97500	92500	98000	96000	94000

续表

	1 月份	2 月份	3 月份	4 月份	5 月份	6 月份
	56000	57500	57000	57000	57000	55000
后三名(元)	58500	59500	60500	57000	58500	57000
	62500	60500	61000	57500	60000	58000

该公司销售(1)、(2)、(3)部员工人数统计及销售业绩均值相关统计数据如表 1.17 所示。

表 1.17　销售(1)、(2)、(3)部员工人数统计及销售业绩均值相关统计数据

	人数(人)	1 月份(元)	2 月份(元)	3 月份(元)	4 月份(元)	5 月份(元)	6 月份(元)
销售(1)部	9	79950.00	78166.70	81833.30	93666.70	81238.90	78666.70
销售(2)部	10	70250.00	80250.00	74905.00	81415.00	77150.00	78500.00
销售(3)部	8	68750.00	69562.50	76125.00	64562.50	72937.50	75687.50

该公司销售(1)、(2)、(3)部的销售业绩的频数分析如表 1.18 所示。

表 1.18　销售(1)、(2)、(3)部销售业绩的频数分析数据　　　　　　(单位:人)

		1 月份	2 月份	3 月份	4 月份	5 月份	6 月份
销售段人数	6 万元以下	2	2	1	4	2	3
	6 万元~7 万元	7	6	9	5	5	6
	7 万元~8 万元	12	10	3	3	9	4
	8 万元~9 万元	6	2	10	3	8	8
	9 万元以上	0	7	4	12	3	6

从统计数据分析,公司销售(1)、(2)、(3)部 1 月至 6 月份的销售业绩总体保持稳中有升的趋势,但业绩达标人数呈现一定的下降趋势。从横向分析看,销售(1)部的业绩总体好于销售(2)部和(3)部的销售业绩。

想一想　练一练(一)

1. 某个生产小组有 10 名工人,由于是按计件取酬的,所以他们的月工资各不相同,分别是 1000 元、1480 元、1540 元、1600 元、1650 元、1650 元、1740 元、1800 元、1900 元、2500 元。请说明这 10 名工人的工资的一般水平。

2. 假如某种蔬菜在早、中、晚市的每公斤的价格分别为 0.5 元、0.4 元、0.2 元,若早、中、晚市各买一元钱的菜,其平均价格是多少?

3. 假如某种蔬菜在早、中、晚市的每公斤的价格分别为 0.5 元、0.4 元、0.2 元,若早、中、

小测试

晚市分别花 4、3、2 元，求购进的该种蔬菜的平均价格。

4. 某股票投资者长期持有一只股票，2005—2008 年每年的收益率分别是 5.6%、7.2%、28.5%、-15.6%。计算该股票投资者 4 年内的平均收益率。

5. 为了解某企业工人的工资情况，随机抽取 30 人，月工资（单位：元）如下：

1050	1000	1200	1410	1590	1400	1100	1570	1710	1550
1690	1380	1060	1470	1300	1560	1250	1560	1350	1460
1550	1450	1550	1570	1780	1610	1510	980	1320	1510

请绘制频数表、直方图，并计算各种描述统计量。

6. 某班同学的一次期末数学成绩资料如表 1.19 所示。

表 1.19　某班学生的数学期末成绩

数学成绩（分）	学生人数（人）
40~49	5
50~59	7
60~69	8
70~79	20
80~89	14
90~100	6

请计算该班学生的平均成绩、标准差。

7. 表 1.20 给出了某项调查中 30 名被访者的月收入水平分组数据。

表 1.20　被访者的月收入水平

收入水平（元）	组中值 x_i	被访者人数 f_i（人）	$x_i f_i$
1000~2000	1500	3	4500
2000~3000	2500	7	17500
3000~4000	3500	13	45500
4000~5000	4500	5	22500
5000~6000	5500	2	11000
合　计	—	30	101000

请计算被访者的平均收入水平。

第二节　数据的推断性统计

📖 **子任务导入**

如何科学地进行库存决策是企业生产管理中的重要问题。解决原材料缺乏和过剩最行之有效的方法,是针对企业的各种需求状况做出准确、全面的库存计划,从而提高企业利润。计划的制订离不开对前期数据的深入分析,只有充分利用历史数据,依赖"会说话"的数据,才可能对企业后期的发展进行相对准确的科学预测。表1.21所示是某商场2001—2012年的年销售额数据。

表 1.21　某商场 2001—2012 年年销售额　　　　　　　　　　（单位:万元)

年份	销售额	年份	销售额	年份	销售额
2001	6700	2005	8500	2009	9800
2002	7300	2006	8700	2010	10300
2003	7600	2007	9000	2011	10800
2004	8000	2008	9300	2012	12000

试对该商场未来5年的发展状况做出基于量化分析的决策。

请谈谈你的想法。

✏️ **子任务分析**

从表1.21看,商场销售额按时间序列呈现出逐渐上升的变化趋势,但由于每年的销售环境、销售策略及整体经济环境的变化,商场的销售额变化又有一些起伏。要科学预测该商场未来5年的销售额及发展趋势,需要对数据在统计的基础上进行推断性分析。

要完成相关的预测工作,需要完成以下工作:

(1)将数据以时间为顺序进行排列,形成以时间为变量的动态数列;

(2)分析数据产生过程中可能受到的影响因素;

(3)根据数学方法对数据进行统计性推断,进行定量预测。

从子任务分析情况看,解决该问题必须具备数据的时间序列预测法和回归预测法等相关知识。

✏️ **数学知识链接**

　　在企业管理或财务数据分析的过程中,有时我们不仅需要了解某些数据在过去一段时间呈现出的规律和特点,而且更希望通过分析这些数据,找到数据中隐含的变化规律,对数据的未来发展趋势做出定量的预测。这时,我们需要对数据进行推断性统计,也称定量预测。常见的方法包括**时间序列分析法**(**Time Series Analysis Method**)和**回归分析预测法**(**Regression Analysis Prediction Method**)。

一　时间序列分析

　　引例 1.7　【人口增长预测】某城市近 16 年以来人口自然增长率数据如表 1.22 所示。

表 1.22　某城市近 16 年人口自然增长率情况

年　份	1	2	3	4	5	6	7	8
自然增长率(‰)	15.3	14.8	14.2	14.3	14.1	13.9	13.2	13.8
年　份	9	10	11	12	13	14	15	16
自然增长率(‰)	13.4	13.4	13.1	12.4	12.8	12.6	12.5	12.2

　　试根据该城市近 16 年以来人口增长率数据,科学合理地预测今后三年内每年人口的自然增长率。

引例 1.8 【服装季节销售量预测】某市近 3 年各个季节的冬季服装销售总量数据如表 1.23 所示。

表 1.23　某市近 3 年各季节冬季服装销售量　　　　　　（单位：千件）

年　份	季　节				全年合计
	春	夏	秋	冬	
第一年	164	20	7	236	427
第二年	207	35	19	273	534
第三年	265	38	22	334	659

试在分析前三年销售业绩的基础上，采用合理的方法预测明年冬季服装在各季节的销售量。

问题分析　这两个引例虽然都要求我们根据前期数据变化规律，科学预测数据后期的变化趋势，但两个问题的情境又有所不同。引例 1.7 中的人口自然增长率数据呈现下降趋势，而引例 1.8 中的冬季服装销售量虽然每年呈现明显的上升势头，但同时存在季节性变化规律。那如何根据不同的问题情境，做出科学的预测呢？这要求我们具备简单平均数法、移动平均数法、指数平滑法、平均增长量法和季节变动预测法等相关知识和能力。

将我们研究的某种经济统计指标的数值，按时间先后顺序排列起来的数列称为**时间序列数据**（**Time Series Data**），也称为**动态数列**。但编制成时间序列的数据一般很难直接做出定量的预测，因为我们在工作中接触到的数据往往受到现实中多种复杂因素的影响，分析影响因素类型，大致可归纳为长期趋势（T）、季节变动（S）、循环变动（C）和不规则变动（I）四类。其中长期趋势又称倾向变动，是指伴随着经济的发展，在相当长的持续时间内，单方向的上升、下降或水平变动的因素。一般地，长期趋势也是经济现象的主要变动趋势；季节变动是指伴随季节变化而周期性变化的因素；循环变动是围绕于长期趋势变动周围的周期性变动，它是具有一定周期和振幅的变动；而不规则变动指由各种偶然因素引起的随机性变动。通常，数据的时间序列变动是长期趋势变动、季节变动、循环变动和不规则变动四种因素综合作用的结果，在对以上四种因素分别分析后，用如下的加法模型或乘法模型就可以对时间序列进行综合性预测。

$$Y = T + C + S + I$$
$$Y = T \cdot C \cdot S \cdot I$$

将需要研究的数据编制成时间序列后，根据数据组反映的社会经济现象的发展过程和规律性，进行类推或延伸，预测其发展趋势的方法，称为**时间序列分析法**（**Time Series Analysis Method**）。时间序列分析法有简单平均数法、移动平均数法、指数平滑法、平均增长量法和季节变动预测法等。

1. 简单平均数法

如果时间序列显示，观察期资料并无显著的长期升降趋势变动和季节变动，我们可以将一定观察期内的各期数据的平均数作为下期预测值的时间序列分析法，称为**简单平均数法**

(**Simple Average Method**)。最常见的预测方法包括算术平均数法和加权平均数法。

将一定观察期内预测变量的时间序列的算术平均数作为下期的预测值的时间序列分析法称为**算术平均数法**（**Arithmetic Average Method**）。设一组时间序列数据为 $x_1, x_2, \cdots, x_n$，则按算术平均数法预测的第 $n+1$ 期数据的预测值 F_{n+1} 为

$$F_{n+1} = \frac{x_1 + x_2 + \cdots + x_n}{n} = \frac{1}{n} \sum_{i=1}^{n} x_i$$

将一定观察期内的各个数据赋予不同的权重，将这组数据的加权平均数作为下期预测值的时间序列分析法称为**加权平均数法**（**Weighted Average Method**）。设一组时间序列数据为 $x_1, x_2, \cdots, x_n$，对应的权重分别为 $f_1, f_2, \cdots, f_n$，则按加权平均数法预测的第 $n+1$ 期数据的预测值 F_{n+1} 为

$$F_{n+1} = \frac{f_1 x_1 + f_2 x_2 + \cdots + f_n x_n}{m} = \frac{1}{m} \sum_{i=1}^{n} f_i x_i$$

其中，$f_1 + f_2 + \cdots + f_n = m$。

加权平均数法强调时间序列近期变动对未来具有较大影响，比算术平均数法更合理。

虽然简单平均数法预测方便简单，但这种方法一般只适用于趋势比较稳定的时间序列的短期预测。

2. 移动平均数法

考虑到时间过于久远的数据，对预测数据未来发展趋势不具有（或很少具有）参考价值，因此我们将简单平均数法进一步改进为移动平均数法。移动平均数法包括简单移动平均数法和加权移动平均数法。

将数据编制成时间序列后，用最近的 t 个实际数据值的平均数来预测未来一期或几期数据的方法，称为**简单移动平均数法**（**Simple Moving Average Method**）。设一组时间序列数据为 $x_1, x_2, \cdots, x_n$，则按简单移动平均数法预测的第 $n+1$ 期数据的预测值 F_{n+1} 为

$$F_{n+1} = \frac{x_n + x_{n-1} + \cdots + x_{n-t+1}}{t}$$

当预测第 $n+2$ 期数据时，其预测值 F_{n+2} 为

$$F_{n+2} = \frac{F_{n+1} + x_n + \cdots + x_{n-t+2}}{t}$$

同样可求，第 $n+3, n+4, \cdots$ 期的预测值 $F_{n+3}, F_{n+4}, \cdots$。

类似地，考虑到时间序列数据资料重要性不同，对最近期内的各个数据赋予不同的权重，再按移动平均法原理，预测未来一期或几期数据的方法称为**加权移动平均数法**（**Weighted Moving Average Method**）。设一组时间序列数据为 $x_1, x_2, \cdots, x_n$，则按加权移动平均数法预测的第 $n+1$ 期数据的预测值 F_{n+1} 为

$$F_{n+1} = \frac{f_n x_n + f_{n-1} x_{n-1} + \cdots + f_{n-t+1} x_{n-t+1}}{m}$$

当预测第 $n+2$ 期数据时，其预测值 F_{n+2} 为

$$F_{n+2} = \frac{f_{n+1} F_{n+1} + f_n x_n + \cdots + f_{n-t+2} x_{n-t+2}}{m}$$

同样可求，第 $n+3, n+4, \cdots$ 期的预测值 $F_{n+3}, F_{n+4}, \cdots$。

其中，$f_{n-t+1}, f_{n-t+2}, \cdots, f_n$ 为数据 $x_{n-t+1}, x_{x-t+2}, \cdots, x_n$ 对应的权重，且 $f_{n-t+1} + f_{n-t+2} + \cdots$

$+ f_n = m$；类似地，$f_{n-t+2}, f_{n-t+3}, \cdots, f_{n+1}$ 为数据 $x_{n-t+2}, x_{n-t+3}, \cdots, x_{n+1}$ 对应的权重。

移动平均数法能够修匀历史数据，消除随机波动的影响，从而使长期趋势显现出来，以便进行长期预测。移动平均数法中的移动间隔期数 t 的长短的确定是一个难点。通常，t 越大，修匀的程度越大，波动越小，有利于消除不规则变动的影响，但同时周期变动难以反映出来；反之，t 选取得越小，修匀性越差，不规则变动的影响不易消除，趋势变动不明显。t 应取多大，应根据具体情况做出决定。实践中，通常选用几个 t 值进行试算，通过比较在不同 t 值条件下的预测误差，从中选择使预测误差最小的 t 值作为移动平均的项数。

总之，移动平均法最适用于即期预测，当产品需求既不快速增长也不快速下降，且不存在季节性因素时，移动平均法能有效地消除预测中的随机波动，是非常有用的。

3. 指数平滑法

简单平均数法是对时间序列的过去数据一个不漏地全部加以同等利用；移动平均法则不考虑较远期的数据，并在加权移动平均法中给予近期资料更大的权重。这两种方法各有优劣，我们希望找一种新的预测方法，能兼容全期平均和移动平均所长，即不舍弃过去的数据，但是仅给予逐渐减弱的影响程度，随着数据的远离，赋予逐渐收敛为零的权数，这就是指数平滑法。

对离预测期较近的历史数据给予较大的权数，对较远的给予较小的权数，权数由近到远呈指数递减的特殊加权平均数法，称为**指数平滑法**（**Exponential Smoothing Method**）。指数平滑法包括简单（一次）指数平滑法、二次指数平滑法和更高次的指数平滑法。

设一组时间序列数据为 $x_1, x_2, \cdots, x_t, \cdots$，则一次指数平滑公式为

$$S_t^{(1)} = a x_t + (1-a) S_{t-1}^{(1)}$$

式中，$S_t^{(1)}$ 为第 t 周期的一次指数平滑值；a 为加权系数，$0 < a < 1$。为了弄清指数平滑的实质，将上述公式依次展开，可得

$$S_t^{(1)} = a \sum_{j=0}^{t-1} (1-a)^j x_{t-j} + (1-a)^t S_0^{(1)}$$

由于 $0 < a < 1$，当 $t \to \infty$ 时，$(1-a)^t \to 0$，于是上述公式变为

$$S_t^{(1)} = a \sum_{j=0}^{\infty} (1-a)^j x_{t-j}$$

由此可见，$S_t^{(1)}$ 实际上是 $x_t, x_{t-1}, \cdots, x_{t-j}, \cdots$ 的加权平均。加权系数分别为 $a, a(1-a)$，$a(1-a)^2, \cdots$，是按几何级数衰减的，愈近的数据，权数愈大，愈远的数据，权数愈小，且权数之和等于 1，即 $a \sum_{j=0}^{\infty} (1-a)^j = 1$。

用上述平滑值进行预测，就是**简单（一次）指数平滑法**（**Simple Exponential Smoothing Method**）。其预测模型为

$$\hat{x}_{t+1} = S_t^{(1)} = a x_t + (1-a) \hat{x}_t$$

即以第 t 周期的一次指数平滑值作为第 $t+1$ 期的预测值。

当时间序列没有明显的趋势变动时，使用第 t 周期一次指数平滑就能直接预测第 $t+1$ 期之值。但当时间序列的变动出现直线趋势时，用一次指数平滑法来预测仍存在着明显的滞后偏差，需要进行修正。修正的方法是在一次指数平滑的基础上再做二次指数平滑，利用滞后偏差的规律找出曲线的发展方向和发展趋势，然后建立直线趋势预测模型，这称为**二次**

指数平滑法（Double Exponential Smoothing Method）。

设一次指数平滑为 $S_t^{(1)}$，则二次指数平滑 $S_t^{(2)}$ 的计算公式为

$$S_t^{(2)} = aS_t^{(1)} + (1-a)S_{t-1}^{(2)}$$

指数平滑法是生产预测中常用的一种方法，也用于中短期经济发展趋势预测，在所有预测方法中，指数平滑是用得最多的一种。

指数平滑法的计算中，a 的取值大小是关键，但 a 的取值又容易受主观影响，因此合理确定 a 的取值方法十分重要。

一般 a 的取值方法为：

（1）当时间序列呈现较稳定的水平趋势时，a 的取值一般在 $0.05\sim0.20$；

（2）当时间序列有波动，但长期趋势变化不大时，a 的取值常在 $0.1\sim0.4$；

（3）当时间序列波动很大，长期趋势变化幅度较大，呈现明显且迅速的上升或下降趋势时，a 的取值可在 $0.6\sim0.8$，以使预测模型灵敏度高些，能迅速跟上数据的变化；

（4）当时间序列是上升（或下降）的发展趋势类型时，a 的取值一般在 $0.6\sim1$。

一般地，在参照以上经验判断法大致确定 a 的取值范围后，取几个 a 值进行试算，比较不同 a 值下的预测误差，最后选取预测误差最小的 a。

4. 平均增长量法

将一定观察期内各逐期增长量的简单算术平均数，加上前一期的数据值作为下期的预测值的时间序列分析法称为**平均增长量法（Average Growth Method）。**

设一组时间序列数据为 $x_1, x_2, \cdots, x_t, \cdots$，增长量为 $\Delta x_t = x_t - x_{t-1}$，$t=2,3,\cdots,n$，则平均增长量为

$$\overline{\Delta x_t} = \frac{1}{n-1}\sum_{t=2}^{n}\Delta x_t$$

那么第 $t+1$ 期的预测值为

$$\hat{x}_{t+1} = x_t + \overline{\Delta x_t}$$

平均增长量法适用于变量时间序列的逐期增长量大致相同的情况。此时，未来变量的预测可以通过即期值与平均增长量乘以期数差的和来计算。但如果逐期上涨额相差很大、不均匀，即时间序列的变动幅度较大，则计算出的趋势值与实际值的偏离也就很大，用这种方法计算的准确性也就随之降低。

5. 季节变动预测法

对包含季节波动的时间序列进行预测的方法称为**季节变动预测法（Seasonal Forecast Method）**，季节变动预测法又称季节周期法、季节指数法、季节变动趋势预测法。要研究这种预测方法，首先要研究时间序列的变动规律。

季节变动是指价格由于自然条件、生产条件和生活习惯等因素的影响，随着季节的转变而呈现的周期性变动。这种周期通常为 1 年。季节变动的特点是有规律性，每年重复出现，其表现为逐年同月（或季）有相同的变化方向和大致相同的变化幅度。

季节变动预测法首先要收集历年（通常至少有三年）各月或各季的时间序列数据，利用该组数据求出各年同月或同季数据的平均数 A_i 和历年间所有月份或季度数据的平均数 B，计算出各月或各季度的季节指数 S_i，即

$$S_i = \frac{A_i}{B} \times 100\%$$

最后,根据未来年度的全年趋势预测值,求出月或季度的平均趋势预测值 $\hat{x}_{t+1}$,然后乘以相应季节指数 S_i,即得出未来年度内各月和各季度包含季节变动的预测值 $\hat{x}_{t+1,i}$。

$$\hat{x}_{t+1,i} = \hat{x}_{t+1} \cdot S_i$$

案例分析

案例 1.9 【消费比重预测】世界能源统计年鉴数据表明,2007—2012 年我国水电消费量在能源消费总量中所占的比重如表 1.24 所示。

表 1.24　水电消费量在能源消费总量中所占的比重

年份	2007	2008	2009	2010	2011	2012
比重(%)	15.4	18.5	19.7	21.0	19.8	23.4

试用算术平均法预测 2013 年水电消费量在能源消费总量中所占的比重。

解　根据算术平均法预测模型,得

$$F_7 = \frac{15.4 + 18.5 + 19.7 + 21.0 + 19.8 + 23.4}{6}$$

$$= \frac{117.8}{6} = 19.63$$

即我国 2013 年水电消费在能源消费总量中所占比重为 19.63%。

案例 1.10 【货运量预测】某航运公司过去 10 年货运量的统计资料如表 1.25 所示。

表 1.25　某航运公司过去 10 年货运量统计

周期	1	2	3	4	5	6	7	8	9	10
货运量(箱)	245	250	256	280	274	255	262	270	273	284

试用移动平均数法预测该公司今年的货运量。取 $t=3$ 计算,并对用简单移动平均数法和加权移动平均数法的预测结果进行比较。

解　移动平均数法包括简单移动平均数法和加权移动平均数法,下面分别用两种方法进行今年货运量的预测。

(1)用简单移动平均数法预测今年的货运量如表 1.26 所示。

表 1.26　用简单移动平均数法预测航运公司今年的货运量

周期	实际值 x_n	M_n	F_{n+1}	$\lvert x_{n+1} - F_{n+1} \rvert$
		$t=3$	$t=3$	$t=3$
1	245	—	—	—
2	250	—	—	—

周期	实际值 x_n	M_n	F_{n+1}	$\mid x_{n+1} - F_{n+1} \mid$
		$t=3$	$t=3$	$t=3$
3	256	250.33	—	—
4	280	262.00	250.33	29.67
5	274	270.00	262.00	12.00
6	255	269.67	270.00	15.00
7	262	263.67	269.67	7.67
8	270	262.33	263.67	6.33
9	273	268.33	262.33	10.67
10	284	275.67	268.33	15.67
			275.67	—
平均绝对误差				13.86

当 $t=3$ 时，今年的货运量预测值是 275.67 箱。

（2）若记第 n、$n-1$、$n-2$ 期数据权重分别为 3、2、1，则用加权移动平均数法预测今年的货运量如表 1.27 所示。

表 1.27　用加权移动平均数法预测航运公司今年的货运量

周期	实际值 x_n	M_n	F_{n+1}	$\mid x_{n+1} - F_{n+1} \mid$
		$t=3$	$t=3$	$t=3$
1	245	—	—	—
2	250	—	—	—
3	256	252.17	—	—
4	280	267.00	252.17	27.83
5	274	273.00	267.00	7.00
6	255	265.50	273.00	18.00
7	262	261.67	265.50	3.50
8	270	264.83	261.67	8.33
9	273	270.17	264.83	8.17
10	284	278.00	270.17	13.83
			278.00	
平均绝对误差				12.38

当 $t=3$ 时，今年的货运量预测值是 278.00 箱。

从用两种移动平均数法预测数据与实际值的平均绝对误差看，采用加权移动平均数法比简单移动平均数法预测的效果更准确。

案例 1.11 【销售额预测】某公司 2012 年前 11 个月产品销售额如表 1.28 所示。

表 1.28 某公司 2012 年前 11 个月产品销售额

月份	1	2	3	4	5	6	7	8	9	10	11
销售额（万元）	13	14	15	11.8	16.5	18.1	12	23	30	37.5	45

试利用一次指数平滑法预测该公司 2012 年 12 月份的产品销售额，并比较 $a=0.3$，$a=0.5$，$a=0.8$ 时的预测值的好坏。

解 利用一次指数平滑法，该公司 2012 年 12 月份的产品销售额如表 1.29 所示。

表 1.29 某公司 2012 年 12 月份产品销售额

月份	销售额(万元)	$a=0.3$	误差 1	$a=0.5$	误差 2	$a=0.8$	误差 3
1	13	13	0	13	0	13	0
2	14	13	1	13	1	13	1
3	15	13.3	2.89	13.5	2.25	13.8	1.44
4	11.8	13.81	4.0401	14.25	6.0025	14.76	8.7616
5	16.5	13.207	10.8439	13.025	12.0756	12.392	16.8757
6	18.1	14.1949	15.2498	14.7625	11.1389	15.6784	5.8641
7	12	15.36643	11.3329	16.4313	19.6360	17.6157	31.5359
8	23	14.3565	74.7101	14.2156	77.1652	13.1231	97.5524
9	30	16.9496	170.3142	18.6078	129.7819	21.0246	80.5573
10	37.5	20.8647	276.7337	24.3039	174.1369	28.2049	86.3984
11	45	25.8553	366.5203	30.9020	198.7549	35.6410	87.5912
12		31.5987		37.9510		43.1282	
平均误差			84.8759		57.4493		37.9615

当 $a=0.3$ 时的预测值为 31.5987、$a=0.5$ 时的预测值为 37.9510、$a=0.8$ 时的预测值为 43.1282，因为当 $a=0.8$ 时的平均误差最小，所以选取预测值为 43.1282。

在用一次指数平滑法进行预测时，除选择合适的值外，还需要确定初始值。初始值对以后预测值影响较大，一般以最初几期的实际值的平均值作为初始值。

案例 1.12 【销售利润预测】某企业 2006—2012 年产品销售利润如表 1.30 所示。

表 1.30　某企业 2006—2012 年产品销售利润

年份	2006	2007	2008	2009	2010	2011	2012
年销售利润(万元)	410	470	535	600	670	735	805

试用平均增长量法预测该企业 2013 年的年利润。

解　利用平均增长量法,可预测该企业 2013 年的年销售利润如表 1.31 所示。

2013 年销售利润的预测值为

$$\hat{x}_{2013} = x_{2012} + \frac{1}{6}(60+65+65+70+65+70) = 870.8$$

销售利润预测
(平均增长量法)

表 1.31　某企业 2013 年产品销售利润　　　　　　　　　　(单位:万元)

年份	年销售利润	逐期增长量	平均增长量	趋势值
2006	410	—	—	—
2007	470	60	—	—
2008	535	65	62.5	530
2009	600	65	63.3	597.5
2010	670	70	65	663.3
2011	735	65	65	735
2012	805	70	65.8	800
2013				870.8

案例 1.12　【销售量预测】某企业 2008—2010 年产品的销售量如表 1.32 所示。

表 1.32　某企业 2008—2010 年产品销售量　　　　　　　　　(单位:件)

季度	年份		
	2008 年	2009 年	2010 年
Ⅰ	182	231	330
Ⅱ	1728	1705	1932
Ⅲ	1144	1208	1427
Ⅳ	118	134	132

试选用合适的方法预测该企业 2011 年各个季度的销售量(假设该企业 2011 年的销售量以 2010 年销售量为基数按 8% 递增)。

解　利用季节变动预测法,预测该企业 2011 年各季度的销售量如表 1.33 所示。

表 1.33 某企业 2011 年产品销售量 （单位:件）

季度	2008 年	2009 年	2010 年	各季平均 A_i	季节指数 S_i	2011 年预测值
Ⅰ	182	231	330	247.7	0.289	298.15
Ⅱ	1728	1705	1932	1788.3	2.089	2155.16
Ⅲ	1144	1208	1427	1259.7	1.472	1518.62
Ⅳ	118	134	132	128	0.150	154.75
3 年季平均				855.925		

该企业 2011 年第 Ⅰ 季度销售量的预测值为

$$\hat{x}_{2011,1} = \frac{1}{4}(330 + 1932 + 1427 + 132) \times (1 + 8\%) \times 0.289 = 298.15$$

该企业 2011 年第 Ⅱ 季度销售量的预测值为

$$\hat{x}_{2011,2} = \frac{1}{4}(330 + 1932 + 1427 + 132) \times (1 + 8\%) \times 2.089 = 2155.16$$

该企业 2011 年第 Ⅲ 季度销售量的预测值为

$$\hat{x}_{2011,3} = \frac{1}{4}(330 + 1932 + 1427 + 132) \times (1 + 8\%) \times 1.472 = 1518.62$$

该企业 2011 年第 Ⅳ 季度销售量的预测值为

$$\hat{x}_{2011,4} = \frac{1}{4}(330 + 1932 + 1427 + 132) \times (1 + 8\%) \times 0.15 = 154.75$$

二 回归分析

时间序列分析预测法的核心要素是时间序列,没有时间序列就没有这一方法存在,而且这一方法对外界其他因素基本不考虑,所以存在着预测误差缺陷,尤其当外界因素发生较大变化时,用该方法预测的结果就会与实际情形严重不符,因此,除时间序列预测法外,常可用回归分析法对数据的发展规律进行预测。

引例 1.9 【商品需求预测】某市 A 商品的需求量主要受商品价格及居民收入水平的影响,近 8 年该商品的需求量与价格及居民收入的有关资料如表 1.34 所示。

表 1.34 某商品需求量和价格、居民收入数据表

年 份	需求量(千克)	价格(元)	居民收入(万元)
第一年	6.5	7	40
第二年	7	6	50
第三年	7.5	7	60
第四年	8	6	120
第五年	9	5	130

年　份	需求量(千克)	价格(元)	居民收入(万元)
第六年	10	4	110
第七年	10	5	100
第八年	11	3	130

若该商品第九年在该市的价格为 4 元,居民收入为 135 万元,试预测第九年 A 商品的需求量。

问题分析　虽然该问题同样涉及一个时间序列数据,但和前面的问题不同的是影响 A 商品需求量的因素至少存在两个——商品价格和居民收入,很明显这类问题不适合用前面的时间序列分析预测法来预测第九年 A 商品的需求量。这时可以考虑利用回归分析法解决。

在掌握大量观察数据的基础上,利用数理统计方法,建立数据之间相互依赖的定量关系的统计分析方法,称为**回归分析法**(Regression Analysis Method)。

回归分析法的运用十分广泛,按照涉及的自变量的多少,可将回归分析法分为一元回归分析和多元回归分析;按照自变量和因变量之间的关系类型,可分为线性回归分析和非线性回归分析。如果在回归分析中,只包括一个自变量和一个因变量,且两者的关系可用一条直线近似表示,这种回归分析称为一元线性回归分析。如果回归分析中包括两个或两个以上的自变量,且因变量和自变量之间是线性关系,则称为多元线性回归分析。

回归分析通过建立数学模型,用最小二乘法估计模型未知参数,然后对定量关系式的可信度进行检验,最后利用所求的关系式对某一过程或数据进行预测或控制。在这一数学分析计算过程中,涉及较多的数学原理和知识,理解有一定的难度,下面简单介绍如何利用 EXCEL 工具进行数据的回归分析。

第一步:新建工作表,输入表头"应用回归分析工具进行回归分析",并输入待分析的数据。

第二步:单击 EXCEL 中【工具】→【数据分析】,在出现的【数据分析】对话框中选择"回归",如图 1.4 所示,单击【确定】。

图 1.4　【数据分析】对话框

第三步:在出现的【回归】对话框中,单击"Y 值输入区域"后的折叠按钮,选择数据对应单元格;单击"X 值输入区域"后的折叠按钮,选择数据对应单元格,选中"标志"复选框、"新工作表组"单选框和"线性拟合图"复选框,如图 1.5 所示,单击【确定】。

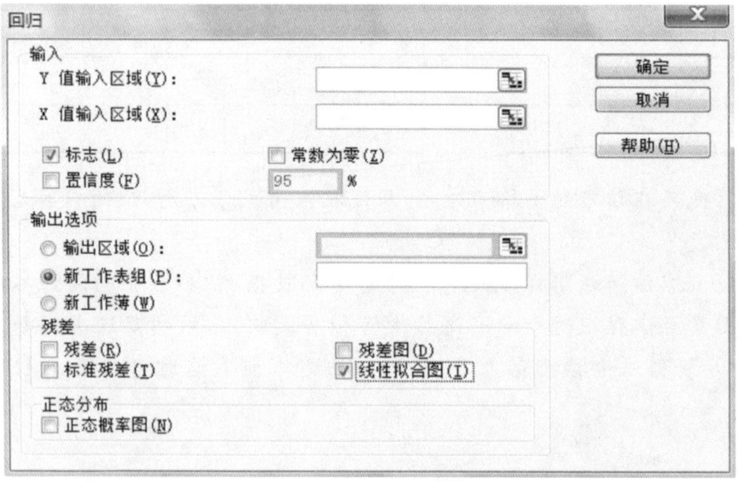

图 1.5 【回归】对话框

第四步:得到回归分析结果的汇总输出,如图 1.6 所示。

SUMMARY OUTPUT

回归统计	
Multiple	0.742145
R Square	0.550779
Adjusted	0.528318
标准误差	0.009754
观测值	22

方差分析

	df	SS	MS	F	nificance F
回归分析	1	0.002333	0.002333	24.5215	7.68E-05
残差	20	0.001903	9.51E-05		
总计	21	0.004236			

	Coefficien	标准误差	t Stat	P-value	Lower 95%	Upper 95%	下限 95.0	上限 95.0%
Intercept	0.002424	0.002256	1.074538	0.295375	-0.00228	0.00713	-0.00228	0.00712957
market	0.792329	0.160004	4.951918	7.68E-05	0.458566	1.126093	0.458566	1.1260927

图 1.6 回归分析结果汇总输出

第五步:得到回归分析结果中的线性拟合图(Line Fit Plot),如图 1.7 所示。

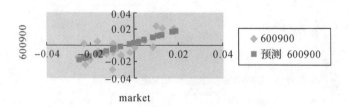

图 1.7 线性拟合图

从图 1.6 的回归分析汇总输出可以看出,对应的回归方程为

$$600900 = 0.0024 + 0.7923 \times market$$

⊶ 案例分析

案例 1.14 【公司销售额预测】一家电气销售公司的管理人员认为,每月的销售额与广告费用存在一定的关系,因此想通过广告费用对月销售额做出估计,表 1.35 是该公司最近 8 个月的销售额与广告费用数据。

表 1.35　该公司最近 8 个月的销售额与广告费用数据　（单位:万元）

月销售额	电视广告费用	报纸广告费用
96	5.0	1.5
90	2.0	2.0
95	4.0	1.5
92	2.5	2.5
95	3.0	3.3
94	3.5	2.3
94	2.5	4.2
94	3.0	2.5

(1)通过将电视广告费用作自变量,月销售额作因变量,建立估计的回归方程;

(2)通过将电视广告费用和报纸广告费用作自变量,月销售额作因变量,建立估计的回归方程。

公司销售额
预测

解　(1)应用回归分析工具进行回归分析,得到图 1.8 和图 1.9。

由图 1.8 和图 1.9 知,电视广告费用和公司月销售额之间对应的线性

	A	B	C	D	E	F	G	H	I
SUMMARY OUTPUT									
	回归统计								
Multiple	0.807807								
R Square	0.652553								
Adjusted	0.594645								
标准误差	1.215175								
观测值	8								
方差分析									
	df	SS	MS	F	nificance F				
回归分析	1	16.6401	16.6401	11.26881	0.015288				
残差	6	8.859903	1.476651						
总计	7	25.5							
	Coefficien	标准误差	t Stat	P-value	Lower 95%	Upper 95%	下限 95.0	上限 95.0%	
Intercept	88.63768	1.582367	56.01588	2.17E-09	84.76577	92.50959	84.76577	92.509594	
电视广告费	1.603865	0.477781	3.356905	0.015288	0.434777	2.772952	0.434777	2.77295221	

图 1.8　回归分析结果汇总输出

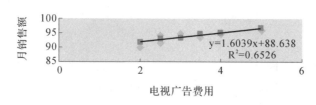

图 1.9　线性拟合图

回归方程为

$$y = 1.6039x_1 + 88.6377$$

（2）类似（1），应用回归分析工具进行回归分析，得到图 1.10。

	A	B	C	D	E	F	G	H	I
SUMMARY OUTPUT									
	回归统计								
Multiple R	0.958663444								
R Square	0.9190356								
Adjusted R S	0.88664984								
标准误差	0.642587303								
观测值	8								
方差分析									
	df	SS	MS	F	gnificance F				
回归分析	2	23.43541	11.7177	28.37777	0.0018652				
残差	5	2.064592	0.412918						
总计	7	25.5							
	Coefficients	标准误差	t Stat	P-value	Lower 95%	Upper 95%	下限 95.0%	上限 95.0%	
Intercept	83.23009169	1.573869	52.88248	4.57E-08	79.184333	87.27585	79.184333	87.275851	
电视广告费用	2.290183621	0.304065	7.531899	0.000653	1.5085608	3.071806	1.5085608	3.0718064	
报纸广告费用	1.300989098	0.320702	4.056697	0.009761	0.4765994	2.125379	0.4765994	2.1253788	

图 1.10　回归分析结果汇总输出

由图 1.10 知，电视广告费用、报纸广告费用和公司月销售额之间对应的线性回归方程为

$$y = 2.2902x_1 + 1.3010x_2 + 83.2301$$

案例 1.15　【管理决策】某大型牙膏制造企业为了更好地拓展产品市场、有效地管理库存，公司董事会要求销售部门根据市场调查资料，找出公司生产的牙膏的销售量与销售价格、广告投入等之间的关系，从而预测出在不同价格和广告费用下的销售量。为此，销售部门的研究人员收集了过去 30 个销售周期（每个周期为 4 周）公司生产的牙膏的销售量、销售价格、投入广告费用，以及同期其他厂家生产的同类牙膏的市场平均销售价格等数据，如表 1.36 所示。

表 1.36　牙膏销售量与销售价格、广告费用等数据

销售周期	本公司销售价格（元）	其他厂家平均价格（元）	广告费用（百万元）	价格差（元）	销售量（百万支）
1	3.85	3.80	5.50	−0.05	7.38
2	3.75	4.00	6.75	0.25	8.51
3	3.70	4.30	7.25	0.6	9.52
4	3.70	3.70	5.50	0.00	7.50

销售周期	本公司销售价格(元)	其他厂家平均价格(元)	广告费用(百万元)	价格差(元)	销售量(百万支)
5	3.60	3.85	7.00	0.25	9.33
6	3.60	3.80	6.50	0.20	8.28
7	3.60	3.75	6.75	0.15	8.75
8	3.80	3.85	5.25	0.05	7.87
9	3.80	3.65	5.25	−0.15	7.10
10	3.85	4.00	6.00	0.15	8.00
11	3.90	4.10	6.50	0.20	7.89
12	3.90	4.00	6.25	0.10	8.15
13	3.70	4.10	7.00	0.40	9.10
14	3.75	4.20	6.90	0.45	8.86
15	3.75	4.10	6.80	0.35	8.90
16	3.80	4.10	6.80	0.30	8.87
17	3.70	4.20	7.10	0.50	9.26
18	3.80	4.30	7.00	0.50	9.00
19	3.70	4.10	6.80	0.40	8.75
20	3.80	3.75	6.50	−0.05	7.95
21	3.80	3.75	6.25	−0.05	7.65
22	3.75	3.65	6.00	−0.10	7.27
23	3.70	3.90	6.50	0.20	8.00
24	3.55	3.65	7.00	0.10	8.50
25	3.60	4.10	6.80	0.50	8.75
26	3.65	4.25	6.80	0.60	9.21
27	3.70	3.65	6.50	−0.05	8.27
28	3.75	3.75	6.75	0.00	7.67
29	3.80	3.85	5.80	0.05	7.93
30	3.70	4.25	6.80	0.55	9.26

　　试根据这些数据,分析牙膏销售量与其他因素的关系,为制定价格策略和广告投入策略提供数量依据。

　　解　设本公司牙膏销售量为 y,其他厂家平均价格与本公司销售价格之差(即价格差)为 x_1,本公司投入的广告费用为 x_2,其他厂家平均价格和本公司销售价格分别为 x_3 和 x_4,则 $x_1 = x_3 - x_4$,为了大致分析 y 与 x_1 及 x_2 的关系,分别作出 y 与 x_1、y 与 x_2 的散点图,如图 1.11 和图 1.12 所示。

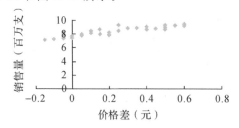

图 1.11　价格差对销售量散点图

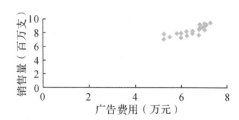

图 1.12　广告费用对销售量散点图

　　从图 1.11 和图 1.12 中可以发现,随着 x_1、x_2 的增加,公司牙膏销售量有明显的线性增加趋势,因此可分别用一元线性回归模型来刻画本公司牙膏销售量与价格差、本公司牙膏销售量与广告费用之间的数量关系,也可以用二元线性回归模型来刻画本公司牙膏销售量与价格差及广告费用之间的数量关系。

　　利用 EXCEL 回归分析工具,得到如图 1.13、图 1.14、图 1.15 所示的结果。

	A	B	C	D	E	F	G	H	I
	SUMMARY OUTPUT								
	回归统计								
Multiple	0.889672								
R Square	0.791516								
Adjusted	0.78407								
标准误差	0.316561								
观测值	30								
方差分析									
	df	SS	MS	F	nificance F				
回归分析	1	10.65268	10.65268	106.3028	4.88E-11				
残差	28	2.805902	0.100211						
总计	29	13.45859							
	Coefficien	标准误差	t Stat	P-value	Lower 95%	Upper 95%	下限 95.0%	上限 95.0%	
Intercept	7.814088	0.079884	97.81754	4.85E-37	7.650452	7.977723	7.650452	7.97772319	
X Variab	2.665214	0.2585	10.31032	4.88E-11	2.135702	3.194727	2.1357021	3.1947269	

图 1.13　价格差与销售量回归分析结果汇总输出

	A	B	C	D	E	F	G	H	I
	SUMMARY OUTPUT								
	回归统计								
Multiple	0.832413								
R Square	0.692912								
Adjusted	0.681944								
标准误差	0.384195								
观测值	30								
方差分析									
	df	SS	MS	F	nificance F				
回归分析	1	9.325615	9.325615	63.17905	1.17E-08				
残差	28	4.132972	0.147606						
总计	29	13.45859							
	Coefficien	标准误差	t Stat	P-value	Lower 95%	Upper 95%	下限 95.0%	上限 95.0%	
Intercept	1.796025	0.831626	2.159656	0.039513	0.092517	3.499533	0.092517	3.4995327	
X Variab	1.015412	0.127749	7.948525	1.17E-08	0.753731	1.277093	0.753731	1.2770934	

图 1.14　广告费用与销售量回归分析结果汇总输出

	A	B	C	D	E	F	G	H	I
	SUMMARY OUTPUT								
	回归统计								
	Multiple R	0.931555							
	R Square	0.867794							
	Adjusted R	0.858001							
	标准误差	0.25671							
	观测值	30							
	方差分析								
		df	SS	MS	F	nificance F			
	回归分析	2	11.67929	5.839644	88.61375	1.37E-12			
	残差	27	1.779299	0.0659					
	总计	29	13.45859						
		Coefficient	标准误差	t Stat	P-value	Lower 95%	Upper 95%	下限 95.0%	上限 95.0%
	Intercept	4.846862	0.754568	6.423361	6.99E-07	3.298617	6.395108	3.298617	6.3951077
	X Variable	1.806053	0.302204	5.976292	2.25E-06	1.185982	2.426124	1.185982	2.4261239
	X Variable	0.485691	0.123056	3.946922	0.000509	0.233202	0.73818	0.233202	0.7381797

图 1.15 价格差、广告费用与销售量回归分析结果汇总输出

由此可知,销售量 y 与价格差 x_1 的线性回归方程为
$$y = 7.8141 + 2.6652x_1$$

销售量 y 与广告费用 x_2 的线性回归方程为
$$y = 1.7960 + 1.0154x_2$$

销售量 y 与价格差 x_1、广告费用 x_2 的线性回归方程为
$$y = 4.8469 + 1.8061x_1 + 0.4857x_2$$

想一想 练一练(二)

小测试

1. 某商场近 12 年来的年销售额如表 1.37 所示。

表 1.37 某商场近 12 年年销售额 （单位:万元）

年份	销售额	年份	销售额	年份	销售额
1	670	5	799	9	918
2	689	6	847	10	960
3	766	7	863	11	1100
4	731	8	876	12	1108

试用简单平均数法和 3 期移动平均数法,预测该商场下一年度的销售额。

2. 一家宾馆过去 18 个月的营业额数据如表 1.38 所示。

表 1.38 某宾馆过去 18 个月营业额 （单位:万元）

月份	营业额	月份	营业额	月份	营业额
1	295	7	381	13	449
2	283	8	431	14	544
3	322	9	424	15	601

续表

月份	营业额	月份	营业额	月份	营业额
4	355	10	473	16	587
5	286	11	470	17	644
6	379	12	481	18	660

（1）试用 3 期移动平均数法,预测该宾馆第 19 个月的营业额;

（2）采用一次指数平滑法,分别用平滑系数和预测各月的营业额,分析预测误差,说明用哪一个平滑系数预测更合适。

3. 某物品过去 12 个月的销售记录如表 1.39 所示。

表 1.39　某物品过去 12 个月销售记录

月份	1	2	3	4	5	6	7	8	9	10	11	12
实际销售量（件）	30	31	33	34	35	37	36	35	36	38	37	39

（1）采用一次指数平滑法,分别用平滑系数 $a=0.3$ 和 $a=0.5$ 预测该物品各个月的销售量,分析预测误差,说明用哪一个平滑系数预测更合适;

（2）采用平均增长量法,预测该物品第 13 个月的销售量。

4. 某医院 2014—2018 年各月诊疗人次如表 1.40 所示。

表 1.40　某医院近 2014—2018 年各月诊疗人次　　　　　　　　（单位:人）

时间	2014 年	2015 年	2016 年	2017 年	2018 年
1	7511	6212	6115	5891	6871
2	6164	6016	7121	7280	5798
3	6671	7687	7647	7567	8735
4	6842	7331	7617	7851	8131
5	7186	7526	7018	8172	8579
6	6718	8221	7867	7680	7828
7	6881	7994	7723	7893	8057
8	8755	7282	7866	8553	8314
9	7509	7051	6963	7261	7983
10	6985	6545	6974	7628	7153
11	6725	6277	6260	6753	7247
12	5902	6306	6122	6018	7497

试选用合适的方法预测该医院 2019 年各个月的诊疗人次。

5.16 只公益股票某年的每股账面价值和当年红利的数据如表 1.41 所示。

表 1.41　16 只股票某年每股账面价值和当年红利　　　　　　　(单位:元)

公司序号	账面价值	红利	公司序号	账面价值	红利
1	22.44	2.4	9	12.14	0.8
2	20.89	2.98	10	23.31	1.94
3	22.09	2.06	11	16.23	3
4	14.48	1.09	12	0.56	0.28
5	20.73	1.96	13	0.84	0.84
6	19.25	1.55	14	18.05	1.8
7	20.37	2.16	15	12.45	1.21
8	26.43	1.6	16	11.33	1.07

根据资料,(1)建立每股账面价值与当年红利的回归方程;

(2)解释回归系数的经济意义。

6. 随机抽取 10 家航空公司,对其最近一年的航班正点率和顾客的投诉次数进行调查,相关数据如表 1.42 所示。

表 1.42　航班正点率和顾客投诉次数数据

公司编号	航班正点率 (%)	投诉次数 (次)	公司编号	航班正点率 (%)	投诉次数 (次)
1	81.8	21	6	72.2	93
2	76.6	58	7	71.2	72
3	76.6	85	8	70.8	122
4	75.7	68	9	91.4	18
5	73.8	74	10	68.5	125

(1)用航班正点率作自变量,顾客投诉次数作因变量,求出估计的回归方程,并解释回归系数的意义;

(2)如果航班的正点率为 80%,估计顾客的投诉次数。

🔗 数学模型方法介绍

数学模型
方法简介

第三节　函数的变化趋势与预测

子任务导入

公司为了有效激励员工的发展,决定设立一项奖励基金,用于对年度优秀员工的奖励。公司相关规定要求:

(1)该项奖励基金每年发放一次,发放时间为每年年底;

(2)每年发放奖金总额为 10 万元。

为了保证基金的有效运转,公司决定先拿出一笔钱作为奖励基金,已知该基金投资的固定收益。你作为该项目的决策者之一,试根据基金设定年限(一定年限的基金或永续基金),科学地做出基金投入金额决策。

请谈谈你的想法。

子任务分析

基金的投入资金取决于基金的年限、投入资金的固定收益计算等,因此,要科学地做出该项基金的资金投入决策,必须解决如下几方面的问题:

(1)单利或复利形式下的资金本息的计算;

(2)资金的现值计算;

(3)函数值的计算和函数极限的计算。

从子任务分析情况看,解决相关问题必须具备函数的相关知识、资金的本息概念及计算方法、资金现值计算方法以及函数极限等数学知识。

✎ 数学知识链接

在企业管理过程中,经常涉及资金借、贷管理问题;商品生产(销售)过程中要考虑商品的成本、收入及利润等方面的问题;商品定价过程中需要分析商品价格对需求量的影响和对生产者的影响;在生活中,我们也经常碰到理财问题,而这些问题的定量分析、决策都离不开函数的相关基本知识,有时甚至需要具备函数变化趋势的探究能力。

一 函数的概念和表示方法

引例 1.10 【生活理财问题】当我们走进任何一家银行时,马上可以看到银行里的利率表,表 1.43 所示的是某年中国工商银行利率。

表 1.43　某年中国工商银行利率

种　类	存　期	年利率(％)
整存 整取	3 个月	2.60
	6 个月	2.80
	1 年	3.00
	2 年	3.75
	3 年	4.25
	5 年	4.75
活期存款		0.35

作为银行储户,请问:你能搞清楚以下与理财相关的问题吗?

(1)你想将 1000 元存入银行,定期 3 个月期,到期本息和有多少?

(2)你想将 10000 元钱存入银行,定期 3 年期和定期 1 年期共存三次(保证该笔钱共存满 3 年),哪一种存法更划算?本息和分别有多少?

(3)如果你有一笔定期 1 年的 30000 元钱,已在银行存了 45 天,银行通知存款利率上浮为年利率为 3.5％,这时你已存入的 30000 元钱是继续存在银行不动还是取出来重新存入?哪一种方案更划算?

问题分析　上述 3 个简单的理财问题是现实生活中经常碰到的一类问题,这类问题实际上就是典型的函数问题(因为表格是函数三种表示方法中的一种)。要解决好相关问题,必须具备函数解析式的求法、函数值的计算、函数值大小比较等相关知识。3 个问题的解答方法如下:

(1)定期 3 个月期的本息和函数为 $y = A_0\left(1 + \dfrac{r}{4}\right)$,其中 A_0 表示存入的本金,r 表示 3 个月存期下的年利率,所以该问题为求 $A_0 = 1000$,$r = 2.6％$ 时的函数值,所以

$$y = 1000 \times \left(1 + \frac{2.6％}{4}\right) = 1006.5（元）$$

(2)定期 3 年的本息和函数为 $y = A_0(1 + 3 \times r_3)$,其中 A_0 表示存入的本金,r_3 表示 3 年存期下的年利率;定期 1 年共存三次的本息和函数为 $y = A_0(1 + r_1)^3$,其中 A_0 表示存入的本金,r_1 表示 1 年存期下的年利率,因此两种存款方法下的本息和为

10000 元定期 3 年的本息和为 $y_1 = 10000 \times (1 + 3 \times 4.25\%) = 11275$(元)

10000 元定期 1 年共存三次的本息和为 $y_2 = 10000(1 + 3\%)^3 = 10927.27$(元)

很明显第一种存法更划算。

(3)设某笔存款已在银行存了 x 天,若取出再转存 1 年定期,则所得本息和为

$$y_1 = A_0 \times \left(1 + x \times \frac{r_0}{360} + r_1^*\right)$$

若不取出,假设该笔存款继续存 1 年加 x 天(这是为了两种存法的总天数相同),则本息和为

$$y_2 = A_0 \times \left(1 + r_1 + x \times \frac{r_1^*}{360}\right)$$

其中 A_0 表示存入的本金,r_0 表示活期存款的年利率,r_1 表示原来 1 年存期下的年利率,r_1^* 表示新的 1 年存期下的年利率。

当 $y_1 > y_2$ 时,表示转存划算,否则不划算。解不等式,得到

$$x < \frac{360(r_1^* - r_1)}{r_1^* - r_0}$$

在本问题中,算出 $x < 57.143$ 天,因此,在银行存了 45 天后,转存还是划算的。

由上引例可见函数在生活工作中的重要性。生活工作中常要求我们了解一些经济问题中常见的变量关系,例如市场需求量与产品价格的关系;价格波动供应商的影响;产品生产过程中,产品的成本(收入、成本)与产品产量之间的关系,等等,这要求我们要具备相关的函数知识及利用函数知识建立常见经济问题的数学模型的能力。

1. 函数的概念

在某个变化过程中,往往出现多个变量,这些变量不是彼此孤立的,而是相互影响和相互制约的,一个量或一些量的变化会引起另一个量的变化。如果这些影响是确定的,是依照某一规则的,那么我们说这些变量之间存在着函数关系。

一般地,设 x 和 y 是两个变量,若当变量 x 在非空数集 D 内任取一数值时,变量 y 按照一定的法则 f 总有唯一确定的数值与之对应,则称变量 y 为变量 x 的**函数(Function)**,记为 $y = f(x)$。数集 D 称为该函数的定义域,x 叫自变量,y 叫因变量。

类似地,设 x、y 和 z 是三个变量,当变量 x、y 在某范围内取一组值时,变量 z 有唯一确定的值与之相对应,则称 z 是 x 和 y 的**二元函数**,记为 $z = f(x, y)$。x、y 叫自变量,z 叫因变量。

2. 函数的表示方法

函数的常见表示方法有解析法、列表法和图像法,三种表示方法各有优缺点。

借助数学表达式来表示两个变量之间的函数关系的方法,称为**解析法(Analytic Method)**。解析法虽然简单明了,但求函数值的方法比较复杂,且有的问题不易找到解析式。

把函数自变量的取值和对应的因变量的值在一个表格列出,表示两个变量之间的函数关系的方法,称为**列表法(Tabular Method)**。列表法虽然便于查询函数值,但不易从表格中找到变量的对应关系。

用图像这种特殊且形象的数学语言工具表示两个变量之间的函数关系的方法,称为**图像法(Image Method)**。图像法虽然直观,易于研究函数的性态,但函数值不够精确。

3. 函数的两要素

函数的两要素为定义域和对应关系,值域被定义域和对应关系完全确定。只有定义域与对应关系完全相同的两个函数才是相同的函数。

二　初等函数

1. 基本初等函数

常数函数 $y=C$(C 为常数);

幂函数 $y=x^a$(a 为常数);

指数函数 $y=a^x$($a>0,a\neq1,a$ 为常数);

对数函数 $y=\log_a x$($a>0,a\neq1,a$ 为常数);

三角函数 $y=\sin x,y=\cos x,y=\tan x,y=\cot x,y=\sec x,y=\csc x$;

反三角函数 $y=\arcsin x,y=\arccos x,y=\arctan x,y=\text{arccot}x$。

以上这六种函数统称为**基本初等函数**。

2. 复合函数

某商场经营一种价格允许浮动的商品,那么营业额是价格的函数,而价格又是货源的函数。对于这种在一个变化过程中有着确定对应关系的三个变量,我们有如下的定义:

设 y 是 u 的函数,$y=f(u)$,而 u 又是 x 的函数,$u=\phi(x)$,且 $u=\phi(x)$ 的值域包含在函数 $y=f(u)$ 的定义域内,那么 y(通过 u 的关系)也是 x 的函数,这个函数叫作 $y=f(u)$ 与 $u=\phi(x)$ 复合而成的函数,简称**复合函数(Composite Function)**,记作 $y=f[\phi(x)]$,其中 u 称为**中间变量**。

注意　不是任何两个函数都可以复合成一个复合函数。例如,$y=\arcsin x$ 及 $u=2+x^2$ 就不能复合成一个复合函数,因为 u 的值域为 $[2,+\infty)$,不在 $y=\arcsin x$ 的定义域 $[-1,1]$ 内,因而不能复合。

正确分析复合函数的构成,是今后正确运用求导法则的基础。要把复合函数进行分解,直至变成基本初等函数与常数的和、差、积、商。

3. 初等函数

由基本初等函数经过有限次四则运算和有限次复合而成的,且可用一个解析式表示的函数,称为**初等函数(Elementary Function)**。

例如,$y=\arcsin\dfrac{x}{2}$,$y=\ln(x+\sin x)$,$y=e^{x^2}\tan x$ 等都是初等函数。

分段函数若可以表示成一个式子,则为初等函数,否则不是。

如 $y=|x|=\sqrt{x^2}=\begin{cases}x,x>0\\0,x=0\\-x,x<0\end{cases}$　是初等函数,它可以看作是由函数 $y=\sqrt{u}$ 和 $u=x^2$ 复合而成的函数;而 $y=\begin{cases}x-1,x<0\\x+1,x>0\end{cases}$ 不能用一个式子表示,所以不是初等函数。

例题分析

例 1.1 函数 $y = \dfrac{\ln(x+1)}{\sqrt{x-1}}$ 的定义域是(   )

A. $(-1, +\infty)$ B. $[-1, +\infty)$ C. $[1, +\infty)$ D. $(1, +\infty)$

解 要使函数 y 有意义,则

$$\begin{cases} x+1 > 0 \\ x-1 \geqslant 0 \\ x-1 \neq 0 \end{cases} \Rightarrow x > 1$$

故应选 D。

分析:已知函数的解析式求定义域,必须掌握基本初等函数的定义域,然后列出不等式组求解。掌握初等函数的定义域:

(1)分式中,分母不能为零;

(2)偶次根式中,被开方数为非负数;

(3)对数式中,真数为正,底数大于零且不等于 1;

(4)对于 $y = [f(x)]^0$,要求 $f(x) \neq 0$;

(5)三角函数、反三角函数等各函数本身的有意义范围。

例 1.2 求下列各函数的定义域:

(1) $y = \dfrac{x^2 - 5x}{x^2 - 25}$;

(2) $y = \sqrt{x^2 - 6x + 5}$;

(3) $y = \ln(-x^2 + 3x + 4)$。

解 (1) $(-\infty, -5) \cup (-5, 5) \cup (5, +\infty)$;

(2) $\{x \mid x \geqslant 5 \text{ 或 } x \leqslant 1\}$;

(3) $(-1, 4)$。

例 1.3 (1)设 $f(1-x) = 2x^2 + 4x - 1$,求 $f(x)$;

(2)设 $f(x)$ 满足 $f(x) - 2f\left(\dfrac{1}{x}\right) = x$,求 $f(x)$ 的解析式。

(1)**解法一**(换元法) 令 $t = 1-x$,得 $x = 1-t$,

则 $f(t) = 2(1-t)^2 + 4(1-t) - 1 = 2t^2 - 8t + 5$,

即 $f(x) = 2x^2 - 8x + 5$。

解法二(配方法) $f(1-x) = 2(1-x)^2 - 8(1-x) + 5$,

令 $t = 1-x$,得

$f(t) = 2t^2 - 8t + 5$,

即 $f(x) = 2x^2 - 8x + 5$。

(2)**解** $f(x) - 2f\left(\dfrac{1}{x}\right) = x$ ①

由题知,对 $x \neq 0$①式成立,将 x 换成 $\dfrac{1}{x}$ 得

定义域之分式

定义域之偶
次根式

定义域之
对数函数

$$f\left(\frac{1}{x}\right)-2f(x)=\frac{1}{x}\quad ②$$

由①②消去 $f\left(\frac{1}{x}\right)$，得 $f(x)=-\frac{x}{3}-\frac{2}{3x}$。

分析：(1)已知 $f[\phi(x)]$ 的表达式，求 $f(x)$ 的表达式，通常方法是换元法：令 $t=\phi(x)$，解出 $x=\phi^{-1}(t)$，代入化简得。注意换元后确定 t 的取值范围。亦可用配方法求解。(2)求抽象函数表达式，常常在题设条件中已含有所需函数的隐式，可充分利用已知条件，通过变量替换消去其余部分。

例 1.4　设 $f(x)=2x^2-x+1,g(x)=\mathrm{e}^x$，求 $f[g(x)],g[f(x)],f[f(x)]$。

解　$f[g(x)]=2[g(x)]^2-g(x)+1=2\mathrm{e}^{2x}-\mathrm{e}^x+1$，

$g[f(x)]=\mathrm{e}^{f(x)}=\mathrm{e}^{2x^2-x+1}$，

$f[f(x)]=2[f(x)]^2-f(x)+1=2(2x^2-x+1)^2-(2x^2-x+1)+1$

$=8x^4-8x^3+8x^2-3x+2$。

分析：函数 $f(x)$ 中的 x 是代表元，可以用具体的数也可用函数 $g(x)$ 替换，要求等号前后中的 x 要用同样的数或式来替换。

例 1.5　指出下列复合函数是由哪些简单函数复合而成的。

$(1)y=\sqrt{1+x^2}$；$(2)y=\ln x^3$；$(3)y=[\ln(x+1)]^3$；$(4)y=\arctan(\mathrm{e}^{5x})$。

解　(1) 函数 $y=\sqrt{1+x^2}$ 是由 $y=\sqrt{u}$ 和 $u=1+x^2$ 复合而成的；

(2) 函数 $y=\ln x^3$ 是由 $y=\ln u$ 和 $u=x^3$ 复合而成的；

(3) 函数 $y=[\ln(x+1)]^3$ 是由 $y=u^3,u=\ln v$ 和 $v=x+1$ 复合而成的；

(4) 函数 $y=\arctan(\mathrm{e}^{5x})$ 是由 $y=\arctan u,u=\mathrm{e}^v,v=5x$ 复合而成的。

案例分析

案例 1.16　【运费问题】某工厂在甲、乙两地的两个分厂各生产某种机床 12 台和 6 台。现销售给 A 地 10 台、B 地 8 台。已知从甲地调运 1 台至 A 地、B 地的运费分别为 400 元和 800 元，从乙地调运 1 台至 A 地、B 地的运费分别为 300 元和 500 元。设从乙地调运 x 台至 A 地，求总运费 y 关于 x 的函数关系式。

解　甲、乙两地调运至 A、B 两地的机床台数及运费如表 1.44 所示。

表 1.44　甲、乙两地调运至 A、B 两地的机床台数及运费表

调出地	甲　地		乙　地	
调至地	A 地	B 地	A 地	B 地
台数	$10-x$	$12-(10-x)$	x	$6-x$
每台运费(元)	400	800	300	500
运费合计(元)	$400(10-x)$	$800[12-(10-x)]$	$300x$	$500(6-x)$

依题意得

$$y=400(10-x)+800[12-(10-x)]+300x+500(6-x)$$

即

$$y = 200(x+43) \quad (0 \leqslant x \leqslant 6, x \in \mathbf{Z})$$

案例 1.17 【生产利润】某一玩具公司生产 x 件玩具将花费 $400+5\sqrt{x(x-4)}$ 元,如果每件玩具卖 48 元,求公司生产 x 件玩具获得的净利润。

解 依题意,公司生产 x 件玩具获得的净利润为

$$y = 48x - \left[400 + 5\sqrt{x(x-4)}\right]$$

案例 1.18 【个人所得税】我国于 2011 年 9 月 1 日实施的个人所得税法规定,个人所得税实行 7 级超额累进个人所得税,相关税率如表 1.45 所示。

表 1.45 个人所得税税率表(个税起征点 3500 元)

个人所得税税率表一(工资、薪金所得适用)		
级数全月应纳税所得额	税率(%)	速算扣除数
1. 不超过 1500 元的	3	0
2. 超过 1500 元至 4500 元的部分	10	105
3. 超过 4500 元至 9000 元的部分	20	555
4. 超过 9000 元至 35000 元的部分	25	1005
5. 超过 35000 元至 55000 元的部分	30	2755
6. 超过 55000 元至 80000 元的部分	35	5505
7. 超过 80000 元的部分	45	13505

试按照 2011 年 9 月 1 日实施的个人所得税法,建立月收入 x 与纳税金额 y 之间的函数模型。

解 按照 2011 年 9 月 1 日实施的个人所得税法来计算,数学模型为

$$y = \begin{cases} 0, & 0 \leqslant x \leqslant 3500 \\ 0.03(x-3500), & 3500 < x \leqslant 5000 \\ 0.1(x-5000)+45, & 5000 < x \leqslant 8000 \\ 0.2(x-8000)+345, & 8000 < x \leqslant 12500 \\ 0.25(x-12500)+1245, & 12500 < x \leqslant 38500 \\ 0.3(x-38500)+7745, & 38500 < x \leqslant 58500 \\ 0.35(x-58500)+13745, & 58500 < x \leqslant 83500 \\ 0.45(x-83500)+22495, & 83500 < x \end{cases}$$

类似于这样,在不同的定义域上有不同的对应法则的函数,称之为**分段函数(Piecewise function)**。

案例 1.19 【电费】根据国家发展改革委发改价格〔2004〕1469 号文《国家发展改革委关于调整浙江省居民生活电价的通知》的规定,从 2004 年 8 月 1 起,浙江省 1300 万户居民统一按"阶梯式累进电价"支付电费。

一户一表居民用户:月用电量低于 50 千瓦时(含 50 千瓦时)部分不调整,每千瓦时 0.53 元;月用电量在 50 千瓦时到 200 千瓦时(含 200 千瓦时)部分,电价每千瓦时上调 0.03 元,

每千瓦时 0.56 元;月用电量超过 200 千瓦时部分,电价每千瓦时上调 0.10 元,每千瓦时 0.63 元。

假定 A 用户为不执行峰谷电价的一户一表用户,单月抄表,

(1)试建立月用电量 x 千瓦时与电费 y 元的函数关系式;

(2)当总电量为 150 千瓦时,计算该用户本月电费。

解　(1)

$$f(x)=\begin{cases}0.53x, & 0\leqslant x\leqslant 50 \\ 50\times 0.53+(x-50)\times 0.56, & 50<x\leqslant 200 \\ 50\times 0.53+150\times 0.56+(x-200)\times 0.63, & x>200\end{cases}$$

$$=\begin{cases}0.53x, & 0\leqslant x\leqslant 50 \\ 0.56x-1.5, & 50<x\leqslant 200 \\ 0.63x-15.5, & x>200\end{cases}$$

(2)当 $x=150$ 时,因为 $x\in(50,200]$,所以 $f(150)=0.56\times 150-1.5=82.5$(元)。

对于实际应用题函数解析式,要注意实际的函数自变量取值范围,并要根据不同的取值范围,求出相应的函数表达式,最后函数表达式要用分段函数统一表示。

案例 1.20　**【刹车问题】**已知汽车刹车后轮胎摩擦的痕迹长 s(m)与车速 v(km/h)的平方成正比,当车速为 30 km/h 时刹车,测得痕迹长为 3 m,求痕迹长 s 与车速 v 的函数关系。

解　由题意可设 $s=kv^2$,

由于当 $v=30$ km/h 时,$s=3$ m,所以 $3=k30^2$,$k=\dfrac{1}{300}$,$s=\dfrac{1}{300}v^2$,

因此痕迹长 s 与车速 v 的函数关系为 $s=\dfrac{1}{300}v^2(v>0)$。

三　常见经济函数

引例 1.11　**【项目分析】**某公司项目准备上马一新项目,项目组成员经过前期工作,提交了该项目运行成本、预期收益及利润等方面的报告。董事会根据该项目报告,结合公司的经营状况等决定是否上马该项目。

问题分析　这类问题中,可能涉及数学中常见的与经济问题相关的数学模型,为了简化这类问题,下面直接给出常用的经济函数模型。

1. 需求函数

在经济学中,某一商品的需求量是指在一定的价格水平下,消费者愿意而且有支付能力购买的商品量。影响商品需求的因素很多,商品的价格是影响需求的一个主要因素,还有其他因素,如消费者收入的增减、季节的变换以及消费者的偏好等都会影响需求。如果把价格以外的其他因素都看作是常量,则需求量可视为该商品的价格的函数,这个函数称为**需求函数(Demand Function)**。若记商品的价格为 p,需求量为 q,则需求函数为 $q=q(p)$。

一般情况下,商品的价格越低,需求量越大;商品的价格越高,需求量越小。因此,需求函数是单调减少函数。商场可通过采取降低价格、增加商品的销售量(需求量)等营销策略,

增加销售收入。

常见的需求函数有以下几种形式：

线性需求函数 $q=a-bp(a\geqslant0,b\geqslant0)$；

反比例需求函数 $q=\dfrac{k}{p}(k>0,p\neq0)$；

二次需求函数 $q=a-bp-cp^2(a\geqslant0,b\geqslant0,c>0)$；

指数需求函数 $q=ae^{-bp}(a>0,b>0)$。

其中最常见、最简单的需求函数是线性需求函数。

2. 供给函数

供给是与需求相对的概念，需求是就购买者而言，供给是就生产者而言。某一商品的供给量是指在一定的价格水平下，生产者愿意生产并可供出售的商品量。供给量也是由多个因素决定的。同样，如果把价格以外的其他因素都看作是常量，则供给量就是价格函数，这个函数称为**供给函数**（**Supply Function**）。若记商品的价格为 p，供给量为 S，则供给函数为 $S=S(p)$。

一般情况下，商品价格低，生产者不愿意生产，供给少；商品价格高，生产者愿意生产，能够向市场提供的商品多，因此供给函数是单调增加函数。

常见的供给函数有以下几种形式：

线性供给函数 $S=-a+bp(a\geqslant0,b\geqslant0)$；

指数供给函数 $S=ap^b(a>0,b>0)$。

其中最常见、最简单的供给函数是线性供给函数。

3. 成本函数

在经济问题中，我们关注的成本函数一般有总成本函数和平均成本函数。

生产特定产品所需要的全部费用，称为**总成本**（**Total Cost**），它由固定成本和可变成本组成。其中，固定成本指在一定时间内不随产品数量变化而变化的成本，它与产量无关，如厂房、设备等。可变成本指随产品数量变化而变化的成本，如原材料、能源、工资等。若记产品的产量为 q，产品的总成本为 C，固定成本为 C_0，可变成本为 C_1，则总成本函数为

$$C(q)=C_0+C_1(q)$$

由于总成本无法看出生产者生产水平的高低，所以常用到平均成本的概念，即生产 q 个单位产品时单位产品的成本，称为**平均成本**（**Average Cost**），若记产品的产量为 q，产品的总成本为 C，平均成本为 $\overline{C}$，则平均成本函数为

$$\overline{C}(q)=\dfrac{C(q)}{q}=\dfrac{C_0}{q}+\dfrac{C_1(q)}{q}$$

4. 总收入函数

销售一定数量的某种产品所得的全部收入，称为**总收入**（**Total Revenue**），若记产品的价格为 p，销售量为 q，总收入为 R，则总收入函数为

$$R(q)=pq$$

5. 总利润函数

生产一定数量产品的总收入和总成本的差称为**总利润**（**Total Profit**），若记产品的销售

量为 q，总利润为 L，则总利润函数为

$$L(q)=R(q)-C(q)$$

6. 资金终值

在社会经济活动中，向银行或民间借贷机构存款或贷款是常见的金融活动，向银行或民间借贷机构存贷款时都会产生利息，所谓利息，是指一定资金在一定时期内的收益。计算利息有三个基本要素：本金、利率和时期。

贷（存）款人所借（存）入的贷（存）款数量，称为本金；使用本金的时间，称为时期；在单位时期（如年、季、月、天等）内单位本金（如每千元或每百元）所产生的利息，称为利率。

计算利息有两种方法：单利和复利。在金融活动中，获得的利息不计入本金的计息方法称为单利；计入本金的计息方法称为复利。

资金在一定时期后的本金和利息之和，称为该资金的**终值**（Future Value）。

设某笔贷（存）款本金为 A_0，年利率为 r，投资年限为 t 年，每年结算一次本息和。

（1）按单利方式，到期后的本息和为

$$S_t=A_0(1+rt)$$

（2）按复利方式，到期后的本息和为

$$S_t=A_0(1+r)^t$$

值得注意的是，在现实借贷过程中，利率的单位并不一定都是以年为单位的，有时涉及季利率、月利率、天利率，甚至更小单位的利率，若年利率为 r，一年分为 m 期，则每期的利率为 $\frac{r}{m}$，如月利率为 $\frac{r}{12}$，天利率为 $\frac{r}{360}$ 等。

设某笔贷（存）款本金为 A_0，年利率为 r，投资年限为 t，一年分为 m 期，每期结算一次本息和。

（1）按单利方式，到期后的本息和为

$$S_t=A_0\left(1+\frac{r}{m}\times mt\right)=A_0(1+rt)$$

（2）按复利方式，到期后的本息和为

$$S_t=A_0\left(1+\frac{r}{m}\right)^{mt}$$

7. 资金现值

一定时期后，一定资金的现在价值，称为该资金的**现值**（Present Value）。

若某张票据 t 年价值为 S_t 元，假设在这 t 年之间年利率 r 不变。

（1）按单利方式，该票据的现值 P 为

$$P=\frac{S_t}{1+rt}$$

（2）按复利方式，该票据的现值 P 为

$$P=\frac{S_t}{(1+r)^t}$$

在经济活动中，有时碰到资金流转问题时，需要将一定时期后一定价值的票据提前兑换成现金，这类问题涉及贴现的概念。

票据持有人为了在票据到期以前获得资金,从票面金额中扣除未到期期间的利息后,得到剩余的现金。这种银行向票据持有人融资的方式,称为**贴现**(**Discount**)。

若 A 表示第 t 年后到期的票据金额,r 表示贴现利率,P 表示进行票据转让时银行现在付给的贴现金额,则贴现计算公式为

$$P = \frac{A}{(1+r)^t} = A(1+r)^{-t}$$

其中,贴现利率和存款利率有所不同,它是由双方协商确定,但最高不能超过现行的贷款利率。票据也和通常的存单不同,票据到期后只领取票面金额,没有利息,而存单到期除领取存款外,还要领取相应的利息。

案例分析

案例 1.21 【**产品供需**】商品在市场的投放量和销售量与商品的价格密切相关,某商品销售价格为 15 元时,有 56 单位商品投放市场,当价格为 30 元时,有 116 单位投放市场;同时,当该商品价格为 15 元时,市场的需求量为 40 单位,当价格上升至 30 元时,市场的需求量为 20 单位,若需求函数和供给函数都是线性的,试建立需求函数和供给函数模型,并求出市场上供需平衡时的该商品价格。

解 设该商品的供给函数为 $S = -a + bp$;需求函数为 $q = m - np$,则

$$\begin{cases} 56 = -a + 15b \\ 116 = -a + 30b \\ 40 = m - 15n \\ 20 = m - 30n \end{cases}$$

所以 $a = 4, b = 4; m = 60, n = \frac{4}{3}$。

即该商品的供给函数为 $S = -4 + 4p$;需求函数为 $q = 60 - \frac{4}{3}p$。

并市场上商品供需平衡时,$S = q$,得

$$-4 + 4p = 60 - \frac{4}{3}p$$

所以 $p = 12$。

案例 1.22 【**生产经济指标**】某产品的需求函数为 $q = 200 - 4p$,总成本函数为 $C(q) = 1000 + 6q$,试建立该产品的总利润函数,并求出该产品产量 $q = 100$ 时的平均成本。

解 由需求函数知,该产品的价格函数为

$$p = 50 - \frac{1}{4}q$$

收入函数为

$$R(q) = pq = 50q - \frac{1}{4}q^2$$

则总利润函数为

$$L(q) = -\frac{1}{4}q^2 + 44q - 1000$$

该产品的平均成本函数为

$$\overline{C}(q) = \frac{1000}{q} + 6$$

所以，当 $q=100$ 时的平均成本为 $\overline{C}(100)=\dfrac{1000}{100}+6=16$。

案例 1.23 【资金终值】 某人用 10000 元投资一项为期 5 年的项目，年利率为 10%，试求：(1) 按一年为一期的复利方式计息，到第 5 年末的终值；(2) 按两周为一期的复利方式计息，到第 5 年末的终值。

解 (1) 本金 $A_0=1000$ 元，5 年计息期数为 5 期，期利率 $r=10\%$。

所以，第 5 年末的终值为

$$S_5=A_0(1+r)^t=10000\times(1+10\%)^5=16105.1（元）$$

(2) 按两周为一期的复利方式计息，5 年计息期数为 26×5 期，期利率 $r=\dfrac{10\%}{26}$。

所以，第 5 年末的终值为

$$S_5=A_0\left(1+\frac{r}{m}\right)^{mt}=10000\times\left(1+\frac{10\%}{26}\right)^{26\times5}=16471.4（元）$$

案例 1.24 【资金现值】 某人四年前在银行存了一笔钱，年利率 9%，计息方式为单利，这笔钱现在的价值是 680 元，问：他当初存了多少钱？

解 这是求资金现值问题，终值 $S_4=680$，计息次数为 $t=4$，年利率为 $r=9\%$。

由

$$P=\frac{S_t}{1+rt}=\frac{680}{1+4\times9\%}=500（元）$$

可知四年前的存款为 500 元，即现在 680 元在四年前的价值是 500 元。

案例 1.25 【贴现金额】 某人手中有三张票据，其中一年后到期的票据金额是 500 元，两年后到期的金额是 800 元，五年后到期的金额是 2000 元，已知银行的贴现率为 6%。现将三张票据向银行做一次性的转让，试计算银行的贴现金额。

解 由贴现计算公式知，贴现金额为

$$P=\frac{A_1}{1+r}+\frac{A_2}{(1+r)^2}+\frac{A_3}{(1+r)^5}$$
$$=\frac{500}{1+6\%}+\frac{800}{(1+6\%)^2}+\frac{2000}{(1+6\%)^5}$$
$$\approx2678.21（元）$$

即银行的贴现金额为 2678.21 元。

案例 1.26 【住房按揭贷款】 小王工作后为了买婚房，需要从银行贷款 P 元，贷款年利率为 r，若贷款月数为 n，请帮小王分析按等额本息还款方式他每个月的还款金额。

解 设 S_t 表示第 t 个月后仍欠银行（债主）的金额，x 表示每个月的还款金额，$r_0=\dfrac{r}{12}$ 表示月利率，则

$$S_1=P(1+r_0)-x$$
$$S_2=S_1(1+r_0)-x=P(1+r_0)^2-x[1+(1+r_0)]$$
$$S_3=S_2(1+r_0)-x=P(1+r_0)^3-x[1+(1+r_0)+(1+r_0)^2]$$
$$\cdots\cdots$$
$$S_n=P(1+r_0)^n-x[1+(1+r_0)+(1+r_0)^2+\cdots+(1+r_0)^{n-1}]$$
$$=P(1+r_0)^n-\frac{x[(1+r_0)^n-1]}{r_0}$$

由于到第 n 个月时,贷款将全部还清,所以 $S_n=0$,由此可得月还款额为

$$x=\frac{Pr_0(1+r_0)^n}{(1+r_0)^n-1}$$

四　函数的变化趋势与预测

1. 函数极限的概念

引例 1.12 【**存款预测**】如果你计划工作五年后的存款达到 30 万元,想根据自己当前的存款速度,预测五年后能否实现存款计划。如何利用数学工具进行预测?

问题分析　这时,可以先计算近几期的存款总额,然后逐步分析这些存款额的变化趋势,根据变化趋势把这个量确定下来。这种从量变到质变的过程,就是极限的思想方法。

如果当 x 的绝对值无限增大(即 $x\to\infty$)时,函数 $f(x)$ 无限接近于一个确定的常数 A,那么称 A 为函数 $f(x)$ 当 $x\to\infty$ 时的**极限(Limit)**,记为 $\lim\limits_{x\to\infty}f(x)=A$。

极限的概念 1

例如,考察当 $x\to\infty$ 时函数 $f(x)=\dfrac{1}{x}$ 的变化趋势。

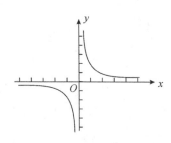

图 1.16　函数 $f(x)=\dfrac{1}{x}$ 图像

结合图 1.16 知,曲线 $y=\dfrac{1}{x}$ 沿 x 轴的正向和负向无限远伸时,与 x 轴越来越接近,即当 x 的绝对值无限增大时,$f(x)$ 的值呈现的变化趋势是无限接近于零,所以 $\lim\limits_{x\to\infty}\dfrac{1}{x}=0$。

类似地,如果当 $x\to+\infty$ 时,函数 $f(x)$ 无限接近一个确定的常数 A,那么称 A 为函数 $f(x)$ 当 $x\to+\infty$ 时的极限,记为 $\lim\limits_{x\to+\infty}f(x)=A$;或当 $x\to-\infty$ 时,函数 $f(x)$ 无限接近于一个确定的常数 A,那么称 A 为函数 $f(x)$ 当 $x\to-\infty$ 时的极限,记为 $\lim\limits_{x\to-\infty}f(x)=A$。

极限的概念 2

注意　研究 $x\to\infty$ 时函数的变化趋势时,需要讨论 $x\to+\infty$ 和 $x\to-\infty$ 时函数的变化趋势,当且仅当 $x\to+\infty$ 和 $x\to-\infty$ 时函数的变化趋势相同,并且都是无限接近于同一确定的常数 A 时,$x\to\infty$ 时函数的极限才存在,即 $\lim\limits_{x\to\infty}f(x)=A\Leftrightarrow\lim\limits_{x\to+\infty}f(x)=$

$$\lim_{x \to -\infty} f(x) = A。$$

如果当 $x \to x_0$ 时，函数 $f(x)$ 无限接近于一个确定的常数 A，那么称 A 为函数 $f(x)$ 当 $x \to x_0$ 时的**极限**，记作 $\lim\limits_{x \to x_0} f(x) = A$。

由定义可知，$x \to x_0$ 时函数 $f(x)$ 的极限与函数 $f(x)$ 在 x_0 是否有定义无关。

例如，求函数 $f(x) = \dfrac{x^2 - 1}{x - 1}$ 和函数 $g(x) = x + 1$ 当 $x \to 1$ 时的极限。

结合图 1.17 和图 1.18 可知，当 $x \to 1$ 时，函数 $f(x) = \dfrac{x^2 - 1}{x - 1}$ 和函数 $g(x) = x + 1$ 的函数

值的变化趋势都是无限接近于同一个常数 2，即 $\lim\limits_{x \to 1} \dfrac{x^2 - 1}{x - 1} = 2$，$\lim\limits_{x \to 1} (x + 1) = 2$。

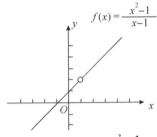
图 1.17 函数 $f(x) = \dfrac{x^2 - 1}{x - 1}$ 图像

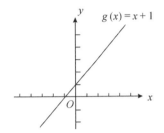
图 1.18 函数 $g(x) = x + 1$ 图像

如果当 $x \to x_0^+$ 时，函数 $f(x)$ 无限接近于一个确定的常数 A，那么称 A 为函数 $f(x)$ 在点 x_0 **右极限**（**Right-hand Limit**），记作 $\lim\limits_{x \to x_0^+} f(x) = A$；如果当 $x \to x_0^-$ 时，函数 $f(x)$ 无限接近于一个确定的常数 A，那么称 A 为函数 $f(x)$ 在点 x_0 的**左极限**（**Left-hand Limit**），记作 $\lim\limits_{x \to x_0^-} f(x) = A$.

注意 （1）研究 $x \to x_0$ 时函数的变化趋势时，需要讨论 $x \to x_0^+$ 和 $x \to x_0^-$ 时函数的变化趋势，当且仅当 $x \to x_0^+$ 和 $x \to x_0^-$ 时函数的变化趋势相同，并且都是无限接近于同一确定的常数 A 时，$x \to x_0$ 时函数的极限才存在，即

$$\lim_{x \to x_0} f(x) = A \Leftrightarrow \lim_{x \to x_0^+} f(x) = \lim_{x \to x_0^-} f(x) = A$$

（2）当 $x \to x_0$ 时 $f(x)$ 有无极限与 $f(x)$ 在 x_0 点是否有定义以及与 x_0 点的函数值 $f(x_0)$ 的大小都没有关系；

（3）由定义易得

$$\lim_{x \to x_0} C = C（C \text{ 为常数}），\lim_{x \to x_0} x = x_0$$

🔗 例题分析

例 1.7 求 $\lim\limits_{x \to +\infty} e^{-x}$，$\lim\limits_{x \to -\infty} e^{-x}$，$\lim\limits_{x \to \infty} e^{-x}$

解 由图 1.19 可看出，

$\lim\limits_{x \to +\infty} e^{-x} = 0$，$\lim\limits_{x \to -\infty} e^{-x}$ 不存在，

所以 $\lim\limits_{x \to \infty} e^{-x}$ 不存在。

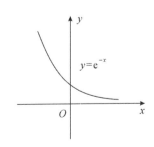
图 1.19 函数 $y = e^{-x}$ 图像

例 1.8 设 $f(x)=\begin{cases}x+1, & x\geqslant2 \\ x^2, & x<2\end{cases}$，观察图 1.20，

求 $\lim\limits_{x\to2^-}f(x)$、$\lim\limits_{x\to2^+}f(x)$、$\lim\limits_{x\to2}f(x)$。

解 由图 1.20 可知，$\lim\limits_{x\to2^-}f(x)=\lim\limits_{x\to2^-}x^2=4$，

$\lim\limits_{x\to2^+}f(x)=\lim\limits_{x\to2^+}(x+1)=3$

因为 $\lim\limits_{x\to2^-}f(x)\neq\lim\limits_{x\to2^+}f(x)$，

所以 $\lim\limits_{x\to2}f(x)$ 不存在。

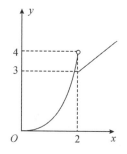

极限之分段函数

图 1.20 分段函数的图像

案例分析

案例 1.27 【药物安全测试】在新药试验过程中，不仅要关注药物的疗效，而且要关注药物的毒副作用，某种新药的实验数据表明，实验对象血液中药物含量 Q 随时间 t（单位：小时）变化的关系为

$$Q(t)=\begin{cases}\dfrac{8}{3}t, & 0<t\leqslant3 \\[2mm] -\dfrac{8}{11}t+\dfrac{112}{11}, & 3<t\leqslant14\end{cases}$$

试分析实验对象血液中药物含量 Q 在 $t\to3$ 时的变化趋势。

解 当 $t\to3^-$ 和 $t\to3^+$ 时，分别分析 $Q(t)$ 的变化趋势，得

$$\lim_{t\to3^-}Q(t)=\lim_{t\to3^-}\frac{8}{3}t=8$$

$$\lim_{t\to3^+}Q(t)=\lim_{t\to3^+}\left(-\frac{8}{11}t+\frac{112}{11}\right)=8$$

因为

$$\lim_{t\to3^-}Q(t)=\lim_{t\to3^+}Q(t)=8$$

所以

$$\lim_{t\to3}Q(t)=8$$

2. 函数极限的计算

引例 1.13 【库存成本预测】企业生产管理过程中，原材料的库存管理是其中的一个重要环节，库存管理水平的高低、科学与否直接影响产品的生产成本，若已知某种原材料平均每天的库存成本 $C(t)$ 为

$$C(t)=\frac{10}{t}+0.2t$$

其中 t（单位：天）表示采购周期，试分析 $t\to7$ 时该原材料库存成本的变化趋势。

问题分析 为了探索 $C(t)=\dfrac{10}{t}+0.2t$ 在 $t\to7$ 时的变化趋势，可以利用函数的图像进行分析，但由于该函数不易于作出其图像。这说明，仅知道利用图像或列表找函数的变化趋势是不够的，用这些方法讨论较复杂函数的变化趋势，不仅工作量大，而且还不一定正确。这就要求我们学会直接利用解析式求函数极限的方法。

下面我们给出极限计算的法则和一些重要公式。

（1）极限的四则运算法则

设 $\lim\limits_{x \to x_0} f(x) = A, \lim\limits_{x \to x_0} g(x) = B$，则

极限的运算 1

a. $\lim\limits_{x \to x_0} [f(x) \pm g(x)] = \lim\limits_{x \to x_0} f(x) \pm \lim\limits_{x \to x_0} g(x) = A \pm B$；

b. $\lim\limits_{x \to x_0} [f(x)g(x)] = \lim\limits_{x \to x_0} f(x) \lim\limits_{x \to x_0} g(x) = AB$，

特别地，有 $\lim\limits_{x \to x_0} [f(x)]^n = [\lim\limits_{x \to x_0} f(x)]^n = A^n$，

$\lim\limits_{x \to x_0} Cf(x) = C \lim\limits_{x \to x_0} f(x) = CA$（$C$ 为常数）；

c. $\lim\limits_{x \to x_0} \dfrac{f(x)}{g(x)} = \dfrac{\lim\limits_{x \to x_0} f(x)}{\lim\limits_{x \to x_0} g(x)} = \dfrac{A}{B}$（$B \neq 0$）。

极限的四则运算法则表明函数和、差、积、商（分母极限不为零）的极限等于它们极限的和、差、积、商；常数因子可以提到极限记号的外面。

注意 1 法则 a 和 b 可推广到有限个函数的情形；且 $x \to x_0^+$、$x \to x_0^-$、$x \to \infty$、$x \to -\infty$ 及 $x \to +\infty$ 时同样成立。

注意 2 利用极限的四则运算法则求极限时，首先应关注极限的类型，若为 $\dfrac{A}{B}$（$B \neq 0$）型，则可采用直接代入法；若为 $\dfrac{0}{0}$ 型，则可采用约分等方法；若为 $\dfrac{\infty}{\infty}$ 型，则可采用分子分母同除最高次方法；若为 $\infty - \infty$ 型，则可采用通分等方法求极限。

极限的运算 2

例题分析

例 1.9 求极限 $\lim\limits_{x \to 3} \dfrac{x^2 - 9}{x^2 - 7x + 12}$。

极限之 0 比 0 型
因式分解

解 原式 $= \lim\limits_{x \to 3} \dfrac{(x+3)(x-3)}{(x-3)(x-4)} = \lim\limits_{x \to 3} \dfrac{x+3}{x-4} = -6$。

分析：两个多项式之比当 $x \to x_0$ 时为 $\dfrac{0}{0}$ 型未定式极限，不能用商的极限运算法则进行计算，而应先变形（如因式分解）、约分。

例 1.10 求极限 $\lim\limits_{x \to 3} \dfrac{x-3}{\sqrt{x+1} - 2}$。

极限之 0 比 0 型
有理化

解 $\lim\limits_{x \to 3} \dfrac{x-3}{\sqrt{x+1} - 2} = \lim\limits_{x \to 3} \dfrac{(x-3)(\sqrt{x+1} + 2)}{(\sqrt{x+1} - 2)(\sqrt{x+1} + 2)}$

$= \lim\limits_{x \to 3} \dfrac{(x-3)(\sqrt{x+1} + 2)}{(x-3)} = \lim\limits_{x \to 3} (\sqrt{x+1} + 2) = 4$。

分析：由于 $\lim\limits_{x \to 3} (\sqrt{x+1} - 2) = 0$，商的法则不能用，这时可先对分母有理化，然后约分、求极限。

例 1.11 求极限 $\lim\limits_{x \to \infty} \dfrac{x^3 + 2x^2 + 1}{x^4 + x^3}$。

解　原式$=\lim\limits_{x\to\infty}\dfrac{\dfrac{1}{x}+\dfrac{2}{x^2}+\dfrac{1}{x^4}}{1+\dfrac{1}{x}}=0$。

极限之无穷比
无穷型

分析：对$\dfrac{\infty}{\infty}$型极限，可通过分子分母同除以最高次幂后再求极限。

例 1. 12　求极限$\lim\limits_{x\to1}\left(\dfrac{1}{1-x}-\dfrac{3}{1-x^3}\right)$。

解　原式$=\lim\limits_{x\to1}\dfrac{(1+x+x^2)-3}{(1-x)(1+x+x^2)}=\lim\limits_{x\to1}\dfrac{(x+2)(x-1)}{(1-x)(1+x+x^2)}=-1$。

分析：当$x\to x_0$时，"$\infty-\infty$"型可先通分，化为分式后，再用上述方法求极限。

🔗 案例分析

案例 1. 28　**【产品价格预测】**设一产品的价格满足$p(t)=20-20\mathrm{e}^{-0.5t}$（单位：元），请你对该产品的长期价格做一预测。

解　可通过求该产品价格在$t\to+\infty$时的极限来预测长期价格。

因为$\lim\limits_{t\to+\infty}p(t)=\lim\limits_{t\to+\infty}(20-20\mathrm{e}^{-0.5t})=\lim\limits_{t\to+\infty}20-\lim\limits_{t\to+\infty}20\mathrm{e}^{-0.5t}$

$\qquad\qquad=\lim\limits_{t\to+\infty}20-20\lim\limits_{x\to+\infty}\mathrm{e}^{-0.5t}=20$，

所以该产品的长期价格为 20 元。

案例 1. 29　**【细菌培养】**100 个细菌放在培养器中，其中有足够的食物，但空间有限，对空间的竞争使得细菌总数N与时间t的关系为

$$N(t)=\dfrac{1000}{1+9\mathrm{e}^{-0.1158t}}$$

问：容器中最多能容下多少细菌？

解　容器中最多能容下多少细菌，即求当$t\to+\infty$时，$N(t)$的极限。

因为$\lim\limits_{t\to+\infty}N(t)=\lim\limits_{t\to+\infty}\dfrac{1000}{1+9\mathrm{e}^{-0.1158t}}=1000$，

所以容器中最多能容下 1000 个细菌。

案例 1. 30　**【销售预测】**当推出一种新的电子游戏光盘时，在短期内销售量会迅速增加，然后下降，其函数关系为$y=\dfrac{200t}{t^2+100}$，请你对该产品的长期销售做出预测。

解　该产品的长期销售量为当$t\to+\infty$时的销售量。

因为$\lim\limits_{t\to+\infty}y=\lim\limits_{t\to+\infty}\dfrac{200t}{t^2+100}=\lim\limits_{t\to+\infty}\dfrac{\dfrac{200}{t}}{1+\dfrac{100}{t^2}}=0$，

所以购买此游戏光盘的人将越来越少，人们转向购买新的游戏光盘。

案例 1. 31　**【利润增长额】**已知生产x对汽车挡泥板的成本是$C(x)=10+\sqrt{1+x^2}$（美元），每对的售价为 5 美元。出售$x+1$对比出售x对所产生的利润增长额为$L(x)=[R(x+1)-C(x+1)]-[R(x)-C(x)]$，当生产稳定、产量很大时，试求这个增长额$\lim\limits_{x\to+\infty}L(x)$。

解 由题意知 $\lim\limits_{x\to+\infty}L(x)=\lim\limits_{x\to+\infty}\{[R(x+1)-C(x+1)]-[R(x)-C(x)]\}$

$$=\lim_{x\to+\infty}[5+\sqrt{1+x^2}-\sqrt{1+(1+x)^2}]$$

$$=5-\lim_{x\to+\infty}\frac{2x+1}{\sqrt{1+x^2}+\sqrt{1+(1+x)^2}}$$

$$=5-\lim_{x\to+\infty}\frac{2+\dfrac{1}{x}}{\sqrt{\dfrac{1}{x^2}+1}+\sqrt{\dfrac{1}{x^2}+\left(1+\dfrac{1}{x}\right)^2}}=4。$$

(2)两个重要极限

引例 1.14 【**圆的面积**】小学时,我们就学习过圆的面积公式为 $S=\pi R^2$(其中圆的半径为 R),那么该公式是如何推导出来的呢?

问题分析 如图 1.21 所示,为了求圆面积,可以先作圆的内接正三角形,其面积记作 A_3;再作圆的内接正四边形,其面积记作 A_4;接着作圆的内接正五边形,其面积记作 A_5;如此循环下去,当圆的内接正多边形的边数不断增加时,其相应的面积与圆的面积就越来越接近,当边数 n 无限增大时,圆的内接正多边形的面积就是圆的面积。而圆的内接正 n 边形面积为

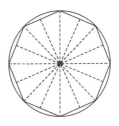

图 1.21 圆的面积

$$A_n=\frac{R^2}{2}n\sin\frac{2\pi}{n}(n\geqslant3)$$

此时,要求圆的面积,就只需要计算 $\lim\limits_{n\to+\infty}A_n$,

即 $S_圆=\lim\limits_{n\to+\infty}A_n=\dfrac{R^2}{2}\lim\limits_{n\to+\infty}n\sin\dfrac{2\pi}{n}=\pi R^2\lim\limits_{n\to+\infty}\dfrac{\sin\dfrac{2\pi}{n}}{\dfrac{2\pi}{n}}$。

若令 $\dfrac{2\pi}{n}=x$,则求圆的面积就转化为如何计算极限 $\lim\limits_{x\to0}\dfrac{\sin x}{x}$?

Ⅰ. $\lim\limits_{x\to0}\dfrac{\sin x}{x}=1$

由表 1.46 知,当 x 愈接近于 0 时,$\dfrac{\sin x}{x}$ 的值愈来愈接近于 1。

表 1.46 函数 $f(x)=\dfrac{\sin x}{x}$ 的变化趋势

x	±1	±0.5	±0.1	±0.01	⋯
$\sin x/x$	0.841471	0.95885	0.99833	0.99998	⋯

利用单位圆的知识,同样可以证明 $\lim\limits_{x\to0}\dfrac{\sin x}{x}=1$。

由此重要极限还可得 $\lim\limits_{x\to0}\dfrac{\tan x}{x}=1$。

注:利用第一个重要极限公式求函数极限时,首先要关注其类型为 $\dfrac{0}{0}$ 型,其次只要 $\lim\limits_{\substack{x \to x_0 \\ (\text{或} x \to \infty)}} f(x)=0$,那么 $\lim\limits_{\substack{x \to x_0 \\ (\text{或} x \to \infty)}} \dfrac{\sin[f(x)]}{f(x)}=1$ 恒成立。

第一个重要
极限

例题分析

例 1.13 求下列极限:

(1) $\lim\limits_{x \to 0} \dfrac{\sin 4x}{5x}$;(2) $\lim\limits_{x \to 1} \dfrac{\sin(x-1)}{x^2-1}$;(3) $\lim\limits_{x \to 0} \dfrac{\tan x}{\sin 3x}$;

(4) $\lim\limits_{x \to 0} \dfrac{\cos x-1}{x^2}$;(5) $\lim\limits_{x \to 0} \dfrac{x-\sin x}{x+\sin x}$。

极限之 0 比 0 型
第一个重要极限

解 (1) $\lim\limits_{x \to 0} \dfrac{\sin 4x}{5x}=\lim\limits_{x \to 0} \dfrac{\sin 4x}{4x} \times \dfrac{4}{5}=\dfrac{4}{5}$;

(2) $\lim\limits_{x \to 1} \dfrac{\sin(x-1)}{x^2-1}=\lim\limits_{x \to 1}\left[\dfrac{\sin(x-1)}{x-1} \times \dfrac{x-1}{x^2-1}\right]=\lim\limits_{x \to 1} \dfrac{\sin(x-1)}{x-1} \times \lim\limits_{x \to 1} \dfrac{1}{x+1}=\dfrac{1}{2}$;

(3) $\lim\limits_{x \to 0} \dfrac{\tan x}{\sin 3x}=\lim\limits_{x \to 0} \dfrac{\dfrac{\tan x}{x}}{\dfrac{\sin 3x}{3x}} \times \dfrac{x}{3x}=\dfrac{1}{3} \times \lim\limits_{x \to 0} \dfrac{\dfrac{\tan x}{x}}{\dfrac{\sin 3x}{3x}}=\dfrac{1}{3}$;

(4) $\lim\limits_{x \to 0} \dfrac{\cos x-1}{x^2}=\lim\limits_{x \to 0} \dfrac{-2\sin^2 \dfrac{x}{2}}{x^2}=-\lim\limits_{x \to 0} \dfrac{\sin^2 \dfrac{x}{2}}{2 \times \left(\dfrac{x}{2}\right)^2}=-\dfrac{1}{2} \times \lim\limits_{x \to 0}\left(\dfrac{\sin \dfrac{x}{2}}{\dfrac{x}{2}}\right)^2=-\dfrac{1}{2}$;

(5) $\lim\limits_{x \to 0} \dfrac{x-\sin x}{x+\sin x}=\lim\limits_{x \to 0} \dfrac{1-\dfrac{\sin x}{x}}{1+\dfrac{\sin x}{x}}=\dfrac{1-1}{1+1}=0$。

案例分析

案例 1.32 【圆的面积】利用极限知识证明半径为 R 的圆的面积为 $S_{\text{圆}}=\pi R^2$。

解 根据前述分析,圆的面积即为其内接正 n 边形的面积 A_n 当 $n \to +\infty$ 时的极限,

所以 $S_{\text{圆}}=\lim\limits_{n \to \infty} A_n=R^2 \lim\limits_{n \to \infty}\left(\dfrac{\sin \dfrac{2\pi}{n}}{\dfrac{2\pi}{n}} \times \pi\right)=\pi R^2 \lim\limits_{n \to \infty} \dfrac{\sin \dfrac{2\pi}{n}}{\dfrac{2\pi}{n}}=\pi R^2$。

引例 1.15 【存贷款本息和计算】前面提到过贷款问题,若某笔贷(存)款本金为 A_0,年利率为 r,投资年限为 t,一年分为 m 期,每期结算一次本息和,则 t 年后该笔贷(存)款本息和为

$$S_t=A_0\left(1+\dfrac{r}{m}\right)^{mt}$$

当每年的结算期数 $m \to +\infty$ 时,该类复利称为连续复利问题。如何计算该笔贷(存)款

本息和？

问题分析　根据极限的思想，解决连续复利问题只需要求其极限

$$A_0 \lim_{m \to +\infty}\left(1+\frac{r}{m}\right)^{mt}=A_0 \lim_{m \to +\infty}\left(1+\frac{1}{\frac{m}{r}}\right)^{\frac{m}{r}\times rt}$$

若令 $\frac{m}{r}=x$，则上述极限问题就转化为如何计算极限 $\lim_{x \to \infty}\left(1+\frac{1}{x}\right)^x$。

Ⅱ. $\lim_{x \to \infty}\left(1+\frac{1}{x}\right)^x=\mathrm{e}$

我们从表 1.47 中，来考察当 $x \to +\infty$ 及 $x \to -\infty$ 时函数 $f(x)=\left(1+\frac{1}{x}\right)^x$ 的变化趋势。

表 1.47　函数 $f(x)=\left(1+\frac{1}{x}\right)^x$ 的变化趋势

x	10	100	1000	10000	100000	1000000	…
$\left(1+\frac{1}{x}\right)^x$	2.59374	2.70481	2.71692	2.71815	2.71827	2.71828	…
x	-10	-100	-1000	-10000	-100000	-1000000	…
$\left(1+\frac{1}{x}\right)^x$	2.86797	2.73200	2.71964	2.71842	2.71830	2.71828	…

从表 1.47 可以看出，当 x 无限增大时函数 $\left(1+\frac{1}{x}\right)^x$ 变化的大致趋势。

可以证明，当 $x \to \infty$ 时 $\left(1+\frac{1}{x}\right)^x$ 的极限确实存在，其值为 $\mathrm{e}=2.71828182845$ …，即 $\lim_{x \to \infty}\left(1+\frac{1}{x}\right)^x=\mathrm{e}$。

欧拉围羊圈

和 π 一样，e 也是一个无理数，它们是数学中最重要的两个常数。1727 年，欧拉（L. Euler，瑞士人，1707—1783 年，18 世纪最伟大的数学家）首先用字母 e 表示了这个无理数。这个无理数精确到 20 位小数的值为 $\mathrm{e}=2.71828182845904523536$ …

由此重要极限还可得 $\lim_{x \to 0}(1+x)^{\frac{1}{x}}=\mathrm{e}$。

注：　利用第二个重要极限公式求函数极限时，首先要关注其类型为 1^{∞} 型，其次只要 $\lim\limits_{\substack{x \to x_0 \\ (\text{或} x \to \infty)}} f(x)=\infty$，那么 $\lim\limits_{\substack{x \to x_0 \\ (\text{或} x \to \infty)}}\left(1+\frac{1}{f(x)}\right)^{f(x)}=\mathrm{e}$ 恒成立。

第二个重要极限

例题分析

例 1.14　求下列极限：

(1) $\lim_{x \to 0}(1+2x)^{\frac{1}{x}}$；

(2) $\lim_{x \to \infty}\left(1-\frac{1}{x}\right)^x$；

(3) $\lim_{x \to 0}\left(1-\frac{3x}{4}\right)^{\frac{1}{x}}$；

(4) $\lim_{x \to \infty}\left(\frac{x+1}{x+2}\right)^x$。

极限之 1 的无穷次第二个重要极限

解 $(1)\lim_{x\to 0}(1+2x)^{\frac{1}{x}}=\lim_{x\to 0}(1+2x)^{\frac{1}{2x}\times 6}=e^6$;

$(2)\lim_{x\to\infty}\left(1-\frac{1}{x}\right)^x=\lim_{x\to\infty}\left(1-\frac{1}{x}\right)^{-x\times(-1)}=e^{-1}$;

$(3)\lim_{x\to 0}\left(1-\frac{3x}{4}\right)^{\frac{1}{x}}=\lim_{x\to 0}\left(1-\frac{3x}{4}\right)^{-\frac{4}{3x}\times(-\frac{3}{4})}=e^{-\frac{3}{4}}$;

$(4)\lim_{x\to\infty}\left(\frac{x+1}{x+2}\right)^x=\lim_{x\to\infty}\left(\frac{1+\frac{1}{x}}{1+\frac{2}{x}}\right)^x=\lim_{x\to\infty}\frac{\left(1+\frac{1}{x}\right)^x}{\left(1+\frac{2}{x}\right)^x}=\frac{e}{e^2}=\frac{1}{e}$。

案例分析

案例 1.33 【还贷问题】某医院 2002 年 5 月 20 日从美国进口一台彩色超声波诊断仪，从银行贷款 20 万美元，约定以复利计息，年利率为 4%，2012 年 5 月 19 日到期，一次还本付息，试计算该笔贷款到期时的还款总额。

解 根据前面的分析，连续复利计息方式下，该笔贷款到期时的还款总额应为

$$S=\lim_{m\to+\infty}20\left(1+\frac{4\%}{m}\right)^{10m}=20\times\lim_{m\to+\infty}\left(1+\frac{4\%}{m}\right)^{\frac{m}{4\%}\times 0.4}=20e^{0.4}$$

一般地，本金为 A_0，年利率为 r，贷款年限为 t 年，连续复利情况下，t 年末的本利和为 $S=A_0e^{rt}$；以年为单位复利情况下，t 年末的本利和为 $S=A_0(1+r)^t$。

案例 1.34 【空气净化问题】随着人们环保意识的不断增强，如何净化空气、提高空气质量日益受到人们的重视，有一种空气净化装置，它吸附某种有害气体的量与该气体的百分浓度及吸附层厚度成正比。已知含有 8% 某种有害气体的空气，通过吸附厚度为 10cm 的吸附层后，该有害气体的含量下降为 2%，问：

(1)若通过的吸附层厚度为 30cm，出口处的空气中该有害气体的含量是多少？

(2)若要使出口处空气中该有害气体的含量为 1%，其吸附层的厚度应为多少？

解 设吸附层厚度为 d cm，现将吸附层分成 n 小段，每小段吸附层的厚度为 $\frac{d}{n}$ cm。

因为吸附该有害气体的量与该有害气体的百分浓度及吸附层厚度成正比，所以含有 8% 某种有害气体的空气通过第一小段吸附层后，吸附有害气体的量为 $k\times 8\%\times\frac{d}{n}$，过滤后空气中有害气体的含量为 $8\%\left(1-k\times\frac{d}{n}\right)$；通过第二小段吸附层后，空气中有害气体的含量为 $8\%(1-k\times\frac{d}{n})^2$……依次类推，通过第 n 小段吸附层后，空气中有害气体的含量为 $8\%\left(1-k\times\frac{d}{n}\right)^n$。当将吸附层无限细分，即 $n\to+\infty$ 时，通过吸附厚度为 d cm 的吸附层后，出口处该有害气体的含量为

$$\lim_{n\to+\infty}8\%\left(1-k\times\frac{d}{n}\right)^n=8\%\times\lim_{n\to+\infty}\left(1-\frac{kd}{n}\right)^{-\frac{n}{kd}\times(-kd)}=8\%\times e^{-kd}$$

已知通过厚度为 10cm 的吸附层后，有害气体含量为 2%，即

$$8\%\times e^{-10k}=2\%$$

得
$$k=\frac{\ln 2}{5}$$

(1)若通过的吸附层厚度为 30cm,即 $d=30$cm,则出口处空气中有害气体的含量为
$$8\% \times \mathrm{e}^{-30\times\frac{\ln 2}{5}}=\frac{8\%}{2^6}=0.125\%$$

(2)要使出口处空气中有害气体的含量为 1%,则
$$8\% \times \mathrm{e}^{-kd}=8\% \times \mathrm{e}^{-\frac{\ln 2}{5}\times d}=1\%$$

即
$$2^{\frac{d}{5}}=8$$

所以
$$d=15\mathrm{cm}$$

此时吸附层厚度为 15cm。

五　无穷小与无穷大

1. 无穷小

无穷小与无穷大

引例 1.16 【**电容器放电**】电容器放电时,其电压随时间的增加反而逐渐减小并趋向于零。对于这种以零为极限的变量,有以下定义:

定义 1　若当 $x\rightarrow x_0$(或 $x\rightarrow\infty$)时,函数 $f(x)$ 的极限为零,则称函数 $f(x)$ 为当 $x\rightarrow x_0$(或 $x\rightarrow\infty$)时的**无穷小量**,简称为**无穷小**。

例如,因为 $\lim\limits_{x\to\infty}\dfrac{1}{x}=0$,所以 $\dfrac{1}{x}$ 是当 $x\rightarrow\infty$ 时的无穷小。

又如,因为 $\lim\limits_{x\to1}(x-1)=0$,所以 $x-1$ 是当 $x\rightarrow1$ 时的无穷小。

注意:(1)无穷小与自变量的变化趋势密切相关,如函数 $f(x)=\dfrac{1}{x}$,当 $x\rightarrow\infty$ 时为无穷小,而当 $x\rightarrow1$ 就不是无穷小,所以,说一个函数是无穷小必须指明自变量的变化趋势。

(2)无穷小不是一个"很小的数",而是一个以零为极限的函数。但若 $f(x)$ 恒等于零,则它的极限也是零,即数 0 是无穷小中唯一的常数函数。

案例 1.35 【**洗涤效果**】在用洗衣机清洗衣服时,清洗次数越多,衣服上残留的污渍就越少。当洗涤次数无限增大时,衣服上的污渍就趋于零。即当洗涤次数无限增大时,衣服上的污渍是一个无穷小量。

2. 无穷小的性质

性质 1　有限个无穷小的代数和与乘积仍为无穷小;

性质 2　有界函数与无穷小的乘积仍为无穷小。

3. 无穷小的比较

由无穷小的性质可知,两个无穷小的和差与乘积仍为无穷小,但两个无穷小的商却会出现不同的情况。

无穷小的比较

例如,当 $x\rightarrow0$ 时,x、$3x$、x^2 都是无穷小,而 $\lim\limits_{x\to0}\dfrac{x^2}{x}=\lim\limits_{x\to0}x=0$;$\lim\limits_{x\to0}\dfrac{3x}{x}=3$。

从表 1.48 可以看出,当 $x \to 0$ 时,$3x$ 与 x 趋向于零的速度相当,而 x^2 比 x 趋向于零的速度要快。

表 1.48　$x \to 0$ 时 $3x$、x^2 的变化

x	1	0.5	0.1	0.01	⋯
$3x$	3	1.5	0.3	0.03	⋯
x^2	1	0.25	0.01	0.0001	⋯

这说明虽然无穷小都是以零为极限,但它们趋向于零的速度是不一样的。为了反映无穷小趋向于零的快慢程度,我们引入无穷小的阶的概念。

定义　设在某极限过程中,α 与 β 都是无穷小,

(1)如果 $\lim \dfrac{\alpha}{\beta} = 0$,则称 α 是比 β 高阶的无穷小,也称 β 是比 α 低阶的无穷小;

(2)如果 $\lim \dfrac{\alpha}{\beta} = C \neq 0$,则称 α 与 β 是同阶的无穷小,特别地,若 $\lim \dfrac{\alpha}{\beta} = 1$,则称 α 与 β 是等价无穷小,记作 $\alpha \sim \beta$。

4. 无穷大

引例 1.17　【存款问题】小王有本金 A 元,银行存款的年利率为 r,不考虑个人所得税,按复利计算,小王第一年末的本利和为 $A(1+r)$,第二年末的本利和为 $A(1+r)^2$,$\cdots$,第 n 年末的本利和为 $A(1+r)^n$,存款时间越长,本利和越多。当存款时间无限长时,本利和也无限增大。

对于这种变化趋势给出如下定义:

定义 2　如果当 $x \to x_0 (x \to \infty)$ 时,函数 $f(x)$ 的绝对值无限增大,那么称 $f(x)$ 为当 $x \to x_0$(或 $x \to \infty$)时的**无穷大量**,简称为**无穷大**,记作 $\lim\limits_{x \to x_0} f(x) = \infty$ 或 $\lim\limits_{x \to \infty} f(x) = \infty$。

注意:(1)无穷大与自变量的变化趋势密切相关,如函数 $f(x) = \dfrac{1}{x}$,当 $x \to 0$ 时为无穷大,而当 $x \to \infty$ 时却是无穷小,所以,说一个函数是无穷大时,必须指明自变量的变化趋势。

(2)一个函数当 $x \to x_0 (x \to \infty)$ 时为无穷大,按极限的定义,极限是不存在的。记号 $\lim\limits_{x \to x_0} f(x) = \infty$ 或 $\lim\limits_{x \to \infty} f(x) = \infty$ 只为方便起见,并不表明极限存在。

5. 无穷大与无穷小的关系

在自变量的同一变化过程中,若 $f(x)$ 为无穷大,则 $\dfrac{1}{f(x)}$ 为无穷小;若 $f(x)$($f(x) \neq 0$)为无穷小,则 $\dfrac{1}{f(x)}$ 为无穷大。即无穷大的倒数为无穷小,无穷小(除零外)的倒数为无穷大。

如 $\lim\limits_{x \to \infty} x = \infty$,$\lim\limits_{x \to \infty} \dfrac{1}{x} = 0$。

6. 等价无穷小替代法则

(1)等价无穷小替代法则

设当 $x \to x_0$ 时，$\alpha(x) \sim \alpha_1(x)$，$\beta(x) \sim \beta_1(x)$，且 $\lim\limits_{x \to x_0} \dfrac{\alpha_1(x)}{\beta_1(x)}$ 存在，

用等价无穷小
求极限

则 $\lim\limits_{x \to x_0} \dfrac{\alpha(x)}{\beta(x)} = \lim\limits_{x \to x_0} \dfrac{\alpha_1(x)}{\beta_1(x)}$。

即在极限计算中，函数的分子或分母中的无穷小因子用与其等价的无穷小来替代，函数的极限值不会改变。

(2)常用的几个等价无穷小

当 $x \to 0$ 时，有

$\sin x \sim x$，$\tan x \sim x$，$\arcsin x \sim x$，$\arctan x \sim x$，$\sqrt{1+x} \sim \dfrac{x}{2}$，$\ln(1+x) \sim x$，$e^x - 1 \sim x$，$1 - \cos x \sim \dfrac{x^2}{2}$ 等。

例题分析

不同类型的
极限汇总

例 1.15 求 $\lim\limits_{x \to 0} x \sin \dfrac{1}{x}$。

解 因为 $\lim\limits_{x \to 0} x = 0$，所以 x 是当 $x \to 0$ 时的无穷小，

而 $\left| \sin \dfrac{1}{x} \right| \leqslant 1$，所以 $\sin \dfrac{1}{x}$ 是有界函数，

因此 $x \sin \dfrac{1}{x}$ 是当 $x \to 0$ 时的无穷小，即 $\lim\limits_{x \to 0} x \sin \dfrac{1}{x} = 0$。

例 1.16 求下列极限：

(1)$\lim\limits_{x \to 0} \dfrac{\sin 3x}{\tan 5x}$；　　　　(2)$\lim\limits_{x \to 0} \dfrac{1 - \cos x}{\ln(1 + x^2)}$。

解 (1)由于 $x \to 0$ 时，$3x \to 0$，$5x \to 0$，所以 $\sin 3x \sim 3x$，$\tan 5x \sim 5x$，

等价无穷小
替代

因此 $\lim\limits_{x \to 0} \dfrac{\sin 3x}{\tan 5x} = \lim\limits_{x \to 0} \dfrac{3x}{5x} = \dfrac{3}{5}$；

(2)由于 $x \to 0$ 时，$x^2 \to 0$，所以 $1 - \cos x \sim \dfrac{x^2}{2}$，$\ln(1 + x^2) \sim x^2$，

因此 $\lim\limits_{x \to 0} \dfrac{1 - \cos x}{\ln(1 + x^2)} = \lim\limits_{x \to 0} \dfrac{\dfrac{x^2}{2}}{x^2} = \dfrac{1}{2}$。

七　函数的连续性

在日常生活中，我们往往会遇到以下两种变化情况：一种是连续变化的情况，如气温随时间而变化，当时间的改变极为微小时，气温的改变也极为

连续性

微小;另一种情况是间断的或跳跃的变化,例如邮寄信件的邮费随邮件质量的增加而作阶梯式的增加,等等。这些现象在函数关系上的反映就是函数的连续性。

1. 函数连续的概念

(1)函数的增量

引例 1.18 **【试验田】**在农业生产中,种子、肥料等资源性物资的投放量与产量之间一般不存在线性关系。为了分析这类资源的投放效果,往往取投放量在试验田的一个较少的变化所引起产量的变化来进行观察。

投放量的较少变化及引起的产量的变化在数学上可用增量来描述:

定义 1 对函数 $y = f(x)$,当 x 由初值 x_0 变到终值 x_1 时,把差 $x_1 - x_0$ 叫作自变量的**增量**,用记号 Δx 表示,即 $\Delta x = x_1 - x_0$,这时对应的函数值也从 $f(x_0)$ 变到 $f(x_1)$,把差 $f(x_1) - f(x_0)$ 叫作函数 $y = f(x)$ 的**增量**,用记号 Δy 表示,如图 1.22 所示,$\Delta y = f(x_1) - f(x_0)$ 或 $\Delta y = f(x_0 + \Delta x) - f(x_0)$。

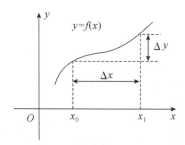

图 1.22 增量

注意:增量记号 Δx、Δy 是一个不可分割的整体,不表示 Δ 与 x 或 y 的乘积;增量可以是正的,可以是负的,也可以是 0。

(2)函数在一点的连续性

由图 1.22 可以看出,如果函数 $y = f(x)$ 的图像在点 x_0 及其近旁没有断开,那么当 $\Delta x \to 0$ 时,$\Delta y \to 0$。而在图 1.23 中,函数 $y = f(x)$ 的图像在 x_0 处是断开的,这时,当 $\Delta x \to 0$ 时,Δy 却不趋于 0。

因而关于函数在一点的连续性有如下定义:

定义 2 设函数 $y = f(x)$ 在点 x_0 及其左右近旁有定义,如果当自变量 x 在 x_0 处的增量 Δx 趋近于零时,函数 $y = f(x)$ 相应的增量也趋近于零,即 $\lim\limits_{\Delta x \to 0} \Delta y = \lim\limits_{\Delta x \to 0} [f(x_0 + \Delta x) - f(x_0)] = 0$,那么,就称函数 $y = f(x)$ 在点 x_0 处连续,x_0 叫作函数的连续点。否则称函数 $y = f(x)$ 在点 x_0 处间断(不连续)。

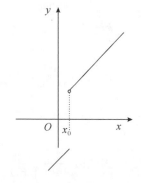

图 1.23 函数的连续性

定义 2′ 设函数 $y = f(x)$ 在点 x_0 及其左右近旁有定义,如果函数 $y = f(x)$ 当 $x \to x_0$ 时极限存在,且等于它在点 x_0 处的函数值 $f(x_0)$,即 $\lim\limits_{x \to x_0} f(x) = f(x_0)$,则称函数 $y = f(x)$ 在点 x_0 处连续,否则称函数 $y = f(x)$ 在点 x_0 处间断(不连续)。

这个定义指出,函数 $y=f(x)$ 在点 x_0 处连续必须同时满足三个条件:

①函数 $y=f(x)$ 在点 x_0 及其左右近旁有定义;

②$\lim\limits_{x\to x_0}f(x)$ 存在;

③$\lim\limits_{x\to x_0}f(x)=f(x_0)$。

如果这三个条件中至少有一个不满足,则函数 $y=f(x)$ 在点 x_0 处间断(不连续)。

(3)函数在区间上的连续性

定义 3　如果函数 $f(x)$ 在开区间 (a,b) 内每一点都连续,则称函数 $f(x)$ 在**开区间** (a,b) **内连续**;

如果函数 $f(x)$ 在闭区间 $[a,b]$ 上有定义,在开区间 (a,b) 内连续,且 $\lim\limits_{x\to a^+}f(x)=f(a)$ (称函数 $f(x)$ 在 $x=a$ 处右连续),$\lim\limits_{x\to b^-}f(x)=f(b)$(称函数 $f(x)$ 在 $x=b$ 处左连续),那么就称函数 $f(x)$ 在**闭区间** $[a,b]$ **上连续**。

在几何上,连续函数的图像是一条连续不间断的曲线。

(4)函数的间断点的分类

根据连续函数的定义,如果函数 $f(x)$ 有以下三种情形之一:

①在点 $x=x_0$ 处没有定义;

②虽然在 $x=x_0$ 处有定义,但 $\lim\limits_{x\to x_0}f(x)$ 不存在;

③虽在 $x=x_0$ 处有定义,且 $\lim\limits_{x\to x_0}f(x)$ 存在,但 $\lim\limits_{x\to x_0}f(x)\neq f(x_0)$,

间断点

则函数 $f(x)$ 在点 $x=x_0$ 处不连续或间断。

根据函数 $f(x)$ 在 x_0 处间断时的极限情况,函数的间断点可分为以下两类:

第一类间断点:$\lim\limits_{x\to x_0^-}f(x)$、$\lim\limits_{x\to x_0^+}f(x)$ 都存在的间断点;

第二类间断点:不为第一类间断点的间断点。

2. 初等函数的连续性

结论:一切初等函数在定义区间内都是连续的。

因此,(1)求初等函数的连续区间就是求定义区间,对于分段函数的连续性,除按上述结论考虑每一段函数的连续性外,还必须讨论分界点处的连续性;(2)若 $f(x)$ 是初等函数,x_0 是定义区间内的一点,那么 $\lim\limits_{x\to x_0}f(x)=f(x_0)=f(\lim\limits_{x\to x_0}x)$,即极限符号与函数符号可以交换,这样将极限运算问题转化为求函数值的问题就方便多了;(3)无定义的点一定是函数的间断点。

3. 闭区间上连续函数的性质

闭区间上的连续函数具有一些重要性质,在微积分的理论和实际应用中,常要用到它们。

(1)最大值与最小值性质

如果函数 $f(x)$ 在闭区间 $[a,b]$ 上连续,那么 $f(x)$ 在 $[a,b]$ 上必有最大值与最小值。

如图 1.24 所示,如果函数 $f(x)$ 在闭区间 $[a,b]$ 上连续,这时在点 ξ_1 处,函数取得最大值 $f(\xi_1)=M$,在点 ξ_2 处函数取得最小值 $f(\xi_2)=m$。

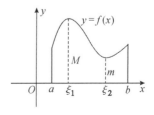

图 1.24　函数的最值

应当注意：定理中要有"闭区间"和"连续函数"这两个条件。

如果函数在开区间内连续，或函数在闭区间上有间断点，那么函数在该区间上就不一定有最大值或最小值。

例如，$y = \tan x$ 在开区间 $\left(-\dfrac{\pi}{2}, \dfrac{\pi}{2}\right)$ 内连续，但它既无最大值也无最小值。

又如，函数 $f(x) = \begin{cases} \dfrac{1}{2}x, 0 \leqslant x \leqslant 1 \\ 2-x, 1 < x \leqslant 2 \end{cases}$ 在闭区间 $[0,2]$ 上有间断点 $x = 1$（见图1.25），这时函数在闭区间 $[0,2]$ 上无最大值。

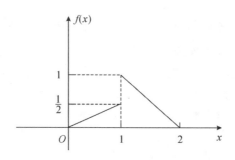

图 1.25　函数有间断点

（2）介值性质

设函数 $f(x)$ 在闭区间 $[a,b]$ 上连续，且在该区间两端点取不同的函数值（$f(a) \neq f(b)$），μ 为介于 $f(a)$ 与 $f(b)$ 之间的任意一个数，则至少存在一点 ξ，使得 $f(\xi) = \mu (a < \xi < b)$。

从几何上看，如图1.26所示，闭区间 $[a,b]$ 上的连续函数 $y = f(x)$ 的图像从点 A 连续画到点 B 时，至少与直线 $y = \mu$ 相交一次。

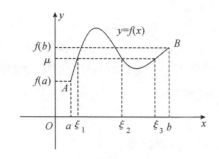

图 1.26　连续函数

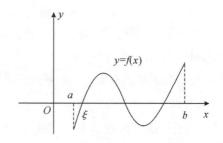

图 1.27　函数与 x 轴相交

由图1.27还可以看出，如果 $f(a)$ 与 $f(b)$ 异号，那么在 $[a,b]$ 上连续的曲线 $y = f(x)$ 与 x 轴至少有一个交点，交点的坐标为 $(\xi, 0)$。

零点定理　如果函数 $f(x)$ 在闭区间 $[a,b]$ 上连续，$f(a)$ 与 $f(b)$ 异号，则在 (a,b) 内至少存在一点 ξ，使得 $f(\xi) = 0$。

零点定理可以判断方程 $f(x) = 0$ 在某个区间内的实根的存在性。

🔗 **例题分析**

例 1.17　讨论函数 $f(x) = \dfrac{x^2-1}{x-1}$ 在点 $x=1, x=0$ 处的连续性。

解　先讨论函数 $f(x)$ 在 $x=1$ 处的连续性。

由于函数 $f(x) = \dfrac{x^2-1}{x-1}$ 在点 $x=1$ 处没有定义,所以函数 $f(x) = \dfrac{x^2-1}{x-1}$ 在点 $x=1$ 处不连续。

再讨论函数 $f(x)$ 在 $x=0$ 处的连续性。

因为 $\lim\limits_{x\to 0} f(x) = \lim\limits_{x\to 0} \dfrac{x^2-1}{x-1} = \dfrac{0^2-1}{0-1} = 1 = f(0)$,所以函数 $f(x) = \dfrac{x^2-1}{x-1}$ 在点 $x=0$ 处连续。

例 1.18　讨论 $f(x) = \begin{cases} x^2, & x \leqslant 1 \\ x+1, & x > 1 \end{cases}$ 在 $x=1$ 的连续性。

解　因为 $\lim\limits_{x\to 1^-} f(x) = \lim\limits_{x\to 1^-} x^2 = 1, \lim\limits_{x\to 1^+} f(x) = \lim\limits_{x\to 1^+}(x+1) = 2$, 故 $\lim\limits_{x\to 1^-} f(x) \neq \lim\limits_{x\to 1^+} f(x)$。所以函数在间断点 $x=1$ 处不连续。

例 1.19　求下列函数的间断点:

(1) $f(x) = \dfrac{1}{x^2-2x-3}$;　　　　(2) $f(x) = \begin{cases} x+1, & x \leqslant 0 \\ \dfrac{1}{x}, & x > 0 \end{cases}$;

函数在某一点
的连续性

(3) $f(x) = \begin{cases} x-1, & x \neq 1 \\ 2, & x = 1 \end{cases}$。

解　(1)因为 $f(x)$ 在 $x=-1$ 与 $x=3$ 处无定义,所以点 $x=-1$ 与 $x=3$ 是函数 $f(x)$ 的间断点。

(2)函数 $f(x)$ 在 $x=0$ 处有定义,$\lim\limits_{x\to 0^-} f(x) = \lim\limits_{x\to 0^-}(x+1) = 1, \lim\limits_{x\to 0^+} f(x) = \lim\limits_{x\to 0^+} \dfrac{1}{x} = +\infty$,所以 $\lim\limits_{x\to 0} f(x)$ 不存在,因此点 $x=0$ 是函数 $f(x)$ 的间断点。

(3)函数 $f(x)$ 在 $x=1$ 处有定义,$f(1) = 2$,但 $\lim\limits_{x\to 1} f(x) = \lim\limits_{x\to 1}(x-1) = 0 \neq f(1)$,因此点 $x=1$ 是函数 $f(x)$ 的间断点。

例 1.20　证明方程 $x^3 - 4x^2 + 1 = 0$ 在 $(0,1)$ 内至少有一实根。

证明　设 $f(x) = x^3 - 4x^2 + 1$,因为函数 $f(x) = x^3 - 4x^2 + 1$ 在闭区间 $[0,1]$ 上连续,且 $f(1) = -2 < 0, f(0) = 1 > 0$,由零点定理,在 $(0,1)$ 内至少存在一点 ξ,使得 $f(\xi) = 0$,即 $\xi^3 - 4\xi^2 + 1 = 0 (0 < \xi < 1)$,这就证明了方程 $x^3 - 4x^2 + 1 = 0$ 在 $(0,1)$ 内至少有一实根。

虽然例 1.20 并没有得到方程根的确定值,但却提供了一个求方程根的近似值的方法:如果能把方程所属的区间缩小到相当程度,就可以用这个小区间内的任意一点,比如区间的中点作为方程根的近似值。

对于例 1.20,由于 $f(0.5) = 0.125 > 0, f(0.6) = -0.224 < 0$,这就把方程 $x^3 - 4x^2 + 1 = 0$ 根的所在区间缩小为 $(0.5, 0.6)$,本题的一个精确到小数点后 4 位的近似根为 $x \approx 0.5375$。

通过例 1.20 的讨论,得到了求高次方程或更复杂方程根的一种近似解法。有了计算机以后,就可快速有效地求解来自工程实际问题的复杂方程的根。

⊶ **案例分析**

案例 1.36 【原料投放量】设某种产品的总产量 y 与原料投放量 x 之间有函数关系
$$y = 3x + 0.2x^2 - 0.1x^3$$

当原料投放量 x 的增量 $\Delta x = 1$ 个单位时,求:(1)当 $x = 10$ 个单位时,产量的增量 Δy 是多少?(2)当 $x = 14$ 个单位时,产量的增量 Δy 又是多少?并说明它的实际意义。

解 当 $x = 10$ 个单位时,产量的增量

$$\begin{aligned}
\Delta y &= f(11) - f(10) \\
&= (3 \times 11 + 0.2 \times 11^2 - 0.1 \times 11^3) - (3 \times 10 + 0.2 \times 10^2 - 0.1 \times 10^3) \\
&= 141.9 - 130 = 11.9;
\end{aligned}$$

当 $x = 14$ 个单位时,产量的增量

$$\begin{aligned}
\Delta y &= f(15) - f(14) \\
&= (3 \times 15 + 0.2 \times 15^2 - 0.1 \times 15^3) - (3 \times 14 + 0.2 \times 14^2 - 0.1 \times 14^3) \\
&= 157.5 - 159.6 = -2.1。
\end{aligned}$$

这说明,当原料投放量为 10 个单位时,这时增加原料的投放能增加产量;当原料投放量为 14 个单位时,这时增加原料的投放反而导致产量减少。

案例 1.37 【电流的连续性】导线中的电流通常是连续变化的,但当电流增加到一定的程度,会烧断保险丝,电流突然为 0,这时连续性被破坏而出现间断。

在定义 2 中,令 $x_0 + \Delta x = x$,则有 $\Delta y = f(x_0 + \Delta x) - f(x_0) = f(x) - f(x_0)$,

显然 $\Delta x \to 0$ 也即 $x \to x_0, \Delta y \to 0$ 也就是 $f(x) \to f(x_0)$。因此,函数 $y = f(x)$ 在点 x_0 连续也可用另一种方式叙述。

案例 1.38 【电势函数】分布于 y 轴上一点电荷的电势,由以下公式定义

$$\phi = \begin{cases} 2\pi\delta(\sqrt{y^2 + a^2} - y), & y < 0 \\ 2\pi\delta(\sqrt{y^2 + a^2} + y), & y \geq 0 \end{cases}$$

其中 δ 和 a 都是正的常数,问:ϕ 在 $y = 0$ 处连续吗?

解 $\phi(0) = 2\pi\delta(a + 0) = 2\pi\delta a$

由于 $\lim\limits_{y \to 0^-} \phi = \lim\limits_{y \to 0^-} 2\pi\delta(\sqrt{y^2 + a^2} - y) = 2\pi\delta(a - 0) = 2\pi\delta a$

$\lim\limits_{y \to 0^+} \phi = \lim\limits_{y \to 0^+} 2\pi\delta(\sqrt{y^2 + a^2} + y) = 2\pi\delta(a + 0) = 2\pi\delta a$

所以 $\lim\limits_{y \to 0} \phi = 2\pi\delta a = \phi(0)$

因此分布于 y 轴上一点电荷的电势 ϕ 在 $y = 0$ 处连续。

案例 1.39 【冰的融化】设 1g 冰从 $-40℃$ 升到 $100℃$ 所需要的热量(单位:J)为

$$f(x) = \begin{cases} 2.1x + 84, & -4 \leq x \leq 0 \\ 4.2x + 420, & x > 0 \end{cases}$$

试问:函数 $f(x)$ 在 $x = 0$ 处是否连续?若不连续,指出其间断点的类型,并解释其实际意义。

解 $\lim\limits_{x \to 0^+} f(x) = \lim(4.2x + 420) = 420, \lim\limits_{x \to 0^-} f(x) = \lim(2.1x + 84) = 84$。

所以 $\lim\limits_{x \to 0} f(x)$ 不存在,因此函数 $f(x)$ 在 $x = 0$ 处不连续。

由于函数 $f(x)$ 在 $x=0$ 的左、右极限都存在,所以 $x=0$ 为函数 $f(x)$ 的第一类间断点。这说明冰化成水时需要的热量会突然增加。

案例 1.40 【上山下山】 某人早上 8 时从山下一宾馆出发沿一条路径上山,下午 5 时到达山顶并留宿山顶一宾馆,次日观日出后于早上 8 时沿同一路径下山,下午 5 时回到山下宾馆,则这人在两天中的同一时刻经过途中的同一地点,为什么?

解 以时间 t 为横坐标,以沿上山路线从山下宾馆到山顶的路程 s 为纵坐标,设第一天早上 8 时的路程为 0,山下到山顶的总路程为 d,第一天的行程设为 $s=f(t)$,则 $f(8)=0$,$f(17)=d$;第二天的行程设为 $s=g(t)$,则 $g(8)=d$,$g(17)=0$。

又设 $h(t)=f(t)-g(t)$,由于 $f(t)$、$g(t)$ 在区间 $[8,17]$ 上连续,所以 $h(t)$ 在区间 $[8,17]$ 上连续,又 $h(8)=f(8)-g(8)=-d<0$,$h(17)=f(17)-g(17)=d>0$,由零点定理知在区间 $[8,17]$ 内至少存在一点 t_0 使得 $h(t_0)=0$ 即 $f(t_0)=g(t_0)$。

这说明在早上 8 时至下午 5 时之间存在某一时刻 $t=t_0$ 使得路程相等,即这人两天在同一时刻经过路途中的同一地点。

想一想 练一练(三)

小测试

1. 生产某种商品的总成本(单位:元)是 $C(q)=1500+3q$,求生产 200 件这种商品的总成本和平均成本。

2. 生产某种产品的固定成本为 1.2 万元,每生产一个该产品所需费用为 30 元,若该产品出售的单价为 40 元,试求:(1)生产 100 件该产品的总成本和平均成本;(2)售出 200 件该种产品的总收入;(3)若生产的产品都能售出,则生产 2000 件该种产品的利润是多少?

3. 某商品的售价为 90 元/件,成本为 60 元/件,厂家为鼓励销售商大量采购,决定凡是订购量超过 100 件以上的,每多订购一件,售价就降低 1 分,但最低价为 75 元/件。(1)把每件的实际售价 P 表示为订购量 q 的函数;(2)把利润 L 表示成订购量 q 的函数;(3)当一商行订购了 1000 件时,厂家可获利润多少?

4. 某商品供给量 Q 对价格 p 的函数关系为 $Q(p)=a+bc^p(c\neq 1)$,已知当 $p=2$ 时,$Q=30$;当 $p=3$ 时,$Q=50$;当 $p=4$ 时,$Q=90$。求供给量 Q 对价格 p 的函数关系。

5. 李先生欲按每平方米 5000 元的价格购买一套建筑面积为 100 平方米的商品房,首付款为房款总额的 30%,其余款项用住房公积金贷款来解决,年利率为 3.87%,采用等额本息还款方式,15 年还清。问:(1)李先生每月还款额为多少?(2)银行得到的利息是多少?

6. 某工厂生产 x 个某种商品的成本(单位:元)为 $C(x)=300+\sqrt{1+x^2}$,生产 x 个该商品的平均成本为 $\dfrac{C(x)}{x}$,当产量很大时,每个商品的成本大致为 $\lim\limits_{x\to+\infty}\dfrac{C(x)}{x}$,试求这个极限。

7. 老张在银行存入 1000 元,复利率为每年 10%,分别以按年结算和连续复利结算两种方式计算 10 年后老张在银行的存款额。

8. 设年投资收益率为 9%,按连续复利计算,现投资多少元,10 年末可达 200 万元?

9. 求下列函数的定义域:

(1) $y=\lg(3-x)+\arcsin\dfrac{x-1}{5}$;   (2) $y=\dfrac{1}{x}-\sqrt{1-x^2}$。

10. 已知 $f(x+1)=x^2+3x+5$，求 $f(x)$，$f(x-1)$。

11. 指出下列复合函数是由哪些简单函数复合而成的：

(1) $y=\sin(x^3+4)$；　　　　　(2) $y=\mathrm{e}^{\sqrt{x+1}}$；　　　　　(3) $y=\ln^2(2x+5)$。

12. 设函数 $f(x)=\begin{cases}\dfrac{x^2-4}{x-2},x<2\\A,x\geqslant2\end{cases}$，问：$A$ 取何值时，$\lim\limits_{x\to2}f(x)$ 存在？

13. 求下列函数的极限：

(1) $\lim\limits_{x\to1}\dfrac{x^2-3}{x+1}$；

(2) $\lim\limits_{x\to4}\dfrac{x^2-5x+4}{x-4}$；

(3) $\lim\limits_{x\to0}\dfrac{\sqrt{1+x^2}-1}{x^2}$；

(4) $\lim\limits_{x\to0}\dfrac{\sqrt{1+3x^2}-1}{x^2}$；

(5) $\lim\limits_{x\to\infty}\dfrac{3x^2-2}{1+4x^3}$；

(6) $\lim\limits_{x\to1}\dfrac{x^3-1}{\sqrt{x}-1}$；

(7) $\lim\limits_{x\to2}\left(\dfrac{1}{x-2}-\dfrac{4}{x^2-4}\right)$；

(8) $\lim\limits_{x\to\infty}\dfrac{x^2-2x-3}{1000+x^2}$；

(9) $\lim\limits_{x\to3}\dfrac{x^2-4x+3}{\sin(x-3)}$；

(10) $\lim\limits_{x\to0}\dfrac{\sin2x}{4x}$；

(11) $\lim\limits_{x\to0}\sin4x\cot x$；

(12) $\lim\limits_{x\to\infty}\left(1+\dfrac{3}{5x}\right)^x$；

(13) $\lim\limits_{x\to0}(1-4x)^{\frac{2}{x}}$；

(14) $\lim\limits_{x\to\infty}\left(\dfrac{2x-1}{2x+1}\right)^x$；

(15) $\lim\limits_{x\to0}\dfrac{\tan5x-\sin3x}{x}$；

(16) $\lim\limits_{x\to0}\dfrac{\tan x-\sin x}{x^3}$；

(17) $\lim\limits_{x\to0}\dfrac{\mathrm{e}^{2x}-1}{\ln(1+x)}$；

(18) $\lim\limits_{x\to0}\dfrac{\sqrt{1+3x^2}-1}{x^2}$。

14. 设 $f(x)=\begin{cases}x^2+1,x<0\\x,0\leqslant x\leqslant1\\2-x,1<x\leqslant2\end{cases}$，讨论 $f(x)$ 在 $x=0,x=1$ 处的连续性。

15. 求下列函数的间断点，并进一步说明是哪类间断点。

(1) $f(x)=\dfrac{1}{x^2-x-2}$；

(2) $f(x)=\dfrac{x-2}{|x-2|}$；

(3) $f(x)=\dfrac{x^3-8}{x^2-4}$；

(4) $f(x)=\dfrac{\sqrt{1+x}-1}{\sqrt[3]{x+1}-1}$。

单元测试

单元测试

第二章

边际分析与最优决策中的数学方法

🌐 **学习目标**

【能力培养目标】

1. 会将实际问题中的概念与数学概念进行互译；

2. 会利用导数的概念分析计算具体问题的变化率、边际和弹性；

3. 会利用单调性与极值做出经济管理及加工生产问题的最优决策。

【知识学习目标】

1. 理解导数、弹性、单调性和极值等概念；

2. 掌握导数的计算方法；

3. 掌握函数的单调性、极值和最值的求法。

📋 **工作任务**

在企业生产管理过程中，企业家总希望通过提高产品的售价以增加单位产品的利润，但同时担心产品售价过高影响其销售量，从而影响产品的总利润。因此想通过调查研究了解：

(1)客户对产品售价的变化敏感度，为科学定价打下基础；

(2)产品的产量与收入、成本之间的关系，为根据市场形势科学定位产品售价，使该产品的总利润达到最大值。

如果你作为决策团队的一员，你如何考虑分析该问题？

请谈谈你的想法。

📋 **工作分析**

任何公司对经营的项目期望都是利润的最大化，即期望能尽可能多地赚钱，这就要求产品的定价合理，使得在单位产品的收入、利润尽可能高的前提下，销售量尽可能多。要解决相关问题，做出科学决策，除了必须有相关的专业知识和能力外，还需要具备以下几方面的数学知识和能力：

(1)科学定量分析客户对产品价格的弹性；

(2)分析产品价格与产品需求量之间的关系；

(3)研究产品的总成本、平均成本与产量，产品的总利润与产量等之间的关系；

(4)在前期工作基础上，结合公司的综合状况，科学做出有利于公司良性发展的决策。

📋 **知识平台**

1. 函数导数、弹性的概念；

2. 函数导数的计算；

3. 函数单调性、极值和最值的概念；

4. 函数单调性、极值的求解方法；

5. 数学模型的建立与求解分析。

第一节 边际分析中的数学思想方法

子任务导入

某酸乳酪商行在统计分析前期的销售数据后,发现其每天的总产销量持平(即能保证每天生产的酸乳酪当天都能销售出去),而且产销量一般不会超过 5 千升,每天生产(销售)酸乳酪的量 q(单位:千升)与总成本、总利润之间符合以下规律:

$$C(q)=3\sqrt[3]{q}+4(千元);R(q)=12\sqrt{q}-q\sqrt{q}(千元)$$

计算不同产销量下总成本和总收入的变化情况:

$C(1)=7$	$R(1)=11$
$C(2)=8.244$	$R(2)\approx14.146$
$C(3)\approx9.196$	$R(3)\approx15.588$
$C(4)=10$	$R(4)=16$

通过数据分析比较,商行老板发现酸乳酪的总成本和总收入呈总体上升趋势,那么是不是说明产销量越大,赚的钱就越多?

但随着进一步的分析研究:

当在 1 千升的基础上多生产(销售)1 升时

$$\Delta C=C(1.001)-C(1)\approx0.00149 千元=1.49 元$$
$$\Delta R=R(1.001)-R(1)\approx0.00450 千元=4.50 元$$

但当在 4 千升的基础上多生产(销售)1 升时

$$\Delta C=C(4.001)-C(4)\approx0.00075 千元=0.75 元$$
$$\Delta R=R(4.001)-R(4)\approx0.00000 千元=0 元$$

商行老板发现,随着产销量的增加,成本的增长速度、收入的增加速度都在变慢,而且好像收入增加速度下降得更快些,于是他又担心,按这种趋势下去,随着产销量的增大,会不会到时赚不到钱了?同时,他纠结于为什么从不同的角度去分析这个问题,好像能得到不同的结论!

如果你是该商行的员工,会如何分析这个问题呢?准备给老板什么样的解释和建议?

谈谈你的想法:

子任务分析

从问题的表面看,两个不同角度分析问题能得到不同的结果,一方面生产成本和销售收入一直在增加;另一方面它们的变化速度不是恒定不变的,是随着产销量的改变而随时发生变化的,产量每增加 1 单位,成本也在发生变化(正值),所以导致生产总成本随着产量的增加而增加。同理,当销量每增加 1 单位时,收入也在发生变化,所以销售总收入也是随着销量的增加而变化(实际上到一定量后,这个改变量可能为负值),因此该问题应从分析总成本和总收入的变化速度入手。

对酸乳酪的产销成本和收入的变化速度分析,不仅要了解其平均变化速度,更要了解其即时变化速度,否则可能出现"马后炮"现象。

从子任务分析情况看,解决类似问题必须具备分析计算实际问题平均变化速度和瞬时变化速度(瞬时变化率)的能力和相关知识。

✏ 数学知识链接

在前面我们通过对数据进行描述性统计和推断性统计分析,可以了解事物的变化趋势,对事物的未来发展态势进行科学预测。但在很多时候,我们不仅要了解事物的发展变化规律,同时希望了解事物的发展变化速度,包括平均变化速度和即时变化速度。在经济问题中,通常利用边际的概念来描述经济函数的变化率,最常见的有边际成本、边际收入和边际利润等概念;经济中另一个常见的概念是弹性,其描述的是相对变化率。

一　瞬时变化率——函数的导数概念

引例 2.1　【瞬时速度】假如物体在做变速直线运动,如何求出物体在任意时刻的速度(即瞬时速度)呢?

问题分析　由物理学知识容易得知物体在一段时间内的平均速度,问题的关键在于如何根据平均速度的表示和数学极限的思想刻画物体在任意时刻的瞬时速度。

设物体在做变速直线运动,其运动方程(路程和时间的函数关系)为 $s=s(t)$,求物体在 t_0 时刻的速度。

当时间由 t_0 变化到 $t_0+\Delta t$ 时,物体经过的路程为 $\Delta s=s(t_0+\Delta t)-s(t_0)$。

物体在 t_0 到 $t_0+\Delta t$ 这段时间内的平均速度为

$$\bar{v}=\frac{\Delta s}{\Delta t}=\frac{s(t_0+\Delta t)-s(t_0)}{\Delta t}$$

其中 Δt 越小,这个平均速度就越接近于 t_0 时刻的速度。当 $\Delta t \to 0$ 时,平均速度 $\bar{v}$ 的极限值就是物体在 t_0 时刻的瞬时速度,即

$$v(t_0) = \lim_{\Delta t \to 0} \frac{\Delta s}{\Delta t} = \lim_{\Delta t \to 0} \frac{s(t_0 + \Delta t) - s(t_0)}{\Delta t}$$

引例 2.2 【曲线的切线方程】在中学阶段，我们学习过如何求圆的切线及切线方程，大家思考过如何作某条任意曲线过某指定点的切线，并求出它的切线方程吗？

引例 2.2 讲解

问题分析 在一指定点求该曲线的切线方程，根据点斜式求直线方程的思想，最关键的是如何先求出所求切线的斜率。

例如，在如图 2.1 所示的曲线 $y = f(x)$ 上，试求过已知点 $M_0(x_0, f(x_0))$ 的切线方程。

该问题可按如下步骤解决：

首先，在曲线 $y = f(x)$ 上任取一点 $M(x, f(x))$，作曲线的割线 M_0M，并求出该割线的斜率为

$$k_{\text{割}} = \frac{\Delta y}{\Delta x} = \frac{f(x) - f(x_0)}{x - x_0}$$

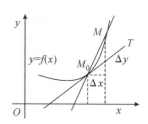

图 2.1　曲线的切线

然后，让点 M 沿曲线 $y = f(x)$ 无限接近于点 M_0，此时，所作割线 M_0M 无限逼近于所需作的切线 M_0T，所以切线 M_0T 的斜率为

$$k_{\text{切}} = \lim_{\Delta x \to 0} k_{\text{割}} = \lim_{\Delta x \to 0} \frac{\Delta y}{\Delta x} = \lim_{x \to x_0} \frac{f(x) - f(x_0)}{x - x_0}$$

最后，利用直线的点斜式方程可以求出该曲线过点 M_0 的切线方程为

$$y - y_0 = k_{\text{切}}(x - x_0)$$

引例 2.3 【边际成本】边际是经济学中的一个常见概念，在一定产量水平下，增加或减少一个单位产量所引起成本总额的变动数称为**边际成本(Marginal Cost)**，简记为 **MC**。

例如，生产某种产品 100 个单位时，总成本为 5000 元，单位产品成本为 50 元。若生产 101 个单位时，其总成本 5040 元，则所增加一个产品的成本为 40 元，即边际成本为 40 元。

已知某产品的总成本与产量的关系是 $C = C(q)$（C 为总成本函数，q 为产品的产量），如何利用数学思想按上述概念计算其边际成本呢？

问题分析 边际成本的实质就是分析总成本的变化率，那么如何来求总成本的变化率呢？

引例 2.3 讲解

首先，计算当产品产量由 q_0 变化到 q 时总成本的增量，即

$$\Delta C = C(q) - C(q_0)$$

然后，计算当产量从 q_0 增加到 q 时总成本的平均变化率，即

$$\frac{\Delta C}{\Delta q} = \frac{C(q) - C(q_0)}{q - q_0}$$

最后，求出 $\Delta q \to 0$，即 $q \to q_0$ 时总成本变化率的极限

$$\lim_{\Delta q \to 0} \frac{\Delta C}{\Delta q} = \lim_{q \to q_0} \frac{C(q) - C(q_0)}{q - q_0}$$

同样地，边际收入(Marginal Revenue)(简记为 MR)、边际利润(Marginal Profit)(简记

为 MP)、边际税率(Marginal Tax Rate)等都可以按类似思想解决,经济学中用边际函数来分析经济量的变化,都称为边际分析。

类似于上面的问题,经济学和自然科学中还有很多,尽管它们的具体含义不同,但抛开这些问题的具体意义,抽象出它们的数量共性,会发现其数学模型完全相同,均可归结为**函数的增量与自变量的增量之比当自变量的增量趋于零时的极限**。这种形式的极限我们称之为**瞬时变化率(Instantaneous Rate of Change)**。

设函数 $y = f(x)$ 在点 x_0 的某一邻域有定义,则

$$\lim_{\Delta x \to 0} \frac{\Delta y}{\Delta x} = \lim_{\Delta x \to 0} \frac{f(x_0 + \Delta x) - f(x_0)}{\Delta x} \tag{1}$$

该极限值称为函数 $f(x)$ 在点 x_0 的**导数(Derivative)**,也称 $f(x)$ 在点 x_0 **可导**,并记为 $f'(x_0), y'\big|_{x=x_0}, \dfrac{\mathrm{d}y}{\mathrm{d}x}\big|_{x=x_0}$ 或 $\dfrac{\mathrm{d}f(x)}{\mathrm{d}x}\big|_{x=x_0}$。

令(1)式中的 $x_0 + \Delta x = x$,则当 $\Delta x \to 0$ 时,有 $x \to x_0$,所以函数在点 x_0 的导数又可表示为

$$f'(x_0) = \lim_{\Delta x \to 0} \frac{\Delta y}{\Delta x} = \lim_{x \to x_0} \frac{f(x) - f(x_0)}{x - x_0} \tag{2}$$

因此,导数的定义有两种表示形式即(1)式及(2)式,其实质都是函数的改变量与自变量的改变量之比当自变量的改变量趋于零时的极限。

如果函数 $y = f(x)$ 在区间 (a,b) 内每一点都可导,则在区间 (a,b) 内 $f'(x)$ 存在,且为 x 的函数,我们称它为 $y = f(x)$ 的**导函数**,在不易混淆的情况下也简称为**导数**,并可记作 $f'(x), y', \dfrac{\mathrm{d}y}{\mathrm{d}x}$ 或 $\dfrac{\mathrm{d}f(x)}{\mathrm{d}x}$。

有了导数的概念,前面的引例可以叙述为:

(1)变速运动的瞬时速度 $v(t_0)$ 是位移 $s(t)$ 对时间 t 在 $t = t_0$ 处的导数,即

$$v(t_0) = s'(t_0)$$

(2)曲线 $y = f(x)$ 在点 (x_0, y_0) 处的切线斜率是函数 $y = f(x)$ 在 x_0 处的导数,即

$$k_{切} = f'(x_0)$$

(3)边际成本 MC 是总成本函数 $C(q)$ 在产量 $q = q_0$ 时的导数 $C'(q)$,即

$$\mathrm{MC} = C'(q)$$

此外,在求导数的过程中,若碰到分段函数,分界点处必须用导数的定义求导,这时要用到左、右导数的概念。

若极限 $\lim\limits_{\Delta x \to 0^-} \dfrac{\Delta y}{\Delta x}$、$\lim\limits_{\Delta x \to 0^+} \dfrac{\Delta y}{\Delta x}$ 都存在,那么分别称为函数 $y = f(x)$ 在点 x_0 的左导数与右导数,分别记为 $f'_-(x_0)$ 与 $f'_+(x_0)$,即

$$f'_-(x_0) = \lim_{\Delta x \to 0^-} \frac{f(x_0 + \Delta x) - f(x_0)}{\Delta x} = \lim_{x \to x_0^-} \frac{f(x) - f(x_0)}{x - x_0}$$

$$f'_+(x_0) = \lim_{\Delta x \to 0^+} \frac{f(x_0 + \Delta x) - f(x_0)}{\Delta x} = \lim_{x \to x_0^+} \frac{f(x) - f(x_0)}{x - x_0}$$

函数 $y = f(x)$ 在点 x_0 可导 $\Leftrightarrow f(x)$ 在点 x_0 的左、右导数都存在且相等,即

$$f'(x_0)存在 \Leftrightarrow f'_-(x_0) = f'_+(x_0)$$

例题分析

八个基本初等
函数求导公式的
推导

例 2.1 求函数 $f(x) = C$(C 为常数)的导数。

解 根据导数的定义式(1)有

$$f'(x) = \lim_{\Delta x \to 0} \frac{f(x + \Delta x) - f(x)}{\Delta x} = \lim_{\Delta x \to 0} \frac{C - C}{\Delta x} = 0$$

即 $(C)' = 0$。

例 2.2 求函数 $f(x) = x^3$ 的导数,并求 $f'(2)$。

解
$$\begin{aligned}
f'(x) &= \lim_{\Delta x \to 0} \frac{f(x + \Delta x) - f(x)}{\Delta x} = \lim_{\Delta x \to 0} \frac{(x + \Delta x)^3 - x^3}{\Delta x} \\
&= \lim_{\Delta x \to 0} \frac{3x^2 \cdot \Delta x + 3x \cdot (\Delta x)^2 + \Delta x^3}{\Delta x} \\
&= \lim_{\Delta x \to 0} (3x^2 + 3x \cdot \Delta x + \Delta x^2) \\
&= 3x^2
\end{aligned}$$

例 2.2 讲解
(用定义式求
函数的导数)

因此 $(x^3)' = 3x^2$,所以 $f'(2) = 12$。

更一般来说,对于幂函数 $y = x^a$(a 为常数),有 $(x^a)' = ax^{a-1}$。

例 2.3 求函数 $f(x) = \sin x$ 的导数。

解
$$\begin{aligned}
f'(x) &= \lim_{\Delta x \to 0} \frac{f(x + \Delta x) - f(x)}{\Delta x} = \lim_{\Delta x \to 0} \frac{\sin(x + \Delta x) - \sin x}{\Delta x} \\
&= \lim_{\Delta x \to 0} \frac{2\cos\left(x + \frac{\Delta x}{2}\right)\sin\frac{\Delta x}{2}}{\Delta x} = \lim_{\Delta x \to 0} \cos\left(x + \frac{\Delta x}{2}\right)\frac{\sin\frac{\Delta x}{2}}{\frac{\Delta x}{2}} = \cos x
\end{aligned}$$

即 $(\sin x)' = \cos x$,

类似可得 $(\cos x)' = -\sin x$。

利用导数的定义,我们还可以求得指数函数 $y = a^x$($a > 0, a \neq 1$)的导数为

$$(a^x)' = a^x \ln a$$

特别地,对于 $y = e^x$ 有 $(e^x)' = e^x \ln e = e^x$。

对数函数 $y = \log_a x$($a > 0, a \neq 1$)的导数为

$$(\log_a x)' = \frac{1}{x \ln a}$$

特别地,对于 $y = \ln x$ 有 $(\ln x)' = \frac{1}{x \ln e} = \frac{1}{x}$。

例 2.4 求抛物线 $f(x) = x^3$ 在 $x = 1$ 处的切线斜率,并写出在点 $(1,1)$ 处的切线方程。

解 由导数的几何意义知,$k_{切} = f'(1)$,

由例 2.2 知:$f'(x) = (x^3)' = 3x^2$,因此 $k_{切} = f'(1) = 3$,

于是所求的切线方程为 $y - 1 = 3(x - 1)$,

即为 $y = 3x - 2$。

例 2.4 讲解
(切线方程
的求解)

注意　导数的几何意义:曲线 $y=f(x)$ 在点 (x_0,y_0) 处的切线斜率就是函数 $y=f(x)$ 在 x_0 处的导数,即 $k_{切}=f'(x_0)$。

例 2.5　求函数 $f(x)=\begin{cases}2x, & x<0\\ x^2, & x\geqslant0\end{cases}$ 的导数。

解　当 $x<0$ 时,$f'(x)=(2x)'=2$,

当 $x>0$ 时,$f'(x)=(x^2)'=2x$,

根据导数的定义式(2)有

$$f'_-(0)=\lim_{x\to0^-}\frac{f(x)-f(0)}{x-0}=\lim_{x\to0^-}\frac{2x-0}{x}=2,$$

$$f'_+(0)=\lim_{x\to0^+}\frac{f(x)-f(0)}{x-0}=\lim_{x\to0^+}\frac{x^2-0}{x}=\lim_{x\to0^+}x=0,$$

由于 $f'_-(0)\neq f'_+(0)$,因此 $f'(0)$ 不存在。

所以 $f'(x)=\begin{cases}2, & x<0\\ \text{不存在}, & x=0\\ 2x & x>0\end{cases}$。

注意　求分段函数在分段点处的导数,需要分别考虑其左、右导数。

案例分析

案例 2.1　【边际收入】边际收入是经济学中的一个概念。边际收入是用单位销售量的变化带来的销售收入总额变化的多少来描述的。若销售收入 R 与销售量 x 的关系是 $R=R(x)$,则当销售量由 x_0 变化到 x 时,总收入的平均变化率为

$$\frac{\Delta R}{\Delta x}=\frac{R(x)-R(x_0)}{x-x_0}$$

这个变化率是销售量每增加(或减少)一个单位时总收入的增加值(或减少值),而不是单位时间内总收入的增减额。那么导数

$$R'(x)=\lim_{\Delta x\to0}\frac{\Delta R}{\Delta x}=\lim_{x\to x_0}\frac{R(x)-R(x_0)}{x-x_0}$$

表示销售量 $x=x_0$ 时总收入相对于销售量变化时的变化率即边际收入。此极限值越大,说明销售量为 x_0 时总收入的变化越大。

案例 2.2　【化学反应速度】化学反应速度是用单位时间内生成物浓度变化的多少来描述的。若浓度 N 与时间 t 的关系为 $N=N(t)$,则在 $(t,t+\Delta t)$ 这段时间内,浓度的改变量为
$$\Delta N=N(t+\Delta t)-N(t)$$
浓度的平均变化率为

$$\frac{\Delta N}{\Delta t}=\frac{N(t+\Delta t)-N(t)}{\Delta t}$$

那么,该物质在 t 时刻的瞬时反应速度为

$$N'(t)=\lim_{\Delta t\to0}\frac{\Delta N}{\Delta t}=\lim_{\Delta x\to0}\frac{N(t+\Delta t)-N(t)}{\Delta t}$$

上述极限值(即导数值)越大,说明物质在 t 时刻的反应速度越快。

案例 2.3 【电流强度】电流强度是用单位时间内通过导线横截面的电量的多少来描述的。若电量 Q 与时间 t 之间的关系为 $Q=Q(t)$，则在 $(t,t+\Delta t)$ 时间内，导线的平均电流强度为

$$\frac{\Delta Q}{\Delta t}=\frac{Q(t+\Delta t)-Q(t)}{\Delta t}$$

在某时刻 t 的电流强度为

$$i(t)=Q'(t)=\lim_{\Delta t\to 0}\frac{\Delta Q}{\Delta t}=\lim_{\Delta t\to 0}\frac{Q(t+\Delta t)-Q(t)}{\Delta t}$$

上述极限值越大，说明导线在时刻 t 通过导线横截面的电量越多，此时导线的电流强度越大。

导数的概念广泛地应用于各门学科之中，在经济学中的边际成本（产品总成本相对于产量的变化率）、边际利润、产量的变化率、国债的增长率，物理学中的线密度、角速度、比热容、温度梯度，生物学中的生长速率、血液流速梯度，化学中的压缩系数，心理学中的成绩提高率，地质学中的热传导速度，社会学中传闻的传播速度等相关的概念都是导数在实际问题中的运用。

案例 2.4 【订货量的变化率】兴隆服装公司利用一种新型材料加工生产的手提包很受欢迎，销售出口后供不应求，为扩大出口范围，争取到更多的外商经营，企业第一年实行限量订货。当某个外商的订货量 x（单位：千个）大于 3 千个时，规定订货单价 y（单位：百元）将服从下面的函数关系

$$y=f(x)=x^2+8(x>3)$$

求：(1)订货量 x 由 x_0 变化为 $x_0+\Delta x$ 时的平均变化率；

(2)订货量 x 由 4 千个变化到 5 千个时的平均变化率及其含义。

解 (1)所求平均变化率为

$$\frac{\Delta y}{\Delta x}=\frac{f(x_0+\Delta x)-f(x_0)}{\Delta x}=\frac{(x_0+\Delta x)^2-x_0^2}{\Delta x}=\frac{2x_0\Delta x+\Delta x^2}{\Delta x}=2x_0+\Delta x$$

(2)当订货量 x 由 4 千个变化到 5 千个时，$x_0=4$，$\Delta x=5-4=1$，利用(1)的结果，得

$$\frac{\Delta y}{\Delta x}=2\times 4+1=9(百元)$$

这表明当 x 由 4 千个增加到 5 千个时，订货单价 y 将增加 9 百元（或订货量 x 每增加一个单位，则订货单价 y 就增加 9 个单位）。

二　函数的弹性

我们在很多时候不仅要研究某一对象的绝对变化率，有时还需要了解这一对象的相对变化率。在市场经济中，经常需要分析一个经济量对另一个经济量相对变化的灵敏程度。

引例 2.4 【降价问题】笔记本电脑经销商和手机经销商均宣布将价格分别为 10000 元和 2000 元的商品价格降价 100 元，试分析其对消费者的影响程度区别。

问题分析 尽管两经销商商品的绝对改变量相同，均为 100 元，但各自与原价相比，两者降价的百分比却大不相同：笔记本电脑降价 1%，而手机降价 5%，整整相差 5 倍，当然对消费者的吸引力大不相同！

可见,很多时候函数的相对变化量和相对变化率在问题的定量分析中也很有作用!

设函数 $y=f(x)$ 在点 x_0 处可导,当自变量从 x_0 变为 $x_0+\Delta x$ 时,自变量的相对改变量是 $\frac{\Delta x}{x_0}$,函数相对应的相对改变量是 $\frac{\Delta y}{y_0}=\frac{f(x_0+\Delta x)-f(x_0)}{f(x_0)}$,则称极限

$$\lim_{\Delta x\to 0}\frac{\frac{\Delta y}{y_0}}{\frac{\Delta x}{x_0}}=\lim_{\Delta x\to 0}\frac{\Delta y}{\Delta x}\cdot\frac{x_0}{y_0}=f'(x_0)\cdot\frac{x_0}{y_0}$$

为函数 $y=f(x)$ 在点 x_0 处的**弹性(Elasticity)(或相对变化率)(Relative Rate of Change)**。记作 $\frac{Ey}{Ex}\big|_{x}=x_0$ 或 $\frac{Ef(x_0)}{Ex}$。

一般地,函数 $y=f(x)$ 在任意一点 x 处的弹性可表示为:$\frac{Ey}{Ex}=f'(x)\cdot\frac{x}{y}$。弹性的实际意义可解释为当自变量变化百分之一时函数变化的百分数。

通常,弹性指消费者和生产者对价格变化的反应程度。从这个角度看弹性刻画的是消费者对产品的需求量,或生产者生产的产品产量对产品价格相对变化的灵敏程度。当产品的价格上涨时,消费者的需求量下降,生产者的积极性上涨,产品的生产量会上升。反之亦然。

结合后面的数学知识我们还会知道,当需求弹性

(1) $\frac{Eq}{Ep}<1$ 时,称为缺乏弹性,即商品需求量的相对变化小于价格的相对变化,此时价格的变化对需求量的影响很小,在适当涨价后,不会使需求量有太大的下降,从而使收入增加;

(2) $\frac{Eq}{Ep}>1$ 时,称为富有弹性,即商品需求量的相对变化大于价格的相对变化,此时价格的变化对需求量的影响较大,适当降价会使需求量有较大的上升,从而使收入增加;

(3) $\frac{Eq}{Ep}=1$ 时,称为单位弹性,即商品需求量的相对变化与价格的相对变化基本相等,此价格是最优价格,能使收入取得最大值。

🔗 **案例分析**

案例 2.5 【**边际利润**】某企业生产一种产品,每天的总利润 $L(q)$(元)与销售量 q(吨)之间的关系为

$$L(q)=250q-5q^2$$

试分别求 $q=10$、$q=25$ 和 $q=30$ 时的边际利润,并解释对应的经济意义,从中你可以得出什么样的结论?

解　边际利润为　　　　　　　　 $L'(q)=250-10q$

当时 $q=10$ 时,$L'(10)=150$,其对应的经济意义表示,在每天销售 10 吨的基础上,再多销售 1 吨,总利润将增加 150 元;

当 $q=25$ 时,$L'(25)=0$,其对应的经济意义表示,在每天销售 25 吨的基础上,再多销售

1 吨,总利润几乎没有变化,这一吨销量并没有产生利润;

当 $q=30$ 时,$L'(30)=-50$,其对应的经济意义表示,在每天销售 30 吨的基础上,再多销售 1 吨,总利润将减少 50 元;

从中可知,在企业生产销售过程中,并非生产销售的产品数量越多,利润越高。

案例 2.6 【**需求弹性**】已知某商品的需求函数为 $Q=20-3p$(单位:元),试求需求弹性函数和 $p=2$ 时的需求弹性,并解释。

解 因为 $$Q'=-3$$

所以 $$\frac{EQ}{Ep}=-3\times\frac{p}{20-3p}$$

当 $p=2$ 时, $$\frac{EQ}{Ep}\Big|_{p=2}=-\frac{3}{7}\approx-0.4286$$

案例 2.6
(需求弹性)

其经济意义为:当价格在 2 元的基础上,每上升 1‰,商品的需求量约下降 0.4286‰。

案例 2.7 【**销量控制**】某产品滞销,准备以降价扩大销路,如果该产品的需求弹性在 -2 ~-1.5,试问:当降价 10‰时,销售量能增加多少?

解 因为近似地有 $$\frac{EQ}{Ep}=\left(\frac{\Delta Q}{Q}\right)\Big/\left(\frac{\Delta p}{p}\right)$$

由题意, $$\frac{\frac{\Delta Q}{Q}}{-10\%}\approx-1.5$$

得 $$\frac{\Delta Q}{Q}\approx15\%$$

类似地,由 $$\frac{\frac{\Delta Q}{Q}}{-10\%}\approx-2$$

得 $$\frac{\Delta Q}{Q}\approx20\%$$

所以,销量能增加 15‰$\sim$20‰。

想一想 练一练(一)

1. 根据导数的定义求下列函数的导数:

(1)$f(x)=2x^2+3$,求 $f'(2)$;   (2)$f(x)=\dfrac{1}{x}$;求 $f'(-1)$;

(3)$f(x)=\cos x$,求 $f'(x)$;   (4)$f(x)=\ln x$,求 $f'(x)$。

2. 求下列函数的导数:

小测试

(1)$f(x)=5$;   (2)$f(x)=x^8$;

(3)$f(x)=\dfrac{1}{x^2}$;   (4)$f(x)=\left(\dfrac{1}{3}\right)^x$;

(5)$f(x)=\log_2 x$;   (6)$f(x)=\sin 5$。

3. 求下列曲线在指定点的切线方程:

(1)$f(x)=x^3$ 在点 $(1,1)$;   (2)$f(x)=\ln x$ 在点 $(e,1)$。

4. 在抛物线 $f(x)=x^2$ 上求一点,使得该点处的切线平行于直线 $y=4x-1$。

5. 将物体做直线运动,方程为 $S=t^2+3$,求下列各值:

(1)物体在 2 秒末到 $(2+\Delta t)$ 秒末这段时间内的平均速度;

(2)物体在第 2 秒末的瞬时速度。

6. 已知某商品的收入函数 $R(q)=20q-\dfrac{1}{5}q^2$(其中 q 为销售量),成本函数 $C(q)=100+$ $\dfrac{q^2}{4}$,求当 $q=20$ 时的边际收入、边际成本和边际利润,并说明其经济意义。

7. 设某商品的需求函数 $Q(p)=75-p^2$(其中 p 为价格)。求 $p=4$ 时的边际需求和弹性需求,并解释其对应的经济意义。

导数的故事

导数的故事

第二节　边际定量分析中的数学计算

📄 **子任务导入**

随着社会的不断进步,产品更新换代的速度也越来越快,为了让消费者尽快熟知并接受新产品,公司通过立体化的广告体系宣传自己的产品,使产品的销量能较快打开市场。但一旦消费者接受并认可了该新产品的质量和功效后,广告的影响力会越来越小,作为公司的管理层,此时就应考虑是否可以减少广告投入力度,以节约成本,提高效益,实现利润的最大化。

某公司通过前期调查数据发现,在前期广告效应下,其新产品销售量 Q 与时间 t 存在如下的经验关系:

$$Q(t)=\frac{2000}{1+19\mathrm{e}^{-3t}}$$

其中时间单位为年,销量单位为万件。

通过该经验公式,你能了解到哪些信息? 如果需要你就该类产品产量控制、销售速度变化情况等阐述你自己的看法,你准备如何分析才科学而且准确?

请谈谈你的想法。

📄 **子任务分析**

要完成该项任务,首先要学会将数学知识与相关问题联系起来,只有在数学定量分析的基础上做的决策才是科学的。

要对产品的产量控制提出自己的意见,就要了解产品销售量的变化趋势,而研究某一对象的变化趋势,正是我们前面已学习过的极限概念,因此我们具备这方面的能力,能很快算出销售量的变化趋势是总体上升的,而且会接近于 2000 万件,因此产品的产量不能突破这一数值。

要分析产品销售量的变化速度,通过前面的学习,只需要研究该函数的导数,就可以了解其销售速度的变化情况,从而根据销售速度变化情况,决定何时减少甚至取消广告,做出最优决策。

从子任务分析情况看,解决该问题必须具备计算复杂函数的导数的能力,也就是说,会求函数的和、差、积、商和复合函数甚至隐函数的导数是我们必须具备的基本能力。

📝 **数学知识链接**

导数的计算能力是应用数学中要重点训练培养的能力,它不仅直接决定能否做出实际问题的优化决策,而且影响到后面积分问题的理解与计算。但如果仅利用前面的导数定义来计算函数的导数,将非常烦琐,因此,下面将讨论总结常见初等函数的求导问题,使大家具备相关的基本能力。

一 导数的基本公式

引例 2.5 【**边际成本**】某工厂生产的产品固定成本为 $C_0 = 10000$ 元,可变成本为 $C_1 = \dfrac{q^2}{2}$(q 表示产品的件数),最大生产能力为 1000 件/天,求该厂生产 50 件产品时的边际成本。

问题分析 求边际成本,实质就是求成本函数的导数,而产品的成本函数为

$$C(q) = C_0 + C_1 = 10000 + \frac{q^2}{2}, q \in [0, 1000]$$

根据导数的定义知

$$C'(50) = \lim_{\Delta q \to 0} \frac{\left[10000 + \frac{(50+\Delta q)^2}{2}\right] - \left(10000 + \frac{50^2}{2}\right)}{\Delta q}$$

$$= \lim_{\Delta q \to 0} \frac{50\Delta q + \frac{(\Delta q)^2}{2}}{\Delta q}$$

$$= 50$$

由此可知,生产 50 件产品时的边际成本为 50 元。

但利用导数的定义计算函数的导数,过程繁杂且不易求,因此,我们将常见基本初等函数的导数以公式形式给出。

16 个常见的基本初等函数导数公式归纳如表 2.1 所示。

表 2.1　常见基本初等函数的导数公式

序号	基本初等函数的导数公式	序号	基本初等函数的导数公式
1	$(C)' = 0 (C$ 为常数$)$	2	$(x^a)' = ax^{a-1} (a$ 为常数$)$
3	$(a^x)' = a^x \ln a (a$ 为常数$)$	4	$(\mathrm{e}^x)' = \mathrm{e}^x$
5	$(\log_a x)' = \frac{1}{x \ln a}$	6	$(\ln x)' = \frac{1}{x}$
7	$(\sin x)' = \cos x$	8	$(\cos x)' = -\sin x$
9	$(\tan x)' = \sec^2 x$	10	$(\cot x)' = -\csc^2 x$
11	$(\sec x)' = \sec x \tan x$	12	$(\csc x)' = -\csc x \cot x$
13	$(\arcsin x)' = \frac{1}{\sqrt{1-x^2}}$	14	$(\arccos x)' = -\frac{1}{\sqrt{1-x^2}}$
15	$(\arctan x)' = \frac{1}{1+x^2}$	16	$(\mathrm{arccot} x)' = -\frac{1}{1+x^2}$

函数的求导公式是学习微分、积分的基础,要熟记。对于一些常用函数的导数最好也作为公式记忆,例如由幂函数导数公式可以推出

$$(\sqrt{x})' = \frac{1}{2\sqrt{x}}, \quad \left(\frac{1}{x}\right)' = -\frac{1}{x^2}$$

这两个公式以后经常用到,希望读者能够将它们记住。

注意　初学者在学习导数的四则运算时,很容易将幂函数求导和指数函数求导问题混淆,要注意观察两者的区别。幂函数的自变量在底数位置,指数一定为常数;而指数函数的自变量在指数位置,底数一定为常数。

二 函数的求导法则

引例 2.6 【人口增长率】一个开发商正在计划建造一个包括住宅、办公大楼、商店、学校的新城区,预计从现在开始 t 年后城市的人口为 $p(t)=\dfrac{25t^2+125t+200}{t^2+5t+40}$(万),问:10 年后城市人口的增长率是多少?

问题分析 根据前面的内容知,求 10 年后城市人口的增长率,实质就是要求人口函数 $p(t)$ 对时间 t 的导数 $p'(t)$,再将 $t=10$ 代入 $p'(t)$ 得出 $p'(10)$。

分析人口函数 $p(t)$ 的结构,它是由基本初等函数加、数乘及商的形式,明显其导数不能直接套用基本初等函数的导数公式计算,而如果采用引例 2.5 的方法,利用导数的定义计算其导数,过程将非常复杂。因此解决类似实际问题,必须具备利用导数的四则运算法则求函数的导数的能力。

1. 导数的四则运算法则

一般地,若函数 $u=u(x)$、$v=v(x)$ 在点 x 处均可导,则其和、差、积、商(分母不为零)分别在该点处可导,则有

(1) $[u\pm v]'=u'\pm v'$;

(2) $[uv]'=u'v+uv'$,特别地 $[Cu]'=Cu'$,其中 C 为常数;

(3) $\left[\dfrac{u}{v}\right]'=\dfrac{u'v-uv'}{v^2}$,特别地 $\left[\dfrac{C}{v}\right]'=-\dfrac{Cv'}{v^2}$,其中 C 为常数。

其中,(1)(2)可推广到有限个函数的情形。

例题分析

例 2.6 求函数 $y=7\mathrm{e}^x-8x^2+4\cos x$ 的导数。

解 $y'=(7\mathrm{e}^x)'-(8x^2)'+(4\cos x)'=7(\mathrm{e}^x)'-8(x^2)'+4(\cos x)'$
$\qquad=7\mathrm{e}^x-16x+4(-\sin x)=7\mathrm{e}^x-16x-4\sin x$。

例 2.7 求下列函数的导数:

(1) $y=x^2\ln x$; (2) $y=\mathrm{e}^x(2\sin x+3\cos x)+\ln 2$。

解 (1) $y'=(x^2)'\ln x+x^2(\ln x)'=2x\cdot\ln x+x^2\cdot\dfrac{1}{x}=2x\ln x+x$

(2) $y'=[\mathrm{e}^x(2\sin x+3\cos x)]'+(\ln 2)'$
$\qquad=(\mathrm{e}^x)'(2\sin x+3\cos x)+\mathrm{e}^x(2\sin x+3\cos x)'$
$\qquad=\mathrm{e}^x(2\sin x+3\cos x)+\mathrm{e}^x(2\cos x-3\sin x)$
$\qquad=\mathrm{e}^x(5\cos x-\sin x)$。

注意 求导时注意 $(\ln 2)'=0$,初学者容易错写成 $(\ln 2)'=\dfrac{1}{2}$,因此求导时要注意常数形式的变化。

例 2.6 讲解
(导数的加减
与数乘计算)

例 2.7 讲解
(导数的乘法
计算)

例 2.8 求函数 $y = \dfrac{\sin x}{x^2 + 1}$ 的导数。

例 2.8 讲解
（导数的除法
计算）

解 $y' = \left(\dfrac{\sin x}{x^2 + 1}\right)' = \dfrac{(\sin x)'(x^2 + 1) - (\sin x)(x^2 + 1)'}{(x^2 + 1)^2}$

$\qquad = \dfrac{\cos x (x^2 + 1) - (\sin x) \cdot 2x}{(x^2 + 1)^2} = \dfrac{(\cos x)(x^2 + 1) - 2x \sin x}{(x^2 + 1)^2}$。

案例分析

案例 2.8 【成本问题】海王星塑料制品集团生产塑料制品时，根据对前期数据的分析处理发现，每天加工产品的总成本 y（单位：元）是日产量 x（单位：吨）的函数

$$y = f(x) = 1000 + 7x + 50\sqrt{x}, \quad x \in [0, 1000]$$

求：(1)当每天加工产量由 100 吨增加到 225 吨时，总成本的平均变化率是多少？并说明其含义；

(2)当每天加工产量为 100 吨时边际成本是多少？并说明其含义。

解 (1)当每天加工产量 x 由 100 吨增加到 225 吨时，总成本的平均变化率为

$$\frac{\Delta y}{\Delta x} = \frac{f(225) - f(100)}{225 - 100} = \frac{1125}{125} = 9(\text{元/吨})$$

即日产量由 100 吨增加到 225 吨时，平均来看每增加一吨总成本就增加了 9 元。

(2)由总成本函数求得其边际成本为

$$f'(x) = (1000 + 7x + 50\sqrt{x})' = 7 + 50 \times \frac{1}{2\sqrt{x}} = 7 + \frac{25}{\sqrt{x}}$$

所以当每天加工产量 $x = 100$ 吨时边际成本为

$$f'(100) = 7 + \frac{25}{\sqrt{100}} = 9.5(\text{元/吨})$$

其实际含义是：当每天加工产量为 100 吨时，总成本的增长率是每吨 9.5 元（或当每天加工产量 $x = 100$ 时，总成本 y 的增长速度是 x 的 9.5 倍）。

案例 2.9 【电流的变化】电路中某点处的电流是通过该点处的电量 q 关于时间 t 的瞬时变化率，现已知某一电路中的电量 $q(t) = t^3 + t$，求：(1)电流函数 $i(t)$；(2)$t = 3$ 时的电流是多少？(3)什么时候电流为 49？

解 (1) $i(t) = \dfrac{\mathrm{d}q}{\mathrm{d}t} = (t^3 + t)' = (t^3)' + t' = 3t^2 + 1$；

(2) $i(3) = \dfrac{\mathrm{d}q}{\mathrm{d}t}\Big|_{t=3} = (t^3 + t)'\Big|_{t=3} = 3 \times 3^2 + 1 = 28$；

(3)由 $i(t) = 3t^2 + 1 = 49$ 解得 $t = 4$，故当 $t = 4$ 时，电流为 49。

案例 2.10 【温度的变化率】某电器厂在对冰箱制冷后断电测试其制冷效果，t 小时后冰箱的温度（单位：℃）为 $T(t) = \dfrac{2t}{0.05t + 1} - 20$，问：冰箱温度 T 关于时间 t 的变化率是多少？

解 冰箱温度 T 关于时间 t 的变化率为

$$\frac{\mathrm{d}T}{\mathrm{d}t} = \left(\frac{2t}{0.05t+1} - 20\right)' = \left(\frac{2t}{0.05t+1}\right)' - 20' = \frac{(2t)'(0.05t+1) - 2t(0.05t+1)'}{(0.05t+1)^2} - 0$$

$$= \frac{2 \times (0.05t+1) - 2t \times 0.05}{(0.05t+1)^2} = \frac{2}{(0.05t+1)^2}(\text{℃}/\text{h})$$

案例 2.11 【边际利润】糕点商生产某种糕点的收入函数 $R(q)$ 与成本函数 $C(q)$ 分别是

$$R(q) = \sqrt{q}(\text{千元}), C(q) = \frac{q+3}{\sqrt{q}+1}(\text{千元})$$

$1 \leqslant q \leqslant 15, q$ 的单位为百公斤,试帮该糕点生产商分析其糕点的边际利润。

解 糕点的利润函数为

$$L(q) = \frac{\sqrt{q}-3}{\sqrt{q}+1}$$

所以

$$L'(q) = \left[\frac{\sqrt{q}-3}{\sqrt{q}+1}\right]'$$

$$= \frac{(\sqrt{q}-3)'(\sqrt{q}+1) - (\sqrt{q}-3)(\sqrt{q}+1)'}{(\sqrt{q}+1)^2}$$

$$= \frac{\frac{1}{2\sqrt{q}}(\sqrt{q}+1) - (\sqrt{q}-3)\frac{1}{2\sqrt{q}}}{(\sqrt{q}+1)^2}$$

$$= \frac{2}{\sqrt{q}(\sqrt{q}+1)^2}$$

由于边际利润恒大于零,表明该糕点生产商在其生产能力范围内($1 \leqslant q \leqslant 15$),糕点生产得越多,其总利润就会越高。

2. 复合函数的求导法则

引例 2.7 【油膜扩展速度】一艘油轮发生泄漏事故,泄出的原油在海面上形成一个圆形油膜,其面积 S 是关于半径 r 的函数:$S = \pi r^2$,油膜半径 r 随着时间 t 的增加而扩大,其函数关系为 $r = 2t+1$,试分析油膜面积的变化速度。

问题分析 油膜面积的变化速度就是油膜面积 S 关于时间 t 的瞬时变化率,显然面积 S 是关于半径 r 的函数,而油膜半径 r 又是时间 t 的函数,所以油膜面积 S 是时间 t 的复合函数。因此,要求掌握复合函数的求导法则。

若函数 $y = f(u)$ 在 u 处可导,函数 $u = \varphi'(x)$ 在 x 处可导,则复合函数 $f(\varphi(x))$ 在点 x 处也可导,并且

$$y' = f'(u) \cdot \varphi'(x)$$

上式也可以表示为 $\dfrac{\mathrm{d}y}{\mathrm{d}x} = \dfrac{\mathrm{d}y}{\mathrm{d}u} \cdot \dfrac{\mathrm{d}u}{\mathrm{d}x}$ 或 $y'_x = y'_u \cdot u'_x$。

注意 复合函数的导数等于复合函数对中间变量的导数乘以中间变量对自变量的导数,如何将复合函数拆分成基本初等函数或基本初等函数的四则运算形式是关键之一。

复合函数求导法则可以推广到有限次复合的复合函数情形,即 $y = f(u), u = \varphi(v), v = \psi(x)$ 都可导,则

$$y' = f'(u) \cdot \varphi'(v) \cdot \psi'(x) \text{ 或} \frac{\mathrm{d}y}{\mathrm{d}x} = \frac{\mathrm{d}y}{\mathrm{d}u} \cdot \frac{\mathrm{d}u}{\mathrm{d}v} \cdot \frac{\mathrm{d}v}{\mathrm{d}x}$$

例题分析

例 2.9 求函数 $y = \mathrm{e}^{2x}$ 的导数。

解 函数 $y = \mathrm{e}^{2x}$ 可以看作由 $y = \mathrm{e}^u, u = 2x$ 复合而成,则由复合函数的求导法则可得

$$\frac{\mathrm{d}y}{\mathrm{d}x} = \frac{\mathrm{d}y}{\mathrm{d}u} \cdot \frac{\mathrm{d}u}{\mathrm{d}x} = (\mathrm{e}^u)' \cdot (2x)' = \mathrm{e}^u \cdot 2 = 2\mathrm{e}^{2x}$$

注意 必须指出 $(\mathrm{e}^{2x})' \neq \mathrm{e}^{2x}$。

例 2.10 求函数 $y = \ln\sin x$ 的导数。

解 函数 $y = \ln\sin x$ 可以看作由 $y = \ln u, u = \sin x$ 复合而成,则

$$y' = (\ln u)' \cdot (\sin x)' = \frac{1}{u} \cdot \cos x = \frac{\cos x}{\sin x} = \cot x$$

例 2.10 讲解
(复合函数求导
计算方法一)

根据复合函数求导法则知,复合函数求导关键是要能正确地把复合函数进行分解,将其分解为基本初等函数或基本初等函数的和、差、积、商形式。但熟悉之后中间变量不必写出,只需默记在心,按照"从外到内,逐层求导"的原则进行求导。

例如,例 2.9 可以这样来求导:$(\mathrm{e}^{2x})' = \mathrm{e}^{2x} \cdot (2x)' = 2\mathrm{e}^{2x}$,

例 2.10 可以写成:$(\ln\sin x)' = \frac{1}{\sin x} \cdot (\sin x)' = \frac{\cos x}{\sin x} = \cot x$。

例 2.10 讲解
(复合函数求导
计算方法二)

例 2.11 求函数 $y = \cos\mathrm{e}^{x^2+3}$ 的导数。

解 **方法一** 函数 $y = \cos\mathrm{e}^{x^2+3}$ 可以看作由 $y = \cos u, u = \mathrm{e}^v, v = x^2 + 3$ 复合而成,则由复合函数的求导法则可得

$$\frac{\mathrm{d}y}{\mathrm{d}x} = (\cos u)' \cdot (\mathrm{e}^v)'(x^2+3)' = -\sin u \cdot \mathrm{e}^v \cdot 2x = -2x\sin\mathrm{e}^{x^2+3} \cdot \mathrm{e}^{x^2+3}$$

方法二 $y' = (\cos\mathrm{e}^{x^2+3})' = \sin\mathrm{e}^{x^2+3} \cdot (\mathrm{e}^{x^2+3})' = -\sin\mathrm{e}^{x^2+3} \cdot \mathrm{e}^{x^2+3} \cdot (x^2+3)'$

$$= -2x\sin\mathrm{e}^{x^2+3} \cdot \mathrm{e}^{x^2+3}$$

例 2.12 求下列函数的导数。

(1) $y = (2x+3)^{10}$; (2) $y = \dfrac{1}{\sqrt[3]{(4x-1)}}$;

(3) $y = \ln(\cos^2 x)$; (4) $y = \mathrm{e}^{2x}\sin 3x + \ln 8$。

解 (1) $y' = 10(2x+3)^9(2x+3)' = 20(2x+3)^9$;

(2) $y' = [(4x-1)^{-\frac{1}{3}}]' = -\frac{1}{3}(4x-1)^{-\frac{4}{3}}(4x-1)' = -\frac{4}{3}(4x-1)^{-\frac{4}{3}}$;

(3) $y' = \frac{1}{\cos^2 x}[(\cos x)^2]' = \frac{1}{\cos^2 x} \cdot 2\cos x \cdot (\cos x)' = -2\sin x\cos x \frac{1}{\cos^2 x}$

$$= -\frac{\sin 2x}{\cos^2 x};$$

(4) $y' = (\mathrm{e}^{2x}\sin 3x + \ln 8)' = (\mathrm{e}^{2x})'\sin 3x + \mathrm{e}^{2x}(\sin 3x)' + (\ln 8)'$

$$= \mathrm{e}^{2x} \cdot (2x)'\sin 3x + \mathrm{e}^{2x}\cos 3x \cdot (3x)' = 2\mathrm{e}^{2x}\sin 3x + 3\mathrm{e}^{2x}\cos 3x$$

$$= \mathrm{e}^{2x}(2\sin 3x + 3\cos 3x)。$$

例 2.13 设函数 $y=\ln\dfrac{1}{\sqrt{x+\sqrt{x^2+1}}}$，求 $y'\big|_{x=\sqrt{3}}$。

解 分析：若直接用复合函数求导法则求导，则会比较烦琐，因此考虑先将函数化简后，再求导数。

$$y=\ln(x+\sqrt{x^2+1})^{-\frac{1}{2}}=-\frac{1}{2}\ln(x+\sqrt{x^2+1})$$

$$y'=-\frac{1}{2}\cdot\frac{1}{x+\sqrt{x^2+1}}\cdot(x+\sqrt{x^2+1})'$$

$$=-\frac{1}{2}\cdot\frac{1}{x+\sqrt{x^2+1}}\cdot\left(1+\frac{1}{2\sqrt{x^2+1}}\cdot 2x\right)$$

$$=-\frac{1}{2}\cdot\frac{1}{x+\sqrt{x^2+1}}\frac{x+\sqrt{x^2+1}}{\sqrt{x^2+1}}=-\frac{1}{2\sqrt{x^2+1}}$$

所以

$$y'\big|_{x=\sqrt{3}}=-\frac{1}{2\sqrt{x^2+1}}\bigg|_{x=\sqrt{3}}=-\frac{1}{4}$$

注意 对于函数的求导，若函数能够化简，一般先对函数化简后再求导，便于简化求解步骤。

⧉ 案例分析

案例 2.12 【一氧化碳的浓度】城市环保部门统计数据预计，由于汽车尾气的排放，从现在开始 t 年后，城市空气中的一氧化碳的浓度为 $C(t)=0.01(0.3t^2+3t+64)^{\frac{2}{3}}$（ppm）。问：从现在开始后的第 5 年，城市空气中一氧化碳浓度的变化率是多少？

解 要求城市空气中一氧化碳浓度的变化率，根据导数的实质知，只需求浓度函数的导数即可。

$$C'(t)=[0.01(0.3t^2+3t+64)^{\frac{2}{3}}]'$$

$$=0.01\times\frac{2}{3}(0.3t^2+3t+64)^{-\frac{1}{3}}\cdot(0.3t^2+3t+64)'$$

$$=\frac{0.02}{3}(0.6t+3)\cdot(0.3t^2+3t+64)^{-\frac{1}{3}}$$

$$=0.02(0.2t+1)\cdot(0.3t^2+3t+64)^{-\frac{1}{3}}$$

$$C'(5)\approx 0.009$$

即从现在开始后的第 5 年，城市空气中一氧化碳浓度的变化率是增长 0.009ppm/年。

案例 2.13 【需求量的变化率】某汽配公司生产一种小型的汽车配件，设市场上对此配件的商品需求量为 q，销售的价格为 p，由多年的经营实践得知此配件的需求量 q 与价格 p 之间的关系（经济学中称为需求函数）近似为

$$q=\frac{10000}{(0.5p+1)^2}+\mathrm{e}^{-0.1p^2}$$

如果配件的价格按每年 5% 的比率均匀增加，现在销售价格为 1 元，问：此时需求量将如何变化？

解 因为需求量 q 随价格 p 变化，而价格 p 又随时间 t 变化，所以 q 是 t 的复合函数。

根据题意可知$\dfrac{\mathrm{d}p}{\mathrm{d}t}=0.05p$，$p=1$，由复合函数的求导法则得

$$\begin{aligned}
\frac{\mathrm{d}q}{\mathrm{d}t}=\frac{\mathrm{d}q}{\mathrm{d}p}\cdot\frac{\mathrm{d}p}{\mathrm{d}t}&=\left[\frac{10000}{(0.5p+1)^2}+\mathrm{e}^{-0.1p^2}\right]'\cdot 0.05p\\
&=\left[-\frac{10000\times2\times0.5}{(0.5p+1)^3}-0.2p\mathrm{e}^{-0.1p^2}\right]\cdot 0.05p
\end{aligned}$$

将 $p=1$ 代入上式子，得

$$\frac{\mathrm{d}q}{\mathrm{d}t}=\left[-\frac{10000\times2\times0.5}{(0.5+1)^3}-0.1\times2\mathrm{e}^{-0.1}\right]\times0.05=-148.2$$

即该配件的商品需求量减少的速率为每年 148.2 个单位。

3. 隐函数的求导法则

通常，我们遇到的函数都是形如 $y=f(x)$ 的形式，这类函数的特点是函数的因变量和自变量分别位于等号的两边，而且等号左边只含有因变量，这类表达式能清晰地反映自变量和因变量之间的关系，因此称之为**显函数（Explicit Function）**，但在实际问题中，我们还会碰到很多函数关系式是隐藏在方程 $F(x,y)=0$ 之中的，例如方程 $x^2-2x-2y=0$ 中就隐藏着函数 $y=\dfrac{1}{2}x^2-x$；又如椭圆方程 $\dfrac{x^2}{4}+y^2=1$ 中隐藏着函数 $y=\pm\sqrt{1-\dfrac{x^2}{4}}$。具有这类特点的函数，通常称之为由方程 $F(x,y)=0$ 确定的**隐函数（Implicit Function）**。

那么，如何求隐函数的导数呢？一般有两种解决思路：

（1）将隐函数化为显函数，如将隐函数 $x^2-2x-2y=0$ 可转化为显函数 $y=\dfrac{1}{2}x^2-x$，然后求其导数；

（2）碰到不可转化为显函数的隐函数时，考虑直接求出它的导数。

下面我们介绍对隐函数直接求导的方法。

求方程 $F(x,y)=0$ 所确定的隐函数 y 的导数 $\dfrac{\mathrm{d}y}{\mathrm{d}x}$，关键一是要将方程中的 y 看成 x 的函数；二是要将 $F(x,y)$ 看成是 x 的复合函数，利用复合函数求导方法，在方程两边同时对 x 求导，得到一个关于 $\dfrac{\mathrm{d}y}{\mathrm{d}x}$ 的方程，从中解出 $\dfrac{\mathrm{d}y}{\mathrm{d}x}$ 即可。

例题分析

　　例 2.14　求由方程 $xy^2=\mathrm{e}^{2x-y}$ 所确定的隐函数的导数。

　　解　对方程的两边同时求导，得

$$\begin{aligned}
x'y^2+x\cdot(y^2)'&=(\mathrm{e}^{2x-y})'\\
y^2+x\cdot2yy'&=\mathrm{e}^{2x-y}(2x-y)'\\
y^2+2xyy'&=\mathrm{e}^{2x-y}(2-y)'\\
y'&=\frac{2\mathrm{e}^{2x-y}-y^2}{2xy+\mathrm{e}^{2x-y}}
\end{aligned}$$

例 2.14 讲解
（隐函数求导）

例 2.15 求由方程 $x^2y+\ln y=1$ 所确定的隐函数的导数。

解 方程的两边同时对 x 求导,得

$$2xy+x^2y'+\frac{1}{y}\cdot y'=0$$

$$y'=-\frac{2xy^2}{x^2y+1}$$

对形如 $y=[u(x)]^{v(x)}$ 的函数,称为**幂指函数**。求幂指函数的导数时,不能利用幂函数或指数函数求导公式求其导数,这时需要先对幂指函数两边同时取对数(对数求导法),然后按隐函数求导方法求其导数。

例 2.16 求函数 $y=x^{\sin x}(x>0)$ 的导数。

解 将函数两边同时取对数,得

$$\ln y=\sin x\ln x$$

等式两边同时对 x 求导,得

$$\frac{1}{y}\cdot y'=\cos x\ln x+\frac{\sin x}{x}$$

例 2.16 讲解
(幂指函数求导)

所以

$$y'=y\left(\cos x\ln x+\frac{\sin x}{x}\right)$$

即

$$y'=x^{\sin x}\left(\cos x\ln x+\frac{\sin x}{x}\right)$$

例 2.17 求函数 $y=\sqrt[3]{\frac{(x+1)^2}{(x-1)(x+2)}}$ 的导数。

解 此题直接用求导法则进行求导十分麻烦,为此对方程两边同时取对数,得

$$\ln y=\frac{1}{3}[2\ln(x+1)-\ln(x-1)-\ln(x+2)]$$

方程的两边同时对 x 求导,得

$$\frac{1}{y}\cdot y'=\frac{1}{3}\left(\frac{2}{x+1}-\frac{1}{x-1}-\frac{1}{x+2}\right)$$

例 2.17 讲解
(对数求导法)

所以

$$y'=\frac{y}{3}\left(\frac{2}{x+1}-\frac{1}{x-1}-\frac{1}{x+2}\right)$$

$$y'=\frac{1}{3}\sqrt[3]{\frac{(x+1)^2}{(x-1)(x+2)}}\left(\frac{2}{x+1}-\frac{1}{x-1}-\frac{1}{x+2}\right)$$

注意 上面两题利用了**对数求导法**,这种方法一般适合于幂指函数 $u(x)^{v(x)}(u(x)>0)$ 及具有复杂的乘、除、乘方、开方运算函数的求导。

案例分析

案例 2.14 **【切线斜率】**一质点的运动规律为曲线 $x^3+y^3-3xy=0$,求这个质点在各点处的切线斜率 k(假设 $x\neq y^2$)。

解 由导数的几何意义可知,这是求由方程 $x^3+y^3-3xy=0$ 所确定的函数 $y=y(x)$ 的导数 y' 的问题,并且曲线是由方程 $x^3+y^3-3xy=0$ 确定的隐函数。

对方程两边关于 x 求导,得

$$3x^2+3y^2 \cdot y'-3(y+xy')=0$$

因为 $x \neq y^2$,所以解之得

$$y'=\frac{y-x^2}{y^2-x}$$

即质点在各点处的切线斜率为 $k=y'=\dfrac{y-x^2}{y^2-x}(x \neq y^2)$。

案例 2.15 【水位上涨的速度】南方多雨地区,雨季里水库的水位要时时进行监测。在宁波市的某一水库测得河水以 $8\mathrm{m}^3/\mathrm{s}$ 的体流量流入水库中,水库形状是长 $AB=4000\mathrm{m}$,顶角为 $120°$ 的水槽(见图 2.2),问:水深 20m 时,水位每小时上升几米?

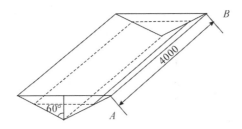

图 2.2　水槽

解　设在 t 时刻水深为 $h(t)$,水库内水量为 $V(t)$,则可求得

$$V(t)=4000\sqrt{3}h^2 \tag{$*$}$$

由题知要求的是当 $h=20\mathrm{m}$ 时,水面每小时上升的速度 $\dfrac{\mathrm{d}h}{\mathrm{d}t}$,而 h 是由($*$)式所确定的隐函数,故两边对($*$)式关于 t 求导有:

$$\frac{\mathrm{d}V}{\mathrm{d}t}=\frac{\mathrm{d}V}{\mathrm{d}h} \cdot \frac{\mathrm{d}h}{\mathrm{d}t}=8000\sqrt{3}h \cdot \frac{\mathrm{d}h}{\mathrm{d}t}$$

又 $\dfrac{\mathrm{d}V}{\mathrm{d}t}=8\mathrm{m}^3/\mathrm{s}=28800\mathrm{m}^3/\mathrm{h}$,$h=20\mathrm{m}$,

代入上式求得

$$\frac{\mathrm{d}h}{\mathrm{d}t}\approx 0.104\mathrm{m/h}$$

即水深为 20m 时,水位每小时约上升 0.104m。

三　高阶导数

引例 2.8 【加速度】一质点按规律 $s=t^3-\sqrt{t}$ 运动,当 $t=4\mathrm{s}$ 时,求质点的加速度(s 的单位为 m,t 的单位为 s)。

问题分析　我们知道,在物理学上变速直线运动的速度 $v(t)$ 是路程函数 $s(t)$ 对时间 t 的导数,即 $v=\dfrac{\mathrm{d}s}{\mathrm{d}t}$,而加速度 a 又是速度 v 对时间 t 的变化率,即速度 v 对时间 t 的导数:

$$a=\frac{\mathrm{d}v}{\mathrm{d}t}=\frac{\mathrm{d}}{\mathrm{d}t}\left(\frac{\mathrm{d}s}{\mathrm{d}t}\right)$$

这就涉及数学中通常所说的二阶导数的概念。

一般地,若函数 $f(x)$ 的导数 $f'(x)$ 在点 x 处可导,则称 $f'(x)$ 的导数为函数 $f(x)$ 的二阶导数(Second Derivative),记作 y'' 或 $f''(x)$ 或 $\dfrac{\mathrm{d}^2 y}{\mathrm{d}x^2}$,即

$$y'' = (y')' = [f'(x)]' = \frac{\mathrm{d}}{\mathrm{d}x}\left(\frac{\mathrm{d}y}{\mathrm{d}x}\right) = \frac{\mathrm{d}^2 y}{\mathrm{d}x^2}$$

类似地,二阶导数的导数叫作三阶导数,记作 y''' 或 $f'''(x)$ 或 $\dfrac{\mathrm{d}^3 y}{\mathrm{d}x^3}$;三阶导数的导数叫作四阶导数,记作 $y^{(4)}$ 或 $f^{(4)}$ 或 $\dfrac{\mathrm{d}^4 y}{\mathrm{d}x^4}$……一般地,$n-1$ 阶导数的导数叫作 n 阶导数。二阶及二阶以上的导数统称高阶导数(Higher Derivative),记作 $y^{(n)}$ 或 $f^{(n)}$ 或 $\dfrac{\mathrm{d}^n y}{\mathrm{d}x^n}$。

例如,求函数 $y = x^3$ 的二阶导数,只需要先求它的一阶导数 $y' = (x^3)' = 3x^2$,然后再对一阶导数求导数即可求出函数 $y = x^3$ 的二阶导数为 $y'' = (3x^2)' = 6x$。

例题分析

例 2.18 求函数 $f(x) = \ln(1+x)^2$ 的二阶导数。

解 $f'(x) = [\ln(1+x^2)]' = \dfrac{1}{1+x^2} \cdot (1+x^2)' = \dfrac{2x}{1+x^2}$;

$f''(x) = \left[\dfrac{2x}{1+x^2}\right]' = \dfrac{(2x)' \cdot (1+x^2) - 2x \cdot (1+x^2)'}{(1+x^2)^2} = \dfrac{2(1-x^2)}{(1+x^2)^2}$。

例 2.19 求下列函数的二阶导数:

(1) $y = \ln(x + \sqrt{1+x^2})$;   (2) $y = \ln[f(x)]$。

解 (1) $y' = \dfrac{1}{1+\sqrt{1+x^2}} \cdot \left(1 + \dfrac{x}{\sqrt{1+x^2}}\right) = \dfrac{1}{x+\sqrt{1+x^2}} \cdot \dfrac{\sqrt{1+x^2}+x}{\sqrt{1+x^2}}$

$\qquad = \dfrac{1}{\sqrt{1+x^2}} = (1+x^2)^{-\frac{1}{2}}$;

$\qquad y'' = -\dfrac{1}{2}(1+x^2)^{-\frac{3}{2}} \cdot (1+x^2)' = -\dfrac{1}{2}(1+x^2)^{-\frac{3}{2}} \cdot 2x = -\dfrac{x}{(1+x^2)^{\frac{3}{2}}}$。

(2) $y' = \dfrac{1}{f(x)} \cdot f'(x)$;

$\qquad y'' = \dfrac{f(x) \cdot f''(x) - f'(x) \cdot f'(x)}{f^2(x)} = \dfrac{f(x) \cdot f''(x) - [f'(x)]^2}{f^2(x)}$。

案例分析

案例 2.16 【质点的加速度】一质点按规律 $s = t^3 - \sqrt{t}$ 运动,当 $t = 4\mathrm{s}$ 时,求质点的加速度(s 的单位为 m,t 的单位为 s)。

解 因为

$$s' = (t^3 - \sqrt{t})' = 3t^2 - \frac{1}{2\sqrt{t}}$$

$$s'' = \left(3t^2 - \frac{1}{2\sqrt{t}}\right)' = 6t + \frac{1}{4t\sqrt{t}}$$

所以当 $t = 4\text{s}$ 时,质点的加速度为

$$a = s''\Big|_{t=4} = 6 \times 4 + \frac{1}{4 \times 4\sqrt{4}} = 24\frac{1}{32}(\text{m/s}^2)$$

案例 2.17 【**通货膨胀分析**】设函数 $p(t)$ 表示在时刻 t 某种产品的价格,则在通货膨胀期间,$p(t)$ 将迅速增加。当

(1)通货膨胀仍然存在;

(2)通货膨胀率正在下降;

(3)在不久的将来,物价稳定下来时,如何用 $p(t)$ 的导数描述这些现象?

解(1)当产品的价格在上升,即通货膨胀仍然存在时,$p'(t) > 0$;

(2)通货膨胀率正在下降包含两重含义,一方面说明通货膨胀仍然存在,所以 $p'(t) > 0$,另一方面说明通货膨胀的变化率在下降,此时 $p''(t) < 0$;

(3)当产品的价格不再上升,即物价将稳定下来时,$p'(t)$ 趋近于 0。

案例 2.18 【**项目方案抉择**】南方地区经济发达,高速公路的建设发展迅猛。某工程建设公司承包了一条公路的建设任务,建设周期至少要三年。如果这一公路的建设有两个可供选择的方案,其利润是 L(单位:百万元),时间是 t(单位:年),这两种方案的数学模型是:

$$\text{模型一:} L_1(t) = \frac{3t}{t+1}$$

$$\text{模型二:} L_2(t) = \frac{t^2}{t+1} + 1$$

那么该公司选择哪种方案的模型最优?

解 两种方案的数学模型已经给出,那么最优方案模型的选择首先考虑的是使该公司获利最大者。为此先进行比较:

当时间 $t = 1$ 时,因为 $L_1(1) = \frac{3 \times 1}{1+1} = \frac{3}{2}$,$L_2(1) = \frac{1^2}{1+1} + 1 = \frac{3}{2}$,即一年后两个模型的利润额是相等的。那么同样我们可以计算当时间 $t = 2$ 时,$L_1(2) = 2$,$L_2(2) = \frac{7}{3}$,显然两年后选择第二个模型要优于第一个模型,那么是什么原因呢?我们再比较两个模型的利润增长率:

$$L'_1(t) = \left(\frac{3t}{t+1}\right)' = \frac{3}{(t+1)^2}$$

$$L'_2(t) = \left(\frac{t^2}{t+1} + 1\right)' = \frac{t^2 + 2t}{(t+1)^2}$$

当时间 $t = 1$ 时,这两个模型的增长率仍然相等:

$$L'_1(1) = \frac{3}{(1+1)^2} = \frac{3}{4},\quad L'_2(1) = \frac{1^2 + 2 \times 1}{(1+1)^2} = \frac{3}{4}$$

下面我们再来考察这两个模型的利润增长率是如何变化的,利润增长率的变化率是

$$\frac{\mathrm{d}}{\mathrm{d}t}\left(\frac{\mathrm{d}L}{\mathrm{d}t}\right)=\frac{\mathrm{d}^2 L}{\mathrm{d}t^2}$$

对这两个模型来说,分别有

$$L''_1(t)=\left[\frac{3}{(t+1)^2}\right]'=-\frac{6}{(1+t)^3}$$

$$L''_2(t)=\frac{\mathrm{d}^2}{\mathrm{d}t^2}L_2(t)=\left[1-\frac{1}{(t+1)^2}\right]'=\frac{2}{(1+t)^3}$$

在 $t=1$ 处,每个模型利润增长率的变化率是

$$L''_1(1)=-\frac{6}{(1+1)^3}=-\frac{3}{4},L''_2(1)=\frac{2}{(1+1)^3}=\frac{1}{4}$$

对于第一个模型来说,在 $t=1$ 处利润增长率是正的,但是增长率的变化率 $L''_1(1)$ 却是负的,即该模型的利润增长在减速;对第二个模型来说,在 $t=1$ 处不但利润增长率是正的,而且利润增长率的变化率 $L''_2(1)$ 也是正的,即利润的增长在加速。

那么采用哪个模型呢?首先会发现从现在起一年以后的利润及利润增长率是相等的,但第二个模型的增长在加速而第一个模型的增长则在减速,所以随着时间的推移,第二个模型要优于第一个模型,考虑到建设周期至少要三年,所以该公司应选择第二个模型。

想一想　练一练(二)

小测试

1. 求下列函数的导数:

(1) $y=3x^4+x-7$；

(2) $y=2x^6-\ln x+\cos x-\mathrm{e}^2$；

(3) $y=\frac{1}{x}-\frac{3}{x^3}$；

(4) $y=\mathrm{e}^x+3\log_2 x$；

(5) $y=x^2\ln x$；

(6) $y=\mathrm{e}^x\tan x$；

(7) $y=(x^2+x)(2x-3)$；

(8) $y=\frac{2x-1}{x+1}$；

(9) $y=\frac{\ln x}{1-x}$；

(10) $y=\left(\frac{1}{\sqrt{x}}-1\right)\left(\frac{3}{x^2}-x\right)$。

2. 求下列函数的导数:

(1) $y=\ln\cos x$；

(2) $y=\sin(x^2+x)$；

(3) $y=(3x-5)^{10}$；

(4) $y=x\sqrt{1-x^2}$；

(5) $y=\sin^2 x$；

(6) $y=\mathrm{e}^{2x+1}$；

(7) $y=3\cos^2 x-\mathrm{e}^{-2x}$；

(8) $y=\tan^2\frac{1}{x}$；

(9) $y=\ln[\ln(\ln x)]$；

(10) $y=\ln 2x\cdot\mathrm{e}^{\sin x}+\cos\frac{\pi}{3}$。

3. 求下列函数的二阶导数:

(1) $y=2x^2+\ln x$；

(2) $y=(1+x^2)\arctan x$。

4. 求由下列方程所确定的隐函数的导数：

(1) $y^3 - 3x^2 y + 2x = 5$；　　　　　　(2) $xy - \ln y = 3$。

5. 利用对数求导法，求下列函数的导数：

(1) $y = x^{\sin x}$；　　　　　　(2) $y = \dfrac{(2x-1)^2 \sqrt{x+1}}{(x+2)^3 \sqrt[3]{3x-2}}$。

6. 某产品的收入函数为 $R(q) = 200q - 0.01q^2$（元），试求：(1) 边际收入函数；(2) 销量分别为 9000 台、10000 台、11000 台时的边际收入，并说明其经济意义。

7. 一种流行性感冒在某城市传播，若在第 t 天感染的人数为 $p(t) = 90t^2 - 2t^3$（$0 \leqslant t \leqslant 30$），试求该流行性感冒在 $t = 15$、$t = 30$ 天时的传播速度。

8. 某模具厂自 2006 年以来的资产近似地服从于 $f(t) = 1 + 0.3t - \dfrac{1}{t^2 + 1}$（单位：百万元），$t$ 是自 2006 年以来的年数。若视 $f(t)$ 随 t 连续变化，求资产的增长率，并计算 $t = 1$ 时公司资产的增长率。

第三节　边际分析中的近似计算

📄 子任务导入

在 2008 年世界经济危机爆发之时，多国政府采取发红包的方式来刺激民众的消费，某地方政府为了更好地了解市民消费水平与其收入水平之间的关系，委托民调公司做了相关的调查，发现市民消费金额 C 与收入 x 之间存在如下的近似关系：

$$C(x) = 10 + 0.4x + 0.01\sqrt{x}$$

其中 C 和 x 单位均为万元。

若该区域市民的平均年收入为 4 万元，政府平均给每位市民发放 2000 元的红包，利用该经验公式，请你估算一下，市民的平均消费额大约会有一个什么样的变化？

请谈谈你的想法。

📄 子任务分析

利用该经验公式，并利用相关计算工具很容易计算出市民的平均消费额的变化情况，但如果受条件所限，没有相关的计算工具，想得出一个相对精确的变化情况却比较困难，这就对我们提出了新的要求：能否利用相关的数学知识比较快捷地、精确地计算出市民平均消费额的近似改变量。

（数学知识链接）

在实际问题分析过程中,经常涉及函数的改变量等问题,由于有时碰到的函数比较复杂,导致计算过程烦琐,因此希望能找到一种比较简捷的计算方法,能较高精度地计算这些函数的改变量,这就是我们下面要介绍的微分知识。

一　微分的概念

引例 2.9　【路面切割问题】生活中我们可能关注过,工人师傅浇注水泥路面后,其中一后续工作是利用专业设备,将浇注好的水泥路面每隔一段距离切割开来,由中学阶段的物理知识知道,这是为了防止在气温变化过程中路面因热胀冷缩而损坏。

函数在某点
处的微分

大家有没有进一步想过,师傅切割水泥路面的间隔距离是如何确定的?如果你来做这一决定,你决定的依据又是什么?

问题分析　其实这一问题决策的关键是要估算出切割出来的缝隙可以保证多长的路面不会因热胀冷缩而损坏,这就需要我们具备快速估算能力,数学中通常利用微分的知识来解决。

引例 2.10 **【面积改变量的近似计算】**一块正方形金属薄片受温度影响,其边长由 x_0 变到 $x_0+\Delta x$,问:薄片的面积 S 大约增加了多少?

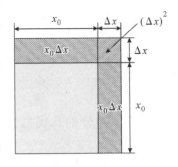

解 要求薄片面积改变量的近似值,可以先试着求其精确值,再分析如何快捷求其近似值合适!

当边长由 x_0 变到 $x_0+\Delta x$ 时,面积 S 的增量为

$$\Delta S = 2x_0\Delta x + (\Delta x)^2$$

可知 ΔS 由两部分组成:第一部分是 $2x_0\Delta x = S'(x_0)\Delta x$;第二部分是 $(\Delta x)^2$,是比 Δx 高阶的无穷小,记为 $o(\Delta x)$。

可见第二部分比第一部分小得多(见图 2.3)。所以当 $|\Delta x|$ 很小时,$\Delta S \approx S'(x_0)\Delta x$。

图 2.3 薄片面积

拓展到一般情况可知,求这类近似问题的总体思路:

若已知某一函数 $y=f(x)$ 在点 x 有增量 Δx,要求其相应 y 的增量是 Δy,只要 $f'(x)$ 存在,则

$$\Delta y \approx f'(x)\Delta x(\Delta x \to 0)$$

上式的右边就是我们通常所定义的微分。

一般地,如果函数 $y=f(x)$ 在点 x_0 处导数 $f'(x_0)$ 存在,则称 $f'(x_0)\Delta x$ 为函数在点 x_0 处的**微分(Differential)**,记为 $\mathrm{d}y\big|_{x=x_0}$,即

$$\mathrm{d}y\big|_{x=x_0} = f'(x_0)\Delta x$$

通常把自变量的增量 Δx 称为自变量的微分,记作 $\mathrm{d}x$。所以函数 $y=f(x)$ 在点 x_0 处的微分一般记为

$$\mathrm{d}y\big|_{x=x_0} = f'(x_0)\mathrm{d}x$$

如果函数 $y=f(x)$ 在区间 (a,b) 内任意一点 x 的微分都存在,则称该函数在区间 (a,b) 内可微,记作 $\mathrm{d}y=f'(x)\mathrm{d}x$。

注意: 对于可导函数 $y=f(x)$,当 $|\Delta x|$ 很小时,微分是计算函数增量 Δy 近似值的简便方法。用 $\mathrm{d}y$ 近似代替 Δy 有两点好处:

(1)$\mathrm{d}y$ 是 Δx 的线性函数,这保证了计算的简便性;

(2)$\mathrm{d}y$ 与 Δy 相差很小,这保证了近似程度好。

 **例题分析**

例 2.20 已知函数 $y=x^3$,求:

(1)函数在 $x=1,\Delta x=0.03$ 时的改变量和微分;

(2)函数在 $x=1$ 处的微分;

(3)函数的微分。

解 (1)改变量:$\Delta y = (1+0.03)^3 - 1^3 = 1.092727 - 1 = 0.092727$;

微分为 $\qquad\qquad\qquad f'(x) = 3x^2, f'(1) = 3$

$$dy\Big|_{\substack{x=1 \\ \Delta x=0.03}} = f'(1) \cdot \Delta x = 3 \times 0.03 = 0.09$$

由上也可以看出 $\qquad\qquad \Delta y \approx dy$

(2)$dy\Big|_{x=1} = f'(1) \cdot dx = 3dx$;

(3)$dy = f'(x) \cdot dx = 3x^2 dx$。

二 微分的几何意义

函数 $y = f(x)$ 的图形是一条曲线(见图 2.4),函数 $y = f(x)$ 是可微的,当 Δy 是曲线 $y = f(x)$ 的点的纵坐标的增量时,dy 就是曲线的切线上点的纵坐标的增量。当 $|\Delta x|$ 很小时,在点 M 的附近,切线段近似代替曲线段。因而有

$$\Delta y \approx dy$$

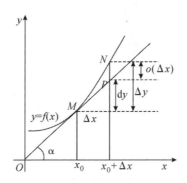

图 2.4 微分的几何意义

三 微分的计算

函数的微分

从函数微分的表达式 $dy = f'(x)dx$ 可以看出,要计算函数的微分,只要计算函数的导数,再乘以自变量的微分即可。

此外,由微分的定义,我们可以直接得到有关微分的运算法则与微分的计算公式。

1. 微分的基本公式

(1)$d(C) = 0$(C 是常数);

(2)$d(x^a) = ax^{a-1}dx$(a 是常数);

(3)$d(\log_a x) = \dfrac{1}{x\ln a}dx$;

(4)$d(\ln x) = \dfrac{1}{x}dx$;

(5)$d(a^x) = a^x \ln a\, dx$;

(6)$d(e^x) = e^x dx$;

(7)$d(\sin x) = \cos x\, dx$;

(8)$d(\cos x) = -\csc x\, dx$;

(9)$d(\tan x) = \sec^2 x\, dx$;

(10)$d(\cot x) = -\csc^2 x\, dx$;

(11)$d(\sec x) = \sec x \tan x\, dx$;

(12)$d(\csc x) = -\csc x \cot x\, dx$;

(13)$d(\arcsin x) = \dfrac{1}{\sqrt{1-x^2}}dx$;

(14)$d(\arccos x) = -\dfrac{1}{\sqrt{1-x^2}}dx$;

$(15)\mathrm{d}(\arctan x)=\dfrac{1}{1+x^2}\mathrm{d}x;$ $(16)\mathrm{d}(\mathrm{arccot}x)=-\dfrac{1}{1+x^2}\mathrm{d}x。$

2. 和、差、积、商的微分运算法则

$(1)\mathrm{d}(u\pm v)=\mathrm{d}u\pm \mathrm{d}v;$ $(2)\mathrm{d}(uv)=u\mathrm{d}v+v\mathrm{d}u;$

$(3)\mathrm{d}(Cu)=C\mathrm{d}u(C\text{ 是常数});$ $(4)\mathrm{d}\left(\dfrac{u}{v}\right)=\dfrac{v\mathrm{d}u-u\mathrm{d}v}{v^2}。$

3. 复合函数的微分

设 $y=f(u)$ 及 $u=\varphi(x)$ 都可导，则复合函数 $y=f[\varphi(x)]$ 的微分为

$$\mathrm{d}y=y'_x\mathrm{d}x=f'(u)\varphi'(x)\mathrm{d}x$$

由于 $\varphi'(x)\mathrm{d}x=\mathrm{d}u$，则上式即为

$$\mathrm{d}y=f'(u)\mathrm{d}u$$

由此可见，不论是自变量还是中间变量，微分形式 $\mathrm{d}y=f'(u)\mathrm{d}u$ 保持不变，这个性质称为**一阶微分形式的不变性**。

一般地，在求复合函数的微分时，有两种基本方法，一是利用复合函数的求导公式，二是利用一阶微分形式的不变性。一阶微分形式的不变性有时可使复合函数的微分运算十分简便。

例题分析

例 2.21 设 $y=\ln(1+2x)$，求 $\mathrm{d}y$。

解法一 用根据函数微分的定义，先求出 $f'(x)=\dfrac{1}{1+2x}\cdot(1+2x)'=\dfrac{2}{1+2x}$，

再有 $$\mathrm{d}y=f'(x)\mathrm{d}x=\dfrac{2}{1+2x}\mathrm{d}x$$

解法二 用一阶微分形式的不变性，得

$$\mathrm{d}y=\mathrm{d}\ln(1+2x)=\dfrac{1}{1+2x}\mathrm{d}(1+2x)=\dfrac{2}{1+2x}\mathrm{d}x$$

例 2.22 设 $y=\mathrm{e}^{3-2x}\cos x^2$，求 $\mathrm{d}y$。

解 根据导数的四则运算及复合函数的求导法则有

$$y'=(\mathrm{e}^{3-2x}\cos x^2)'=(\mathrm{e}^{3-2x})'\cos x^2+\mathrm{e}^{3-2x}(\cos x^2)'$$
$$=\mathrm{e}^{3-2x}(3-2x)'\cos x^2+\mathrm{e}^{3-2x}(-\sin x^2)(x^2)'$$
$$=-2\mathrm{e}^{3-2x}\cos x^2-2x\mathrm{e}^{3-2x}\sin x^2=-2\mathrm{e}^{3-2x}(\cos x^2+x\sin x^2)$$

由微分的定义式可有

$$\mathrm{d}y=y'\mathrm{d}x=-2\mathrm{e}^{3-2x}(\cos x^2+x\sin x^2)\mathrm{d}x$$

注意 求函数微分通常根据其定义式 $\mathrm{d}y=f'(x)\mathrm{d}x$ 求解更为方便。

四　微分在近似计算中的应用

在工程问题中，经常会遇到一些复杂的计算公式，如果直接利用这些公式进行计算是很

费力的,而利用微分有时可以把一些复杂的计算公式用简单的近似公式来代替。

1. 函数改变量的近似计算公式

若函数 $y=f(x)$ 在点 x_0 处的导数 $f'(x_0)\neq 0$,且 $|\Delta x|$ 很小,有

$$\Delta y\approx dy=f'(x_0)\Delta x$$

2. 函数值的近似计算公式

由于 $\Delta y=f(x_0+\Delta x)-f(x_0)$,所以当 $|\Delta x|$ 很小时,有

$$f(x_0+\Delta x)-f(x_0)\approx f'(x_0)\Delta x$$

即

$$f(x_0+\Delta x)\approx f(x_0)+f'(x_0)\Delta x$$

微分在近似计算
中的应用

例题分析

例 2.23 计算 $\sqrt{1.02}$ 的近似值。

解 将其看成是函数 $f(x)=\sqrt{x}$ 在点 $x=1.02$ 处的函数值,即取 $x_0=1$,$\Delta x=0.02$,再利用近似计算公式 $f(x_0+\Delta x)\approx f(x_0)+f'(x_0)\Delta x$,有

$$\sqrt{1.02}=f(1.02)=f(1+0.02)\approx f(1)+f'(1)\times 0.02$$
$$=\sqrt{1}+(\sqrt{x})'\big|_{x=1}\times 0.02=1+\frac{1}{2}\times 0.02=1.01$$

例 2.24 计算 $\ln 0.975$ 的近似值。

解 将其看成是函数 $f(x)=\ln x$ 在点 $x=0.975$ 处的函数值,即取 $x_0=1$,$\Delta x=-0.025$,利用近似计算公式,有

$$\ln 0.975=f(0.975)=f(1-0.025)\approx f(1)+f'(1)\times(-0.025)$$
$$=\ln 1+(\ln x)'\big|_{x=1}\times(-0.025)=-0.025$$

这也是我们日常见到的计算器计算很多数值近似值的原理。可以说没有数学的发展,就没有现代科技的出现。

案例分析

案例 2.19 【铜的需求量】祥和集团为一家具厂加工一批装饰在茶几上的半径为 1cm 的小金属球,为了提高球面的光洁度,最后要镀上一层铜,厚度为 0.01cm。估计一下每只球需要铜多少克(铜的密度是 8.9g/cm^3)?

解 先求出镀层的体积,再乘以密度就得到每只球需用铜的重量。因为镀层的体积等于两个球体(原来的球与镀上铜层后的球)体积的差,所以它就是球体体积 $V=\frac{4}{3}\pi R^3$ 当自变量 R 在 R_0 取得增量 ΔR 时,函数相应的增量 ΔV。我们求 V 对 R 的导数

$$V'\big|_{R=R_0}=\left(\frac{4}{3}\pi R^3\right)'\big|_{R=R_0}=4\pi R_0^2$$

由公式 $\Delta y\approx dy=f'(x_0)\Delta x$ 得

$$\Delta V \approx dV = 4\pi R_0^2 \Delta R$$

将 $R_0 = 1, \Delta R = 0.01$ 代入上式,得

$$\Delta V \approx 4 \times 3.14 \times 1^2 \times 0.01 \approx 0.13 (\text{cm}^3)$$

所以每只球所需镀的铜约为

$$0.13 \times 8.9 = 1.16 (\text{g})$$

案例 2.20 【月收入的增加量】某公司开发新型的软件程序,若 x 为公司一个月的产量,则收入函数为 $R = 36x - \dfrac{x^2}{20}$ (单位:百元),如果公司 12 月份的产量从 250 套增加到 260 套,请估计公司 12 月份收入增加了多少?

解 公司 12 月份产量的增加量为 $\Delta x = 260 - 250 = 10$ (个),用 dR 来估计 12 月份收入的增加量

$$R' = \left(36x - \frac{x^2}{20}\right)' = 36 - \frac{x}{10}, R'(250) = 36 - \frac{250}{10} = 11$$

$$\Delta R \approx dR = R'(250) \cdot \Delta x = 11 \times 10 = 110 (\text{百元})$$

即该公司 12 月份的收入大约增加了 11000 元。

案例 2.21 【电压的改变量】设有一电阻负载 $R = 25\Omega$,现负载功率 P 从 400W 变到 401W,求负载两端电压 U 大约改变了多少?

解 由电学知,负载功率 $P = \dfrac{U^2}{R}$,即 $U = \sqrt{RP} = \sqrt{25P} = 5\sqrt{P}$

$$P_0 = 400, \Delta P = 401 - 400 = 1$$

$$U' = (5\sqrt{P})' = \frac{5}{2}P^{-\frac{1}{2}}$$

$$dU \Big|_{\substack{P_0=400 \\ \Delta P=1}} = U'(400) \cdot \Delta P = \frac{5}{2}(400)^{-\frac{1}{2}} \times 1 = 0.125$$

所以电压的改变量 $\Delta U \approx dU = 0.125 (\text{V})$。

案例 2.22 【驾车费用】在一次驾车旅行中,估计平均车速 $v(\text{km/h})$ 与驾车费用 $C(v)$ (元)之间的关系为 $C(v) = 125 + v + \dfrac{4500}{v}$,当平均车速从 55km/h 增加到 58km/h 时,试估算驾车费用的改变量。

解 $C'(v) = 1 - \dfrac{4500}{v^2}, C'(55) \approx -0.4876$

故 $\Delta C \approx dC = C'(55) \cdot \Delta v = -0.4876 \times (58 - 55) = -1.4628$

即当平均车速从 55km/h 增加到 58km/h 时,驾车费用约减少了 1.4628 元。

想一想　练一练(三)

1. 已知函数 $y = x^2 + 2x + 3$,计算 x 由 0 变到 0.01 时函数增量和微分分别是多少。

2. 求下列函数的微分:

(1) $y = \dfrac{1}{x} + 2\sqrt{x}$;　　　(2) $y = x\sin 2x$;　　　(3) $y = [\ln(1-x)]^2$。

小测试

3. 计算下列函数值的近似值(精确到 0.001):

(1) $\sqrt[3]{1.02}$;   (2)$\ln 0.98$;   (3)$e^{1.01}$。

4. 边长为 20cm 的金属立方体受热膨胀,当边长增加 2mm 时,求立方体所增加的体积的近似值(精确到 $1cm^2$)。

5. 如果半径为 15cm 的球的半径伸长 2cm,那么球的体积约扩大多少?

6. 扩音器的插头是截面半径 r 为 0.15cm、长 l 为 4cm 的圆柱体,为了提高它的导电性能,必须在圆柱体的侧面镀上一层厚为 0.001cm 的纯铜,问:大约需要用多少克铜?(已知铜的密度为 $8.9g/cm^3$)。

第四节 管理中的优化决策

📄 子任务导入

企业想赚钱,政府要收税,一个怎样的税率才能使双方都受益? 随着经济的发展,政府对某一企业的扶持可能转变为想让其退市,税率如何变化才能达到该导向目标? 这些都是经济管理中、企业经营过程中常常碰到的问题。

下面我们先来讨论征税的学问。

一方面,从工厂的角度看,追求利润的最大化是企业的最终目标,实现该目标要通过控制产品的产量 q 来实现;另一方面,从政府的角度看,缴税也是企业应尽的义务,政府调节产品的税率(单位产品的税收金额)t,会导致企业的生产积极性发生变化,从而影响政府征税的总收益。

从企业方考虑:由于企业税后产品的总成本为 $C_t = C(q) + tq$,收入为 $R(q)$,所以企业的利润为

$$L_t = R(q) - C(q) - tq$$

从政府方考虑:政府征税得到的总收入是

$$T = tq$$

显然,这两方面若都想达到利润(或收入)的最大化,定税是一个很大的学问。当税率 $t = 0$ 时,$T = 0$;随着单位产品税率的增加,企业会通过产品提高产品价格将税收成本转嫁到消费者身上,这样可能导致该产品的需求量降低,当税率增大到使产品失去市场时,$q = 0$,从而也有 $T = 0$。

好奇怪的定律!

如果我们在税务部门工作,我们该怎么办呢? 如果我们在企业工作,我们又该怎么办? 请谈谈你的想法。

📄 子任务分析

如果从企业的角度分析这个问题,我们要帮其分析利润的变化情况。当利润随产品产量的增加而增加时,当然继续生产,而当产品的产量长期增加时,可能由于滞销,被迫降价销

售,单位产品利润下降;资金回笼时间增长、成本变相增加等原因导致产品的总成本增加,从而可能导致企业的利润下降。所以需要根据利润变化情况来决定生产安排。

该分析中涉及的一个中学阶段我们学习过的概念——函数的单调性,那么如何分析函数的单调性?这是需要我们解决的第一个问题。

解决了判断研究对象(函数)单调性的方法问题,还要清楚用什么方法判断利润何时比较大,何时比较小,这是需要我们解决的第二个问题。

若换位思考,政府征税也要考虑如何做才能保证税收尽可能高些。如何做到政府和企业的双赢,即如何做到企业的利润尽可能大,国家税收尽可能高,这是需要我们解决的第三个问题。

下面我们将试着从数学的角度系统分析解决这类问题的数学方法。

✏ 数学知识链接

首先,如何分析函数的单调性?

一种思路,中学的方法(在此不再赘述);

换一种思路试试? 重拾刚学习过的瞬时变化率(导数)概念,试想一下,若我们要分析的一个函数导数为正数(负数),说明什么?

研究对象(函数)的(瞬时)变化率为正,代表自变量(某因素,如产量)每增加(或减少)一个单位,对应的因变量(某因素,如利润)也增加(或减少)一定量,这说明该研究对象图像在上升。反之,如变化率为负,那说明研究对象的图像在下降!

这不正是函数的单调性问题吗? 同时也告诉我们单调性和导数的正负性似乎存在某种密切关系哟。下面详细分析一下吧!

一 函数的单调性

引例 2.11 【商品定价学问】最近小李开的淘宝店里以每件 10 元的进价购进了一批衬衫,从经验看,该衬衫的销售量近似为 $Q=80-2P$,其中 P 是衬衫的价格,单位是元。

你能不能帮小李分析一下,怎么定价才能让小李卖得越多就赚得越多;而定出什么样的价格可能导致小李赚的钱会减少?

问题分析 这一问题的决策,先要搞清楚收入和成本各是多少。

收入当然是卖的衬衫件数乘以衬衫单价;成本是卖出的衬衫件数乘以每件进价;所以,小李赚的钱就是收入减去成本。

为了表达方便,假设赚到的钱数为 $L(P)$,那么

$$L(P)=(80-2P)\times P-10\times(80-2P)=-2P^2+100P-800$$

如刚才分析的那样,可以从导数分析问题,所以先求它的导数,得

$$L'(P)=-4P+100$$

很显然,$P<25$ 元时,即小李把衬衫的价格定在区间 $(10,25]$(这里假定小李不会考虑卖的价格比 10 元还低)时,$L'(P)>0$,预示小李的经营利润的变化率为正数,这表明随着衬衫价格的增加,卖得越贵,小李赚得越多。

当 $P>25$ 元时,$L'(P)<0$,这表明小李经营衬衫的利润变化率为负数,这时会出现每多卖一件,利润反而下降的局面。这可能是因为衬衫定价过高时,因卖得太少,而使小李赚的钱越来越少。

可见淘宝上开个网店也包含很多数学方面的学问!

为了方便今后的应用,我们对上述判断函数单调性的方法做一简要的总结:

若函数 $y=f(x)$ 在区间 (a,b) 内可导,则

(1)若在 (a,b) 内 $f'(x)>0$,则 $y=f(x)$ 在区间 (a,b) 内是单调增加的;

(2)若在 (a,b) 内 $f'(x)<0$,则 $y=f(x)$ 在区间 (a,b) 内是单调减少的;

(3)若在 (a,b) 内 $f'(x)=0$ 或 $f'(x)$ 不存在,则 $y=f(x)$ 在区间 (a,b) 内不增不减。

其中,若将区间 (a,b) 换成其他各种区间(也包括无穷区间),上述结论同样成立。

注意 (1)如果有些可导函数仅在某区间内的个别点处导数等于零,其他点的导数都大于零(或小于零),则函数在该区间内仍是单调增加(或单调减少)。如 $f(x)=x^3$ 在区间 $(-\infty,+\infty)$ 内除在点 $x=0$ 处导数等于零外,在其他点处的导数都大于零,所以可以推断 $f(x)=x^3$ 在区间 $(-\infty,+\infty)$ 内仍是单调增加的。

(2)有时,函数在其整个定义域上不具有单调性,但在其各个部分区间上却具有单调性。

(3)使导数等于零的点(即方程 $f'(x)=0$ 的实根),叫作函数 $y=f(x)$ 的**驻点**,导数不存在的点,通常称之为**不可导点**。

⚇ **例题分析**

例 2.25 讨论函数 $f(x) = \frac{1}{3}x^3 + \frac{1}{2}x^2 - 2x$ 的单调性。

解 函数的定义域为 $(-\infty, +\infty)$,函数的导数 $f'(x) = x^2 + x - 2 = (x+2)(x-1)$。

令 $f'(x) = 0$,得驻点 $x_1 = -2, x_2 = 1$;$f'(x)$ 不存在时,函数无不可导点。

两驻点将 $f(x)$ 的定义域 $(-\infty, +\infty)$ 分成三个子区间 $(-\infty, -2)$,$(-2, 1)$,$(1, +\infty)$ 和点 $x = -2, x = 1$,下面用列表的形式来进行讨论(表中"↗"表示单调增加,"↘"表示单调减少),如表 2.2 所示。

表 2.2 函数的单调性

x	$(-\infty, -2)$	-2	$(-2, 1)$	1	$(1, +\infty)$
$f'(x)$	$+$	0	$-$	0	$+$
$f(x)$	↗		↘		↗

由表 2.2 可见,函数 $f(x)$ 在区间 $(-\infty, -2)$ 和 $(1, +\infty)$ 内单调增加,在区间 $(-2, 1)$ 内单调减少。

例 2.26 确定函数 $y = \sqrt[3]{x^2}$ 的单调区间。

解 函数的定义域为 $(-\infty, +\infty)$,而 $y' = \frac{2}{3\sqrt[3]{x}}$,显然当 $x = 0$ 时,函数的导数不存在;且函数没有驻点。列表讨论如表 2.3 所示。

表 2.3 函数的单调性

x	$(-\infty, 0)$	0	$(0, +\infty)$
$f'(x)$	$-$	不存在	$+$
$f(x)$	↘		↗

由表 2.3 可见,函数在区间 $(-\infty, 0)$ 内单调减少,在区间 $(0, +\infty)$ 内单调增加(见图 2.5)。

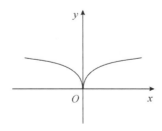

图 2.5 函数图像

例 2.27　求函数 $f(x)=\sqrt[3]{x^2}-\dfrac{2}{3}x$ 的单调区间。

解　函数的定义域为 $(-\infty,+\infty)$，函数的导数为

$$f'(x)=\frac{2}{3}x^{-\frac{1}{3}}-\frac{2}{3}=\frac{2}{3}\left[\frac{1}{\sqrt[3]{x}}-1\right]=\frac{2}{3}\left[\frac{1-\sqrt[3]{x}}{\sqrt[3]{x}}\right]$$

例 2.27 讲解
（函数的单调性）

令 $f'(x)=0$，得驻点 $x=1$；$f'(x)$ 不存在时，得不可导点 $x=0$。

点 $x=0$ 和点 $x=1$ 将函数的定义域划分为 $(-\infty,0)$，$(0,1)$，$(1,+\infty)$ 三个子区间和 $x=0$、$x=1$ 两个点，列表讨论如表 2.4 所示。

表 2.4　函数的单调性

x	$(-\infty,0)$	0	$(0,1)$	1	$(1,+\infty)$
$f'(x)$	$-$	不存在	$+$	0	$-$
$f(x)$	↘		↗		↘

由表 2.4 可见，函数 $f(x)$ 在区间 $(-\infty,0)$ 和 $(1,+\infty)$ 内单调减少，在区间 $(0,1)$ 内单调增加。

注意　判定函数 $f(x)$ 的单调性的步骤如下：

(1)确定函数的定义域；

(2)求函数的导数 $f'(x)$，并将其化为最简形式；

(3)求出函数的**驻点**（令 $f'(x)=0$）和函数的**不可导点**（导数不存在的点），由这些点将定义域分为若干子区间；

(4)根据落在定义域中的驻点和不可导点划分 $f(x)$ 的定义区间，列表考察 $f'(x)$ 在各子区间内的符号，从而判定函数的单调性；

(5)给出结论。

案例分析

案例 2.23　【工作效率】对某企业员工的工作效率研究表明，一个班次（8 小时）的中等水平员工早上 8:00 开始工作，在 t 小时后，生产的效率为

$$Q(t)=-t^3+9t^2+12t$$

试讨论该班次的生产效率。

解　工作效率由函数 $Q(t)=-t^3+9t^2+12t$ 决定，其提高与下降即为函数的单调增加与单调减少，本问题的讨论范围是 $[0,8]$。

令 $Q'(t)=-3t^2+18t+12=-3(t^2-6t-4)=0$，得驻点 $t=3+\sqrt{13}$，无对应的不可导点。函数的单调性如表 2.5 所示。

表 2.5　函数的单调性

t	$[0, 3+\sqrt{13})$	$3+\sqrt{13}$	$(3+\sqrt{13}, 8)$
$Q'(t)$	+	0	−
$Q(t)$	↗		↘

因此,当 $0 < t < 3+\sqrt{13}$ 时,工作效率是提高的;当 $3+\sqrt{13} < t < 8$ 时,工作效率是下降的。

案例 2.24　【销售定价策略】某品牌家具商为了获得更大的利润,想通过市场调查数据分析旗下家具产品的定价策略。整理调查数据,通过数据的回归知,市场对家具的需求量 q(单位:件)和家具的销售价格 p(单位:元)之间存在如下的近似关系:

$$q = 1200 - 3p$$

试在计算该品牌家具的边际收入的基础上,分析销售价格的变化会带来销售收入怎样变化,从而为家具产品的定价策略提供重要依据。

解　由题意知,总收入函数为 $R(p) = pq = p(1200 - 3p) = -3p^2 + 1200p$,易知 p 的取值范围(定义域)为 $(0, 400)$(因为 $p > 400$ 时,会出现(收)入不敷(支)出的现象)。

则边际收入函数为 $R'(p) = -6p + 1200$,令 $R'(p) = 0$,得驻点 $p = 200$;无对应的不可导点。

$p = 200$ 将函数的定义域划分为 $(0, 200)$,$(200, 400)$ 两个子区间和点 $p = 200$,如表 2.6 所示。

表 2.6　函数的单调性

p	$(0, 200)$	200	$(200, 400)$
$R'(p)$	+	0	−
$R(p)$	↗		↘

由此分析知,当家具定价小于 200 元,即 $p < 200$ 时,$R'(p) > 0$,这时函数单调递增,这表明只要定价小于 200 元时,随着价格的提高,市场需求量会有所减少,但该家具商的销售利润还是呈上升趋势;但当家具定价大于 200 元,即 $p > 200$ 时,$R'(p) < 0$,这时函数单调递减,这表明家具定价大于 200 元时,随着价格的提高,市场承受能力进一步下降,该家具销售商的销售利润会呈下降趋势。

二　函数的极值与最值

在中学时,我们除了学习过函数的单调性概念和判断方法外,还学习过函数的最值概念,我们知道函数 $y = f(x)$ 的最值指在某个指定区域内,若其函数值满足 $m \leqslant f(x) \leqslant M$,则称 M 为 $y = f(x)$ 在指定区域内的最大值,m 为 $y = f(x)$ 在指定区域内的最小值。如图 2.6 所示,函数 $y = f(x)$ 在指定区域 $[a, b]$ 上的端点 $x = b$ 处取最大值 M,在点 $x = x_2$ 处取最小值 m。

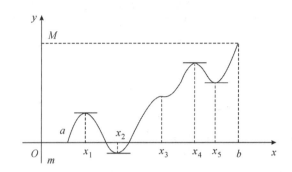

图 2.6　函数的图像

进一步观察图 2.6,发现除了点 b 和点 x_2 特殊(最值点)外,还有一些点也是比较特殊的,如点 x_1、x_3、x_4、x_5,它们对应的函数值在某一个小范围内是相对较大(较小)的,或好像是一个变化的停顿点,但这些点又和中学所讲的最值条件不符合,因此我们将重新定义这些特殊点。

设函数 $y = f(x)$ 在 $x = x_0$ 的邻域内有定义,且对此邻域内任一点 $x(x \neq x_0)$ 均有 $f(x) < f(x_0)$,则称 $f(x_0)$ 是函数 $f(x)$ 的一个**极大值**(**Maximal Value**);如果对此邻域内任一点 $x(x \neq x_0)$ 均有 $f(x) > f(x_0)$,则称 $f(x_0)$ 是函数 $f(x)$ 的一个**极小值**(**Minimal Value**)。函数的极大值与极小值统称为函数的**极值**(**Extremum**),使函数取得极值的点 $x = x_0$ 称为**极值点**。

注意　(1)函数的极大值和极小值是局部概念,即如 $f(x_0)$ 是 $f(x)$ 的极值,只是对极值点 $x = x_0$ 的左右、附近一个小范围来讲的。

(2)函数在一个区间上可能会有几个极大值和几个极小值,且其中的极大值未必比极小值要大。如极大值 $f(x_1)$ 就比极小值 $f(x_5)$ 还要小。

(3)函数的极值只能在区间内部取得。

由于函数在上升或下降时,不可能有满足极值概念的点,因此当函数 $y = f(x)$ 的导数 $f'(x) > 0$ 或 $f'(x) < 0$ 时,不可能取极值。因此,函数 $y = f(x)$ 取极值的点只可能是驻点或不可导点,但值得注意的是,并不是所有的驻点和不可导点都是极值点。如点 $x = 0$ 是函数 $f(x) = x^3$ 的一个驻点,但它却不是 $f(x) = x^3$ 的极值点。

一般地,确定函数 $y = f(x)$ 的极值点的方法有以下两种:

方法一(极值的第一充分条件)　设函数 $y = f(x)$ 在点 x_0 处连续,在 x_0 的某去心内可导。

(1)若当 $x < x_0$ 时 $f'(x) > 0$,且 $x > x_0$ 时 $f'(x) < 0$,则 x_0 是极大值点,$f(x_0)$ 是函数 $f(x)$ 的极大值;

(2)若当 $x < x_0$ 时 $f'(x) < 0$,且 $x > x_0$ 时 $f'(x) > 0$,则 x_0 是极小值点,$f(x_0)$ 是函数 $f(x)$ 的极小值;

(3)若当 $x < x_0$ 和 $x > x_0$ 时 $f'(x)$ 的符号没有发生改变,则点 x_0 不是极值点,函数 $f(x)$ 在点 x_0 处没有极值。

方法二(极值的第二充分条件)　设函数 $y = f(x)$ 在点 $x = x_0$ 处二阶可导,且 $f'(x_0) = 0$,

(1)若 $f''(x_0) < 0$,则函数 $f(x)$ 在点 x_0 处取得极大值;

（2）若 $f''(x_0)>0$，则函数 $f(x)$ 在点 x_0 处取得极小值；

（3）若 $f''(x_0)=0$，则此方法失效。

注意　使用方法二来求极值有一定的局限性，其前提是函数在点 $x=x_0$ 处二阶可导，且 x_0 只能是驻点。

例题分析

例 2.28　求函数 $f(x)=x^3-3x^2-9x+5$ 的极值。

解法一　函数的定义域为 $(-\infty,+\infty)$，
$$f'(x)=3x^2-6x-9=3(x^2-2x-3)=3(x-3)(x+1)$$
令 $f'(x)=0$，得驻点 $x_1=-1,x_2=3$；无对应的不可导点。

点 $x_1=-1$ 和点 $x_2=3$ 将函数的定义域划分为 $(-\infty,-1),(-1,3)$，$(3,+\infty)$ 三个子区间和 $x=-1$、$x=3$ 两个点，列表确定函数的单调性和极值，如表 2.7 所示。

例 2.28 方法一（函数极值的第一充分条件）

表 2.7　函数的单调性和极值

x	$(-\infty,0)$	-1	$(-1,3)$	3	$(3,+\infty)$
$f'(x)$	$+$	0	$-$	0	$+$
$f(x)$	↗	极大值	↘	极小值	↗

由表 2.7 可知，函数 $f(x)=x^3-3x^2-9x+5$ 在点 $x=-1$ 处有极大值 $f(-1)=10$，在点 $x=3$ 处有极小值 $f(3)=-22$。

解法二　函数的定义域为 $(-\infty,+\infty)$，$f'(x)=3x^2-6x-9=3(x-3)(x+1)$，

令 $f'(x)=0$，得驻点 $x_1=-1,x_2=3$；无对应的不可导点。
$$f''(x)=6x-6=6(x-1)$$
因为 $f''(-1)=-12<0$，所以函数在 $x=-1$ 处取得极大值，且 $f(-1)=10$；
因为 $f''(3)=12>0$，所以函数在 $x=3$ 处取得极小值，且 $f(3)=-22$。

例 2.28 方法二（函数极值的第二充分条件）

从解题过程看，第二种方法似乎比第一种方法简单实用，但第二种方法并不是在任何情况下都适用，例如求函数 $f(x)=x^4$ 的极值，如果用第二种方法求解，易知其定义域为 $(-\infty,+\infty)$，由 $f'(x)=4x^3$ 知其驻点为 $x=0$，但由于 $f''(x)=12x^2$，导致 $f''(0)=0$。因此这时方法二就失效了，此时我们必须重新用方法一求解。

例 2.29　求函数 $f(x)=x^4-2x^2+5$ 的极值。

解　函数 $f(x)$ 的定义域为 $(-\infty,+\infty)$，$f'(x)=4x^3-4x=4x(x+1)(x-1)$，

令 $f'(x)=0$，得驻点 $x_1=-1,x_2=0,x_3=1$；无不可导点，因此选择方法二求解。
$f''(x)=12x^2-4$，因为 $f''(-1)=8>0,f''(0)=-4<0,f''(1)=8>0$，
故函数 $f(x)$ 有极大值 $f(0)=5$，极小值 $f(\pm1)=4$。

例 2.30 求函数 $f(x)=(x^2-4)^{\frac{1}{3}}$ 的极值。

解 函数的定义域为 $(-\infty,+\infty)$，因为 $f'(x)=\dfrac{4x}{3\sqrt[3]{x^2-4}}$，

令 $f'(x)=0$，得驻点 $x=0$。当 $x=\pm2$ 时 $f'(x)$ 不存在，因此 $x=\pm2$ 是不可导点。因此只能选择方法一求函数的极值，列表讨论如表 2.8 所示。

表 2.8　函数的单调性和极值

x	$(-\infty,-2)$	-2	$(-2,0)$	0	$(0,2)$	2	$(2,+\infty)$
$f'(x)$	$-$	不存在	$+$	0	$-$	不存在	$+$
$f(x)$	↘	极小值	↗	极大值	↘	极小值	↗

故当 $x=0$ 时，函数 $f(x)$ 有极大值 $\sqrt[3]{16}$，当 $x=\pm2$ 时，函数 $f(x)$ 有极小值 0。

对给定的函数 $y=f(x)$，若已求出其在指定区域 $[a,b]$ 上的所有极值，则可通过比较极值与端点值的大小关系求出函数 $y=f(x)$ 在指定区域 $[a,b]$ 上的最值。具体方法如下：

（1）求出 $f'(x)$；

（2）求出区间 (a,b) 内使 $f'(x)=0$ 或 $f'(x)$ 不存在的点 x_i（即驻点和不可导点）；

（3）求出区间端点的函数值 $f(a)$、$f(b)$ 以及 $f(x_i)$；

（4）比较上述各函数值的大小，其中最大者是 $y=f(x)$ 在 $[a,b]$ 上的最大值，最小者即是最小值。

数学中的最值问题反映到实际问题中就是最优问题，如我们经常喝的易拉罐（如可口可乐、健力宝等大饮料公司出售的易拉罐），大家想过它的半径与高的比例为什么是这样的吗？这其中包含了数学的最值理论！其实在生活和工作中，我们可能常常会遇到求产量最大、用料最省、成本最低、效率最高等问题，只是有时我们没有注意到，有时我们没有想到用数学方法去思考这类问题罢了。数学上的最大值和最小值问题，在现实中统称为优化问题。

注意 （1）最值（最大值、最小值）是函数 $f(x)$ 在闭区间 $[a,b]$ 上的整体概念，而极值（极大值、极小值）是函数 $f(x)$ 在某点的邻域内的局部概念。

（2）如果函数 $f(x)$ 在一个开区间内连续且有唯一的极值点 x_0，则当 $f(x_0)$ 为极大值时，$f(x_0)$ 就是 $f(x)$ 在该区间上的最大值；当 $f(x_0)$ 为极小值时，$f(x_0)$ 就是 $f(x)$ 在该区间上的最小值。

例题分析

例 2.31 求函数 $f(x)=x^3-6x^2+9x$ 在区间 $[2,5]$ 上的最大值和最小值。

解 因为 $f'(x)=3x^2-12x+9=3(x^2-4x+3)=3(x-3)(x-1)$，

令 $f'(x)=0$ 得驻点 $x_1=1$（舍去），$x_2=3$，

且 $\qquad f(2)=2,f(3)=0,f(5)=20$

经比较，得函数的最大值为 $f(5)=20$，最小值为 $f(3)=0$。

函数的最值

例 2.32 求函数 $f(x) = \dfrac{x}{x^2+1} (x>0)$ 的最值。

解 因为 $f'(x) = \dfrac{x'(x^2+1)-x(x^2+1)'}{(x^2+1)^2} = -\dfrac{x^2-1}{(x^2+1)^2} = -\dfrac{(x-1)(x+1)}{(x^2+1)^2}$,

令 $f'(x)=0$ 得唯一驻点 $x=1$。列表如表 2.9 所示。

表 2.9 函数的极值

x	$(0,1)$	1	$(1,+\infty)$
$f'(x)$	+	0	-
$f(x)$	↗	极大值	↘

因此，$f(1)=\dfrac{1}{2}$ 是函数的极大值，也即最大值。

故该函数的最大值是 $f(1)=\dfrac{1}{2}$，无最小值。

案例分析

案例 2.25 【小屋的面积】某车间靠墙壁要盖一间长方形的小屋，现有存砖只够砌 20m 长的墙壁，问：围成怎样的长方形才能使这小屋的面积最大？

解 设该小屋的宽为 xm，面积为 sm²，则长为 $(20-2x)$m，其中 $x \in (0,10)$

于是
$$s = x(20-2x) = -2x^2+20x$$
$$s' = -4x+20$$

令 $s'=0$ 得唯一驻点 $x=5$。又因为 $s''=-4<0$，因此 $x=5$ 是极大值也就是最大值。即长方形的长为 10m，宽为 5m 时这小屋的面积最大。

案例 2.26 【方盒的容积】将边长为 a 的一块正方形铁皮的四角各截去一个大小相同的小正方形，然后将四边折起做成一个无盖的方盒。问：截掉的小正方形为多大时，所得方盒的容积最大？

函数最值的应用

解 如图 2.7 所示，设小正方形的边长为 x，则盒底的边长为 $a-2x$，则方盒的容积为
$$V = x(a-2x)^2$$
$$= 4x^3 - 4ax^2 + a^2x, x \in \left(0, \dfrac{a}{2}\right)$$

求得
$$V' = 12x^2 - 8ax + a^2 = (2x-a)(6x-a)$$

令 $V'=0$，得唯一驻点 $x=\dfrac{a}{6}$。且 $V''=24x-8a, V''\left(\dfrac{a}{6}\right)<0$，因

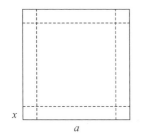

图 2.7 正方形铁皮

此在 $x=\dfrac{a}{6}$ 处函数有极大值，也即最大值。故截掉的小正方形边长为

$\dfrac{a}{6}$ 时，所得方盒的容积最大。

案例 2.27 【输出功率】如图 2.8 所示，已知电源的电压为 U，内阻为 r，问：负载电阻 R

为多大时,输出功率最大?

解　根据输出功率公式 $P=I^2R=\left(\dfrac{U}{r+R}\right)^2R$

得 $P=U^2\dfrac{R}{(r+R)^2}$,求导得 $P'=U^2\dfrac{r-R}{(r+R)^3}$

令 $P'=0$ 得唯一驻点 $R=r$。(下面说明 $R=r$ 是函数的极值点,由于本题 P'' 不易求,故选择用方法一求极值)。列表如表 2.10 所示。

图 2.8　电路图

表 2.10　函数的极值

R	$(0,r)$	r	$(r,+\infty)$
$P'(R)$	$+$	0	$-$
$P(R)$	↗	极大值	↘

故 $R=r$ 时输出功率最大。

案例 2.28　【**最大利润原则**】已知某产品的价格近似为函数 $p=10-\dfrac{q}{5}$,总成本函数为 $C(q)=50+2q$,试分析该产品的产量控制在多少时,利润能达到最大? 从中你是否能总结出企业利润最大化的基本原则?

解　由价格函数,可得企业的总收益函数 $R(q)$ 为

$$R(q)=p\cdot q=\left(10-\dfrac{q}{5}\right)q=10q-\dfrac{q^2}{5}$$

所以,该产品的总利润函数 $L(q)$ 为

$$L(q)=R(q)-C(q)=-\dfrac{q^2}{5}+8q-50$$

函数的导数为

$$L'(q)=-\dfrac{2q}{5}+8$$

令 $L'(q)=0$,得唯一驻点 $q=20$。又因为

$$L''(q)=-\dfrac{2}{5}<0$$

所以,当销售量为 20 个单位时,总利润最大。

一般地,企业要实现产品利润最大化,必须坚持如下两条原则:

(1) $R'(q)=C'(q)$;　　　　　　　　　　(2) $R''(q)<C''(q)$。

此原则称为最大利润原则。

案例 2.29　【**税收的学问**】某商品的需求量 q_1 是价格 p 的函数,$q_1=100(5-p)$。而该商品供给量 q_2 是价格 p 和每单位商品税额 t 的函数,$q_2=200(p-t-1)$,试求:

(1)当供需平衡时销售量 q 与税额 t 的关系;

(2)当 t 为何值时,税收总额最大?

解　(1)在供需平衡时,有销售量 q 与需求量 q_1 和供给量 q_2 相等,即 $q=q_1=q_2$,

所以　　　　　　　　　　　$100(5-p)=200(p-t-1)$

得
$$p = \frac{2}{3}t + \frac{7}{3}$$

于是
$$q = 100(5-p) = 100\left(5 - \frac{2}{3}t - \frac{7}{3}\right) = \frac{200}{3}(4-t)$$

（2）设税收总额为 T，则
$$T(t) = t \cdot q = \frac{200}{3}(4-t)t = \frac{200}{3}(4t - t^2)$$

$$T'(t) = \frac{400}{3}(2-t)$$

令 $T'(t) = 0$，得唯一驻点 $t = 2$。所以当每单位商品的税额定为 2 个单位时，税收总额达到最大值 $\frac{800}{3}$ 个单位。

想一想　练一练（四）

小测试

1．求下列函数的单调区间：

（1）$y = 2x + \dfrac{8}{x}$；

（2）$y = x + \sqrt{1-x}$；

（3）$y = 2x^3 - 3x^2 - 36x$；

（4）$y = \dfrac{x}{1+x^2}$。

2．求下列函数的极值点和极值：

（1）$y = x^3 - 6x^2 + 9x - 4$；

（2）$y = x - \ln(1+x)$；

（3）$y = \dfrac{3}{8}x^{\frac{4}{3}} - \dfrac{3}{2}x^{\frac{2}{3}}$。

3．求下列函数在所给区间上的最大值和最小值：

（1）$f(x) = 3x^4 + 4x^3 + 2$　$[-2,1]$；　　（2）$f(x) = x + \sqrt{1-x^2}$　$[-1,1]$；

（3）$f(x) = (x-1) \cdot \sqrt[3]{x^2}$　$\left[-1, \dfrac{1}{2}\right]$。

4．用长为 18cm 的钢条围成一个长方体形状的框架，要求长方体的长与宽之比为 2：1，问：该长方体长、宽、高各为多少时，其体积最大？最大体积为多少？

5．某企业的总成本和总收入函数分别为 $C(Q) = 1000 + 5Q + \dfrac{Q^2}{10}$，$R(Q) = 200Q + \dfrac{Q^2}{20}$，其中，$Q$ 为产量，单位为件，总成本和总收入的单位为元。试分析生产多少单位产品，才能获得最大利润。

6．如图 2.9，有甲、乙两个工厂，甲厂位于一直线河岸的岸边 A 处，乙厂与甲厂在河的同侧，乙厂位于离河岸 40km 的 B 处，乙厂到河岸的垂足 D 与 A 相距 50km，两厂要在此岸边合建一个供水站 C，从供水站到甲厂和乙厂的水管费用分别为每千米 $3a$ 元和 $5a$ 元，问供水站 C 建在岸边何处才能使水管费用最省？

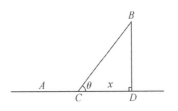

图 2.9　工厂位置

7．设某商家销售某种商品的价格满足关系式 $P(Q) = 7 - 0.2Q$（万元/吨），商品的成本函数为 $C(Q) = 3Q + 1$（万元），其中 Q 为销售量。

（1）若每一吨商品政府要征税 t 万元，求该商家利润最大时的销售量；

（2）t 为何值时，政府税收总额最大。

数学知识拓展

一 诺必达法则

如果当 $x \rightarrow x_0$（或 $x \rightarrow \infty$）时，函数 $f(x)$ 与 $g(x)$ 都趋于零或都趋于无穷大，那么极限 $\lim\limits_{x \rightarrow x_0} \dfrac{f(x)}{g(x)}$ 可能存在，也可能不存在，通常称这种形式的极限为未定式，并分别简记为 $\dfrac{0}{0}$ 型或 $\dfrac{\infty}{\infty}$ 型，求未定式的极限除了可以用前面的求极限常用方法外，还可以采用诺必达法则求极限。

若函数 $f(x)$ 与 $g(x)$ 满足条件：

（1）在点 x_0 的某一个邻域内（点 x_0 可以除外）有定义，且 $\lim\limits_{x \rightarrow x_0} f(x) = 0$，$\lim\limits_{x \rightarrow x_0} g(x) = 0$（或 $\lim\limits_{x \rightarrow x_0} f(x) = \infty$，$\lim\limits_{x \rightarrow x_0} g(x) = \infty$）同时成立；

（2）$f'(x)$、$g'(x)$ 在该邻域内都存在，且 $g'(x) \neq 0$；

（3）$\lim\limits_{x \rightarrow x_0} \dfrac{f'(x)}{g'(x)}$ 存在（或为 ∞）。

则
$$\lim\limits_{x \rightarrow x_0} \dfrac{f(x)}{g(x)} = \lim\limits_{x \rightarrow x_0} \dfrac{f'(x)}{g'(x)}$$

注意 （1）当 $x \rightarrow x_0$ 改为 $x \rightarrow x_0^+$，$x \rightarrow x_0^-$，$x \rightarrow \infty$，$x \rightarrow +\infty$，$x \rightarrow -\infty$ 时，若其他条件仍然成立，则上述结论仍然正确；

（2）若 $\lim\limits_{x \rightarrow x_0} \dfrac{f'(x)}{g'(x)}$ 仍为 $\dfrac{0}{0}$ 型或 $\dfrac{\infty}{\infty}$ 型，仍可继续利用诺必达法则求极限，即
$$\lim\limits_{x \rightarrow x_0} \dfrac{f(x)}{g(x)} = \lim\limits_{x \rightarrow x_0} \dfrac{f'(x)}{g'(x)} = \lim\limits_{x \rightarrow x_0} \dfrac{f''(x)}{g''(x)}$$

（3）诺必达法则不是万能的，当利用诺必达法则求极限失效或为循环形式时，可以利用前面的方法求极限，任何情况下，诺必达法则和前面介绍的求极限方法可以交叉运用；

（4）碰到其他形式的未定式，如 $0 \cdot \infty$ 型，$\infty - \infty$ 型，∞^0 型和 0^0 型，都可以转化为 $\dfrac{0}{0}$ 型或 $\dfrac{\infty}{\infty}$ 型未定式，然后利用诺必达法则求极限。

例题分析

例 2.33 求下列极限：

（1）$\lim\limits_{x \rightarrow 0} \dfrac{\sqrt{1+x} - 1}{x}$；

（2）$\lim\limits_{x \rightarrow +\infty} \dfrac{\dfrac{\pi}{2} - \arctan x}{\dfrac{1}{x}}$；

例 2.33 讲解
（诺必达法则）

(3) $\lim\limits_{x \to +\infty} \dfrac{x^n}{\mathrm{e}^x}$（$n$ 为正整数）；　　(4) $\lim\limits_{x \to 0^+} \dfrac{\ln\cot x}{\ln x}$。

解　(1) 这是 $\dfrac{0}{0}$ 型未定式，运用诺必达法则，得

$$\lim_{x \to 0} \frac{\sqrt{1+x}-1}{x} = \lim_{x \to 0} \frac{1}{2\sqrt{1+x}} = \frac{1}{2}$$

(2) 这是 $\dfrac{0}{0}$ 型未定式，运用诺必达法则，得

$$\lim_{x \to +\infty} \frac{\dfrac{\pi}{2}-\arctan x}{\dfrac{1}{x}} = \lim_{x \to +\infty} \frac{-\dfrac{1}{1+x^2}}{-\dfrac{1}{x^2}} = \lim_{x \to +\infty} \frac{x^2}{1+x^2} = 1$$

(3) 这是 $\dfrac{\infty}{\infty}$ 型未定式，运用诺必达法则，得

$$\lim_{x \to +\infty} \frac{x^n}{\mathrm{e}^x} = \lim_{x \to +\infty} \frac{nx^{n-1}}{\mathrm{e}^x} = \cdots = \lim_{x \to +\infty} \frac{n!}{\mathrm{e}^x} = 0$$

(4) 这是 $\dfrac{\infty}{\infty}$ 型未定式，运用诺必达法则，得

$$\lim_{x \to 0^+} \frac{\ln\cot x}{\ln x} = \lim_{x \to 0^+} \frac{\dfrac{1}{\cot x} \cdot (-\csc^2 x)}{\dfrac{1}{x}} = \lim_{x \to 0^+} -\frac{x}{\sin x \cos x} = -\lim_{x \to 0^+} \frac{x}{\sin x} \cdot \frac{1}{\cos x} = -1$$

例 2.34　求下列极限：

(1) $\lim\limits_{x \to 0^+} x^2 \ln x$；　　　　　　　　(2) $\lim\limits_{x \to 1}\left(\dfrac{x}{x-1}-\dfrac{1}{\ln x}\right)$；

(3) $\lim\limits_{x \to 0^+} x^{\sin x}$；　　　　　　　　　(4) $\lim\limits_{x \to +\infty} \dfrac{\sqrt{1+x^2}}{x}$。

解　(1) 这是 $0 \cdot \infty$ 型未定式，先将其转化为 $\dfrac{\infty}{\infty}$，再运用诺必达法则，得

$$\lim_{x \to 0^+} x^2 \ln x = \lim_{x \to 0^+} \frac{\ln x}{\dfrac{1}{x^2}} = \lim_{x \to 0^+} \frac{\dfrac{1}{x}}{-\dfrac{2}{x^3}} = -\lim_{x \to 0^+} \frac{x^2}{2} = 0$$

(2) 这是 $\infty-\infty$ 型未定式，先将其通分转化为 $\dfrac{0}{0}$，再运用诺必达法则，得

$$\lim_{x \to 1}\left(\frac{x}{x-1}-\frac{1}{\ln x}\right) = \lim_{x \to 1} \frac{x\ln x - x + 1}{(x-1)\ln x}$$

$$= \lim_{x \to 1} \frac{1+\ln x - 1}{\dfrac{x-1}{x}+\ln x} = \lim_{x \to 1} \frac{\dfrac{1}{x}}{\dfrac{1}{x^2}+\dfrac{1}{x}} = \frac{1}{2}$$

(3) 这是 0^0 型未定式，先取对数，再将其指数部分转化为 $\dfrac{0}{0}$，最后运用诺必达法则，得

$$\lim_{x \to 0^+} x^{\sin x} = \lim_{x \to 0^+} \mathrm{e}^{\ln x^{\sin x}} = \lim_{x \to 0^+} \mathrm{e}^{\sin x \ln x}$$

$$= \mathrm{e}^{\lim\limits_{x \to 0^+} \frac{\ln x}{\csc x}} = \mathrm{e}^{\lim\limits_{x \to 0^+} \frac{\frac{1}{x}}{-\csc x \cot x}} = \mathrm{e}^{\lim\limits_{x \to 0^+} \frac{\sin^2 x}{x \cos x}} = 1$$

（4）这是 $\dfrac{\infty}{\infty}$ 型未定式，运用诺必达法则，得

$$\lim_{x \to +\infty} \frac{\sqrt{1+x^2}}{x} = \lim_{x \to +\infty} \frac{x}{\sqrt{1+x^2}} = \lim_{x \to +\infty} \frac{\sqrt{1+x^2}}{x} = \cdots$$

此时无法利用诺必达法则求极限，但如果利用前面的方法（分子分母同除以 x 的最高次）则可以解决：

$$\lim_{x \to +\infty} \frac{\sqrt{1+x^2}}{x} = \lim_{x \to +\infty} \frac{\sqrt{\dfrac{1}{x^2}+1}}{1} = 1$$

所以说诺必达法则不是万能的，当利用诺必达法则求极限出现循环形式时，利用前面的方法却可能求出该未定式的极限。

想一想　练一练（五）

求下列极限：

（1）$\displaystyle\lim_{x \to \frac{\pi}{2}} \frac{\cos x}{x - \dfrac{\pi}{2}}$；

（2）$\displaystyle\lim_{x \to 0} \frac{x - \sin x}{x^3}$；

（3）$\displaystyle\lim_{x \to 1} \frac{x^3 - 3x + 2}{x^3 - x^2 - x + 1}$；

（4）$\displaystyle\lim_{x \to \frac{\pi}{2}} \frac{\ln\left(\dfrac{\pi}{2} - x\right)}{\tan x}$；

（5）$\displaystyle\lim_{x \to \infty} x\left(e^{\frac{1}{x}} - 1\right)$；

（6）$\displaystyle\lim_{x \to 0} \left(\frac{1}{x} - \frac{1}{e^x - 1}\right)$。

莱布尼兹与微积分

莱布尼茨与微积分

第三章

总量的数学分析与计算

🌐 学习目标

【能力培养目标】

1. 会将实际问题中的概念与积分概念进行互译；
2. 会利用积分解决相关的实际问题；
3. 会利用积分做出管理及加工生产问题的最优决策。

【知识学习目标】

1. 理解原函数、定积分、不定积分等概念；
2. 掌握积分的计算方法；
3. 掌握微元法及其应用。

📑 工作任务

航通公司根据公司近几年的经营数据，决定扩大生产规模，但是引进一条新的生产线需要前期投入 100 万元左右，而且生产线的建设期至少要一年，如果建成后立即投入生产，能马上开始产生经济效益。预期新的生产线收益是均匀货币流，年流量约为 30 万元。

从企业现有的经营状况看，前期投资需要以连续复利、年利率为 10％ 的方式向银行贷款。

在企业后期经营不出现问题的前提下，收回投资的时间短，当然是航通公司决策层所希望看到的局面。作为公司的财务主管、公司里的决策者之一，你打算如何用数据说话？

请谈谈你的想法。

🔍 工作分析

要解决航通公司对新生产线投入成本收回时间预期，需要分析清楚以下几方面的问题：

(1)按均匀货币流状态产生的收益，到一定期限后的期末价值如何计算；
(2)给定的期末价值的贴现价值如何计算；
(3)如何理解与计算投资成本与投资收益的关系。

要解决相关问题，做出科学决策，除了必须具备相关的专业能力和知识外，还需要具备以下几方面的数学知识：

(1)连续复利的计算；
(2)定积分的思想与概念；
(3)定积分的计算、不定积分的计算。

📖 知识平台

1. 定积分、原函数和不定积分的概念；
2. 不定积分和定积分的性质；

3. 不定积分和定积分的计算;

4. 微元法与定积分的应用;

5. 数学模型的建立与求解分析。

第一节　总量分析的数学思想方法

子任务导入

企业的生产线(设备)都有一定的使用年限,而且随着时间的推移,生产线(设备)产生的收益会相对越来越少(由于检修时间加长等因素导致生产效率下降;由于生产线(设备)老化导致生产的产品合格率下降等),总体呈现下降趋势;而生产线(设备)的生产成本相对越来越大(由于检修、更换零部件等),这时会出现一个管理决策问题:

生产线(设备)到什么状态(时间)更新合适? 是按中国的俗话——"新三年,旧三年,缝缝补补又三年"用到不能再用为止,还是看起来比较新时就"败家子"似的把生产线(设备)淘汰了? 这个时间点淘汰,该生产线能为企业产生多少利润? 最大的利润约为多少?

如果请你来参与该项决策方案的讨论工作,你打算如何分析这个问题呢? 你准备给老板和领导层什么样的建议和解释?

谈谈你的想法:

子任务分析

在这个问题中,成本是一个随时间变化而递增的函数,而且成本的变化率也是一个增函数;相反收入却是一个随时间推移而递减的函数,而且收入的变化率也是一个减函数。因此,利润的变化率＝收入的变化率－成本的变化率,收入的变化率不断递减,而成本的变化率不断递增,这样发展下去总有一个时刻,生产线(设备)产生的收入和费用持平,此时如果生产线(设备)再使用下去,就会出现收入小于成本的现象,导致亏损出现,这时生产线(设备)就要停产了。另一方面由于收入和成本的变化率不是恒定不变的,两者之间的关系大约可以表示为图 3.1 所示形式。

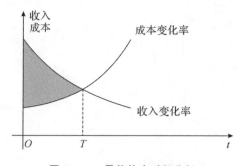

图 3.1　最佳停产时间分析

生产线(设备)淘汰的时间确定后,我们还要分析决策过程中需要确定的一个问题:该生产线(设备)共给企业带来了多少利润?

要解决这个问题,只需要根据收入变化率(单位时间收入的改变量)×生产线(设备)的使用时间长度,就可以算出其给企业带来的总收入;类似地,成本变化率(单位时间成本的改变量)×生产线(设备)的使用时间长度,就可以算出其给企业产生的总成本,两者的差值即为该生产线(设备)给企业带来的总利润。结合图 3.1 分析,实质上就是要求图中阴影部分的面积。

从子任务分析情况看,解决类似问题的核心是如何计算不规则形状下图形的面积。这要求我们具备积分的相关知识和利用积分解决实际问题的能力。

✏️ **数学知识链接**

通过前面的学习,我们已具备分析事物的发展变化趋势和发展变化率的能力。但在实际问题中,我们可能会碰到相反的问题,即已知事物变化率的前提下,需要定量分析计算相关实际问题的总量。这时需要用到的对应的数学知识为积分。

一 积分的概念

引例 3.1 【曲边梯形的面积】某种零部件的表面形状是曲边梯形(见图 3.2),如何计算该曲边梯形的面积呢?

问题分析 由于曲边梯形在底边上各点的高是变量,所以矩形、梯形等规则图形的面积公式都是无法直接利用的,对此只好采用"近似逼近"的方法来解决。

如何求曲边
梯形的面积

为了计算曲边梯形的面积,需按如下思路进行:

第一步,分割——化整为零。在 (a,b) 内任意插入 $n-1$ 个分点:

$a = x_0 < x_1 < x_2 < \cdots < x_{i-1} < x_i < \cdots < x_{n-1} < x_n = b$,将区间 $[a,b]$ 分成 n 个子区间 $[x_1,x_2]$,$[x_2,x_3]$,$\cdots$,$[x_{i-1},x_i]$,$\cdots$,$[x_{n-1},x_n]$,其中第 i 个小区间长度为 $\Delta x_i = x_i - x_{i-1}(i=1,2,\cdots,n)$,过各分点 $x_i(i=1,2,\cdots,n-1)$ 作 x 轴的垂线,将曲边梯形分割成 n 个

小曲边梯形,如图3.3所示。

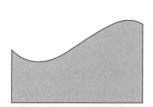

图3.2 零部件表面曲边梯形

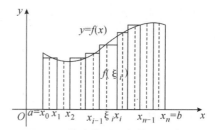

图3.3 曲边梯形面积的近似分析

第二步,替代——以直代曲。 在每个子区间 $[x_{i-1},x_i]$ 上任取一点 $\xi_i(x_{i-1}\leqslant\xi_i\leqslant x_i)$,并用以 Δx_i 为宽、以 $f(\xi_i)$ 为高的小矩形面积近似代替小曲边梯形的面积,即

$$\Delta A_i \approx f(\xi_i) \cdot \Delta x_i \quad (i=1,2,\cdots,n)$$

第三步,求和——积零为整。 用这 n 个小矩形面积之和近似代替曲边梯形的面积 A,即

$$A = \sum_{i=1}^{n}\Delta A_i \approx \sum_{i=1}^{n}f(\xi_i) \cdot \Delta x_i$$

第四步,取极限——近似变精确。 记 $\lambda = \max_{1\leqslant i\leqslant n}\{\Delta x_i\}$,则当 $\lambda \to 0$ 时,上述和式的极限就是曲边梯形的面积,即

$$A = \lim_{\lambda\to 0}\sum_{i=1}^{n}f(\xi_i) \cdot \Delta x_i$$

引例 3.2 【企业总收入】 大型企业集团的收入是随时流入的。因此,这一收入可以表示为一个连续的收入流。设 $p(t)$ 为收入流在时刻 t 的变化率(单位:元/年),如何计算从现在 $(t_0=0)$ 到 T 年的总收入?

问题分析 在处理这一问题时,考虑到时间因素,就需要计算这一收入的现值。设利息以连续复利计算,从 $t_0=0$ 到 T 年内的利率为 r,则可结合图3.4,按以下思路计算。

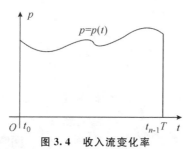

图3.4 收入流变化率

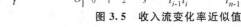

图3.5 收入流变化率近似值

第一步,分割——化整为零。 用分点 $0=t_0<t_1<t_2<\cdots<t_n=T$ 把区间 $[0,T]$ 划分为 n 个小区间:$[t_0,t_1],[t_1,t_2],\cdots,[t_{n-1},t_n]$,其中第 i 个小区间长度为 $\Delta t_i=t_i-t_{i-1}(i=1,2,\cdots,n)$。

第二步,替代——以直代曲。 当每个 Δt_i 都很小时,可以认为收入流的变化率在 $[t_{i-1},t_i]$ 上的变化不大,任取 $\xi_i\in[t_{i-1},t_i]$,则 $p(\xi_i)$ 可近似看作 $[t_{i-1},t_i]$ 上的收入流的变化率,如图3.5所示。于是在 $[t_{i-1},t_i]$ 上的收入 $\approx$ 收入流的变化率$\times$时间 $\approx p(\xi_i)\Delta t_i(i=1,2,\cdots,n)$。从现在 $(t_0=0)$ 开始,这笔收入是在第 ξ_i 年时取得的,需要把这笔收入折成现值。所以在 $[t_{i-1},t_i]$ 上的收入 $\Delta R_i \approx p(\xi_i)\Delta t_i\mathrm{e}^{-r\xi_i}(i=1,2,\cdots,n)$。

第三步，求和——积零为整。把所有小区间上收入的现值相加，得到从 $t_0 = 0$ 到 T 年该公司总收入现值 R 的近似值：

$$R \approx \sum_{i=1}^{n} p(\xi_i) e^{-r\xi_i} \Delta t_i$$

第四步，取极限——近似变精确。记 $\lambda = \max\limits_{1 \leqslant i \leqslant n}\{\Delta t_i\}$，当 $\lambda \to 0$ 时，上述和式的极限就是总收入的现值 R，即

$$R = \lim_{\lambda \to 0} \sum_{i=1}^{n} p(\xi_i) e^{-r\xi_i} \Delta t_i$$

上面两个例子不尽相同，但解决问题的思想方法完全一致：经过"分割、替代、求和、取极限"等过程，最终都变为求某一和式的极限，数学将这类思想方法称为求定积分。

设函数 $f(x)$ 在区间 $[a,b]$ 上连续，分点 $a = x_0 < x_1 < x_2 < \cdots < x_n = b$ 把区间 $[a,b]$ 划分为 n 个小区间：$[x_1, x_2], [x_2, x_3], \cdots, [x_{n-1}, x_n]$，其中第 i 个小区间长度为 $\Delta x_i = x_i - x_{i-1}(i = 1, 2, \cdots, n)$，记 $\lambda = \max\limits_{1 \leqslant i \leqslant n}\{\Delta x_i\}$。在每个小区间上任取一点 ξ_i（$\xi_i \in [x_{i-1}, x_i]$），作乘积 $f(\xi_i) \cdot \Delta x_i(i = 1, 2, \cdots, n)$ 的和式 $\sum\limits_{i=1}^{n} f(\xi_i) \cdot \Delta x_i$。

若当 $\lambda \to 0$ 时，上述和式的极限存在（即这个极限值与区间 $[a,b]$ 的分割及点 ξ_i 的取法均无关），则称此极限值为函数 $f(x)$ 在区间 $[a,b]$ 上的**定积分**（**Definite Integral**），记作 $\int_a^b f(x) \mathrm{d}x$。即

$$\int_a^b f(x) \mathrm{d}x = \lim_{\lambda \to 0} \sum_{i=1}^{n} f(\xi_i) \cdot \Delta x_i$$

其中，$f(x)$ 称为被积函数；$f(x)\mathrm{d}x$ 称为被积表达式；x 称为积分变量；a 称为积分下限；b 称为积分上限；$[a,b]$ 称为积分区间。

根据该定义，引例 3.1 和引例 3.2 这两个实际问题分别可以用定积分表示为

$$A = \int_a^b f(x) \mathrm{d}x$$

$$R = \int_0^T p(t) e^{-rt} \mathrm{d}t$$

根据引例 3.1，从几何的角度看，当被积函数 $f(x) \geqslant 0$ 时，如图 3.6 所示，定积分 $\int_a^b f(x) \mathrm{d}x$ 表示曲边梯形的面积。

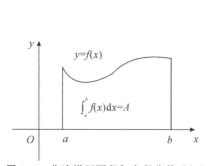

图 3.6　曲边梯形面积与定积分关系（1）

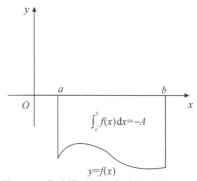

图 3.7　曲边梯形面积与定积分关系（2）

当被积函数 $f(x) \leqslant 0$ 时,如图 3.7 所示,由于在定积分 $\int_a^b f(x)\mathrm{d}x = \lim\limits_{\lambda \to 0} \sum\limits_{i=1}^n f(\xi_i) \cdot \Delta x_i$ 右端的和式中,$f(\xi_i) \leqslant 0$,而 $\Delta x_i > 0$,此时定积分为负值或零,所以 $\int_a^b f(x)\mathrm{d}x$ 表示曲边梯形的面积的相反数。

虽然利用定积分的定义可以解决相关问题,但从定义中可以看到,其计算过程烦琐,在实际计算中,我们通常利用数学家已证明的定理——**牛顿—莱布尼兹公式(Newton-Leibniz Formula)**求函数的定积分:

$$\int_a^b f(x)\mathrm{d}x = F(x)\Big|_a^b = F(b) - F(a)$$

其中,$F(x)$ 为被积函数 $f(x)$ 的一个原函数。

牛顿—莱布尼兹公式为连续函数的定积分计算提供了一个简捷有效的方法——通过求被积函数的原函数,再将上、下限代入求其差,即解决了定积分计算的问题。

那什么是被积函数的原函数呢?

如果在区间 I 上,对任一点 $x \in I$,都有

$$F'(x) = f(x)$$

则称函数 $F(x)$ 为 $f(x)$ 在区间 I 上的一个**原函数(Antiderivative)**。

函数 $f(x)$ 如果有原函数,那么它的原函数不唯一,例如,x^2、x^2+2、$x^2-\sqrt{3}$、…都是 $2x$ 的原函数。同时可以证明,一个函数 $f(x)$ 的不同原函数之间只相差一个常数 C,所以 $f(x)$ 的全体原函数可记为 $F(x) + C$(C 为任意常数)。

一般地,函数 $f(x)$ 的全体原函数称为函数 $f(x)$ 的**不定积分(Indefinite Integral)**,记为 $\int f(x)\mathrm{d}x$,即

$$\int f(x)\mathrm{d}x = F(x) + C,\ 其中\ F'(x) = f(x)$$

其中的 x 叫作积分变量,$f(x)$ 叫被积函数,$f(x)\mathrm{d}x$ 叫被积表达式,C 叫积分常数,"$\int$"叫积分号。

显然,不定积分的本质是求被积函数的原函数,是导数运算的逆运算。例如,求 $\int 6x^2 \mathrm{d}x$,只要先找出 $6x^2$ 的一个原函数为 $2x^3$,则 $\int 6x^2 \mathrm{d}x = 2x^3 + C$。

不定积分和定积分之间具有如下基本关系:

(1) $\left[\int f(x)\mathrm{d}x\right]' = f(x)$ 或 $\mathrm{d}\left[\int f(x)\mathrm{d}x\right] = f(x)\mathrm{d}x$;

(2) $\int F'(x)\mathrm{d}x = F(x) + C$ 或 $\int \mathrm{d}F(x) = F(x) + C$。

以上这两个性质表明,从运算的角度看,不定积分与导数(微分)互为逆运算,对一个函数先积分后求导(微分),结果是两者相互抵消,仍为原来的被积函数;先求导(微分)后积分,结果是在原被积函数的基础上加一个常数 C。

(3) $\int f(x)\mathrm{d}x$ 是被积函数 $f(x)$ 的全体原函数,本质上是函数;而定积分 $\int_a^b f(x)\mathrm{d}x$ 是一个和式的极限,本质是一个常数。

二 积分的性质

为了更好地"认识"定积分和不定积分,下面简单介绍定积分和不定积分的性质:

(1) $\int_a^b [f(x) \pm g(x)]dx = \int_a^b f(x)dx \pm \int_a^b g(x)dx$。

(2) $\int_a^b kf(x)dx = k\int_a^b f(x)dx$ (k 为常数)。

(3)如果在区间 $[a,b]$ 上 $f(x) \equiv 1$,则 $\int_a^b 1dx = b - a$。

(4)如果 $a < c < b$,则 $\int_a^b f(x)dx = \int_a^c f(x)dx + \int_c^b f(x)dx$。

注意   对于 a、b、c 三点的任何其他相对位置,上述性质仍成立。

(5) $\int_a^b f(x)dx = -\int_b^a f(x)dx$。

特别地,当 $a = b$ 时,有 $\int_a^a f(x)dx = 0$。

在不定积分中,也有几个相关的性质:

(1) $\int [f(x) \pm g(x)]dx = \int f(x)dx \pm \int g(x)dx$。

(2) $\int kf(x)dx = k\int f(x)dx$。

例题分析

例 3.1   计算 $\int_0^1 x^5 dx$。

解   由于 $\dfrac{x^6}{6}$ 是 x^5 的一个原函数,所以

$$\int_0^1 x^5 dx = \frac{x^6}{6}\Big|_0^1 = \frac{1}{6}(1^6 - 0^6) = \frac{1}{6}$$

例 3.2   设 $f(x) = \begin{cases} x^2, & -1 < x < 1 \\ x+1 & 1 \leqslant x < 2 \end{cases}$,求 $\int_{-1}^2 f(x)dx$。

解   由积分性质(4)得:

$$\begin{aligned}
\int_{-1}^2 f(x)dx &= \int_{-1}^1 f(x)dx + \int_1^2 f(x)dx \\
&= \int_{-1}^1 x^2 dx + \int_1^2 (x+1)dx \\
&= \frac{x^3}{3}\Big|_{-1}^1 + \left(\frac{x^2}{2} + x\right)\Big|_1^2 \\
&= \left[\frac{1}{3} - \left(-\frac{1}{3}\right)\right] + \left(4 - \frac{3}{2}\right) = \frac{19}{6}
\end{aligned}$$

积分区间可加性

例 3.3 求 $\int_{-1}^{2} |x-1| \, \mathrm{d}x$。

解 由积分性质(4)得:

$$\int_{-1}^{2} |x-1| \, \mathrm{d}x = \int_{-1}^{1} (1-x) \, \mathrm{d}x + \int_{1}^{2} (x-1) \, \mathrm{d}x$$

$$= \left(x - \frac{x^2}{2}\right)\Big|_{-1}^{1} + \left(\frac{x^2}{2} - x\right)\Big|_{1}^{2} = \frac{5}{2}$$

求绝对值函数
的定积分

案例分析

案例 3.1 【润滑油总量】某公司制造一批飞机,要向用户供应一种适应该机型的特殊润滑油,从第 1 年到第 9 年飞机的用油率为 $r(t) = 300t^{-\frac{3}{2}}$(L/年),问:9 年共要提供多少润滑油?

解 设提供的润滑油量为 R,则

$$R = \int_{1}^{9} r(t) \, \mathrm{d}t = \int_{1}^{9} 300t^{-\frac{3}{2}} \, \mathrm{d}t$$

$$= -600t^{-\frac{1}{2}} \Big|_{1}^{9} = -\frac{600}{\sqrt{t}} \Big|_{1}^{9} = -\left(\frac{600}{\sqrt{9}} - \frac{600}{\sqrt{1}}\right) = 400$$

案例 3.2 【产品的总利润】某工厂生产某产品 q(百台)的边际成本为 $C'(q) = 2.5$(万元/百台),设固定成本为 0.8 万元,试用定积分表示该产品的总成本函数。

解 产品的总成本由可变成本和固定成本构成,由边际成本的概念知边际成本为可变成本的变化率,因此,生产 q(百台)产品的总可变成本为 $\int_{0}^{q} C'(q) \, \mathrm{d}q$,总成本 $C(q)$ 为

$$C(q) = \int_{0}^{q} C'(q) \, \mathrm{d}q + C_0 = \int_{0}^{q} 2.5 \, \mathrm{d}q + C_0 = 2.5q + 0.8$$

案例 3.3 【产品的总收入】已知某公司独家生产某产品,销售 q 单位商品时,边际收入函数为

$$R'(q) = \frac{ab}{(q+b)^2} - c \ (\text{元}/\text{单位})\ (a>0, b>0, c>0)$$

试用定积分表示该公司的总收入函数。

解 根据边际收入的概念知,边际收入为收入的变化率,即收入的导数,所以,该公司的总收入函数应为

$$R(q) = \int_{0}^{q} \left[\frac{ab}{(q+b)^2} - c\right] \mathrm{d}q$$

案例 3.4 【图形的面积】已知某图形由函数 $y_1 = f(x)$、$y_2 = g(x)$ 以及直线 $x = a$、$x = b$ 围成,如图 3.8 所示,试用定积分表示图形的面积。

解 图 3.8 所示图形可视为由函数 $y_1 = f(x)$ 与直线 $x = a$、$x = b$ 围成的图形面积(见图 3.9)与由函数 $y_2 = g(x)$ 与直线 $x = a$、$x = b$ 围成的图形面积(见图 3.10)之差。

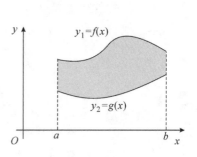

图 3.8 图形的面积

图 3.9、图 3.10 所示的面积 S_1、S_2 可分别用定积分表示为

$$S_1 = \int_a^b f(x)\mathrm{d}x,\ S_2 = \int_a^b g(x)\mathrm{d}x$$

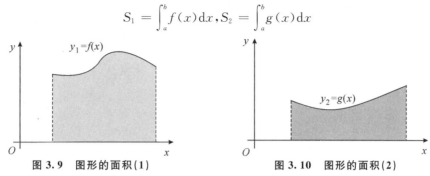

图 3.9　图形的面积(1)　　　　　　　图 3.10　图形的面积(2)

所以,图 3.8 所示图形(阴影部分)面积可用定积分表示为

$$S = S_1 - S_2 = \int_a^b f(x)\mathrm{d}x - \int_a^b g(x)\mathrm{d}x$$

$$= \int_a^b [f(x) - g(x)]\mathrm{d}x$$

一般地,求由两条曲线 $y_1 = f(x)$、$y_2 = g(x)$ 以及直线 $x = a$、$x = b$ 围成的几何图形面积,无论其相对位置如何,都可以表示为

$$S = \int_a^b | f(x) - g(x) | \,\mathrm{d}x$$

$$= \begin{cases} \int_a^b [f(x) - g(x)]\mathrm{d}x, & f(x) \text{ 为上边界},g(x) \text{ 为下边界} \\ \int_a^b [g(x) - f(x)]\mathrm{d}x, & g(x) \text{ 为上边界},f(x) \text{ 为下边界} \end{cases}$$

想一想　练一练(一)

小测试

1. 用定积分表示由曲线 $y = x^2 - 2x + 5$ 与直线 $x = 1$、$x = 3$ 及 x 轴围成的图形面积。

2. 把下列各题表示为定积分:

(1)某产品在 t 年时的总产量的变化率 $P(t) = 50 + 15t$,求第 1 年到第 3 年的总产量;

(2)某商品的价格变动较大,已知销售量是 q 时,再销售 1 件可获得的收入为 $f(q) = 200 - 0.05q$(元),求销售了 50 件商品时的总收入。

3. 结合图形,利用定积分的概念计算:

(1) $\int_0^1 2x\mathrm{d}x$; 　　　　　　　　(2) $\int_0^R \sqrt{R^2 - x^2} \,\mathrm{d}x$。

4. 求下列函数的导数:

(1) $F(x) = \int \sqrt{x^2 + 1}\mathrm{d}x$; 　　　　(2) $F(x) = \int \dfrac{\sin x}{x}\mathrm{d}x$;

(3) $F(x) = \int x^2 \mathrm{e}^{-x}\mathrm{d}x$; 　　　　(4) $F(x) = \int \cos^2 x^3 \mathrm{d}x$。

5. 验证函数 $F(x) = x\mathrm{e}^x - \mathrm{e}^x + 3$ 是函数 $f(x) = x\mathrm{e}^x$ 的原函数。

6. 某公司主要从事外贸服装的加工,从积累的前期数据分析知,该公司加工服装的边

际成本函数近似服从 $C'(q) = 0.02q + 3$，且固定成本为 3 万元，试分析计算总成本函数。

7. 求下列函数的定积分：

(1) $\int_0^2 | x - 1 | \, \mathrm{d}x$；

(2) $\int_0^\pi | \cos x | \, \mathrm{d}x$。

8. 设 $f(x) = \begin{cases} \sin x, & 0 \leqslant x < \dfrac{\pi}{2} \\ x, & \dfrac{\pi}{2} \leqslant x < \pi \end{cases}$，计算 $\int_0^\pi f(x) \mathrm{d}x$。

第二节　总量分析的数学定量计算

📖 子任务导入

　　无论我们将来从事的行业是会计、物流还是电子商务抑或贸易，无论我们是成为一名普通员工还是会成长为一名成功商人，我们都可能会碰到经济决策。

　　在各类岗位（角色）工作中，我们可能涉及产品加工的成本计算、设备的更新或淘汰决策、资金现值的分析、基金账户的设立与管理等。

　　在这些决策或经济量的定量分析计算中，我们可能需要积分的概念帮我们解决问题，我们所遇到的函数可能有和差、积、商甚至复合函数的形式，我们可能要分析它们的变化速率（导数），可能要计算它们的总量（积分）。

　　例如，在设备的更新决策中，设备的残值模型为 $R_1 = \dfrac{3A}{4} \cdot \mathrm{e}^{\frac{x}{T}}$，单位时间内设备产生的利润模型为 $P = \dfrac{A}{4}\mathrm{e}^{-\frac{x}{T}}$，其中 A 表示设备的初始价格，T 表示设备更新前的工作时间，在该决策中往往希望设备带来的总利润 $f(x) = \dfrac{3A}{4}\mathrm{e}^{-\frac{x}{T}} + \int_0^x \dfrac{A}{4}\mathrm{e}^{-\frac{x}{T}} \mathrm{d}t (x > 0)$ 最大时更新设备。这就需要我们具备应用积分和导数解决问题的能力。

　　如果你在工作中参与决策方案的制订或定量分析计算工作，你具备哪些能力呢？现在需要培养自己的哪些能力，用行动说说你的打算吧！

　　请谈谈你的想法。

📖 子任务分析

　　在子任务建立的数学模型中，如何分析设备带来的总利润，计算积分 $\int_0^x \dfrac{A}{4}\mathrm{e}^{-\frac{x}{T}} \mathrm{d}t$ 是个关键点，而完成相关计算要求我们具备：

　　(1)被积函数为积、商形式下的积分计算能力；

　　(2)被积函数为复合函数形式下的积分计算能力。

　　而利润最大时的分析中，计算利润函数 $f(x) = \dfrac{3A}{4}\mathrm{e}^{-\frac{x}{T}} + \int_0^x \dfrac{A}{4}\mathrm{e}^{-\frac{x}{T}} \mathrm{d}t$ 的导数是我们必须

具备的另一项能力。不过通过前期的学习,相信大家已基本具备计算函数的导数的知识和能力。下面我们将重点学习各类不同形式的积分计算和实际相关问题的分析与计算。

✎ 数学知识链接

在定量分析经济总量问题或面积的计算问题中,如何在计算被积函数的原函数(不定积分)的基础上,再利用牛顿—莱布尼兹公式进行有效、正确的计算是解决相关问题的核心。下面我们重点学习如何进行积分(包括不定积分和定积分)计算。

一　直接积分法

引例 3.3　【**汽车位移**】已知一汽车由静止开始沿直线路径运行,其速度为 $v(t)=2\sqrt{t}$(m/s),试确定汽车在任一时刻的位置。

问题分析　速度是位移的导数。已知函数的导数,求其原函数,即求速度函数的不定积分。

引例 3.4　【**产品的成本**】设某产品的平均边际成本为 $f(x)$(元/个),已知生产 10 个产品时,其平均成本为 274.05 元,求总成本和固定成本。

问题分析　平均边际成本就是平均成本的变化率,即为平均成本函数的导数。已知函数的导数,求其原函数,即求该平均边际成本函数的不定积分。因此,需要我们具备求和差形式函数的不定积分的能力。

不定积分的
概念和公式

为方便计算,根据导数和不定积分互为逆运算,结合求导公式,给出不定积分基本公式如表 3.1 所示。

表 3.1　不定积分基本公式

序号	不定积分公式：$\int f(x)\mathrm{d}x = F(x) + C$	序号	不定积分公式：$\int f(x)\mathrm{d}x = F(x) + C$
1	$\int 0\mathrm{d}x = C$	8	$\int \cos x\mathrm{d}x = \sin x + C$
2	$\int k\mathrm{d}x = kx + C$	9	$\int \sec^2 x\mathrm{d}x = \int \dfrac{1}{\cos^2 x}\mathrm{d}x = \tan x + C$
3	$\int x^a\mathrm{d}x = \dfrac{1}{a+1}x^{a+1} + C(a \neq -1)$	10	$\int \csc^2 x\mathrm{d}x = \int \dfrac{1}{\sin^2 x}\mathrm{d}x = -\cot x + C$
4	$\int \dfrac{1}{x}\mathrm{d}x = \ln|x| + C$	11	$\int \sec x\tan x\mathrm{d}x = \sec x + C$
5	$\int a^x\mathrm{d}x = \dfrac{a^x}{\ln a} + C(a > 0, a \neq 1)$	12	$\int \csc x\cot x\mathrm{d}x = -\csc x + C$
6	$\int \mathrm{e}^x\mathrm{d}x = \mathrm{e}^x + C$	13	$\int \dfrac{1}{\sqrt{1-x^2}}\mathrm{d}x = \arcsin x + C$
7	$\int \sin x\mathrm{d}x = -\cos x + C$	14	$\int \dfrac{1}{1+x^2}\mathrm{d}x = \arctan x + C$

　　有了不定积分的基本公式，结合前面的不定积分及定积分的性质，就可以对一些简单的积分问题进行基本运算。

不定积分的
概念测试题

例题分析

例 3.4　求 $\int (3 + 5\mathrm{e}^x + \cos x - x)\mathrm{d}x$。

解　利用不定积分的基本公式和性质得

$$\int (3 + 5\mathrm{e}^x + \cos x - x)\mathrm{d}x = \int 3\mathrm{d}x + 5\int \mathrm{e}^x\mathrm{d}x + \int \cos x\mathrm{d}x - \int x\mathrm{d}x$$

$$= 3x + 5\mathrm{e}^x + \sin x - \frac{1}{2}x^2 + C$$

不定积分的性质

例 3.5　求 $\int 2^x \mathrm{e}^x\mathrm{d}x$。

解　利用不定积分基本公式 5

$$\int 2^x \mathrm{e}^x\mathrm{d}x = \int (2\mathrm{e})^x\mathrm{d}x = \frac{(2\mathrm{e})^x}{\ln(2\mathrm{e})} + C = \frac{2^x \mathrm{e}^x}{1 + \ln 2} + C$$

例 3.6 求 $\int(\sqrt{x}+1)\left(x-\dfrac{1}{\sqrt{x}}\right)\mathrm{d}x$。

解 可以先积化和差,再利用基本积分公式,得

$$
\begin{aligned}
\int(\sqrt{x}+1)\left(x-\frac{1}{\sqrt{x}}\right)\mathrm{d}x &= \int\left(x\sqrt{x}+x-1-\frac{1}{\sqrt{x}}\right)\mathrm{d}x \\
&= \int x\sqrt{x}\,\mathrm{d}x+\int x\mathrm{d}x-\int 1\mathrm{d}x-\int\frac{1}{\sqrt{x}}\mathrm{d}x \\
&= \frac{2}{5}x^{\frac{5}{2}}+\frac{1}{2}x^2-x-2x^{\frac{1}{2}}+C
\end{aligned}
$$

例 3.7 求 $\int\dfrac{(1+x)^2}{\sqrt{x}}\mathrm{d}x$。

解 可以先利用不定积分的性质,将被积函数化为和差形式,再利用基本积分公式,得

$$
\begin{aligned}
\int\frac{(1+x)^2}{\sqrt{x}}\mathrm{d}x &= \int\frac{1+2x+x^2}{\sqrt{x}}\mathrm{d}x \\
&= \int x^{-\frac{1}{2}}\mathrm{d}x+2\int x^{\frac{1}{2}}\mathrm{d}x+\int x^{\frac{3}{2}}\mathrm{d}x \\
&= 2x^{\frac{1}{2}}+\frac{4}{3}x^{\frac{3}{2}}+\frac{2}{5}x^{\frac{5}{2}}+C
\end{aligned}
$$

直接积分法 1

例 3.8 求 $\int\dfrac{x^2}{1+x^2}\mathrm{d}x$。

解 通过添拆式的方式将其化为和差,得

$$
\begin{aligned}
\int\frac{x^2}{1+x^2}\mathrm{d}x &= \int\frac{(x^2+1)-1}{1+x^2}\mathrm{d}x \\
&= \int\left(1-\frac{1}{1+x^2}\right)\mathrm{d}x \\
&= x-\arctan x+C
\end{aligned}
$$

直接积分法 2

例 3.9 求 $\int\sin^2\dfrac{x}{2}\mathrm{d}x$。

解 利用三角函数的基本公式,先进行三角恒等变形,将被积函数化为可直接积分的和差形式,得

$$
\int\sin^2\frac{x}{2}\mathrm{d}x=\int\frac{1-\cos x}{2}\mathrm{d}x=\frac{1}{2}x-\frac{1}{2}\sin x+C
$$

直接积分法 3

初步具备求不定积分(原函数)的能力后,进行定积分计算就相对比较容易了,可利用牛顿—莱布尼兹公式求解。

例 3.10 求 $\int_0^1(3x^2+2\mathrm{e}^x-\mathrm{e})\mathrm{d}x$。

解
$$
\begin{aligned}
\int_0^1(3x^2+2\mathrm{e}^x-\mathrm{e})\mathrm{d}x &= (x^3+2\mathrm{e}^x-\mathrm{e}x)\Big|_0^1 \\
&= (1+2\mathrm{e}-\mathrm{e})-(0+2-0) \\
&= \mathrm{e}-1
\end{aligned}
$$

牛顿—莱布尼兹
公式的运用

例 3.11 求 $\int_0^2 \left(2x^3 - 6x + \dfrac{3}{x^2+1}\right)\mathrm{d}x$。

解 由不定积分基本公式

$$\int_0^2 \left(2x^3 - 6x + \frac{3}{x^2+1}\right)\mathrm{d}x = \left(2\frac{x^4}{4} - 6\frac{x^2}{2} + 3\arctan x\right)\Big|_0^2$$

$$= \left(\frac{1}{2}x^4 - 3x^2 + 3\arctan x\right)\Big|_0^2$$

$$= -4 + 3\arctan 2$$

例 3.12 求 $\int_1^9 \dfrac{2t^2 + t^2\sqrt{t} - 1}{t^2}\mathrm{d}t$。

解 首先将积分化简,然后计算得

$$\int_1^9 \frac{2t^2 + t^2\sqrt{t} - 1}{t^2}\mathrm{d}t = \int_1^9 (2 + t^{\frac{1}{2}} - t^{-2})\mathrm{d}t$$

$$= \left(2t + \frac{2}{3}t^{3/2} + \frac{1}{t}\right)\Big|_1^9$$

$$= \left(2\cdot 9 + \frac{2}{3}\cdot 9^{3/2} + \frac{1}{9}\right) - \left(2 + \frac{2}{3} + 1\right)$$

$$= 32\frac{4}{9}$$

将被积函数积商化和差是求积分问题的首选,这类积分方法在数学中通常称之为**直接积分法**(**Direct Numerical Integral Method**)。

直接积分法
测试题

🔗 **案例分析**

案例 3.5 【**产品的成本**】已知生产某产品的边际成本为 $C'(q) = 25 + 2q$(百元/吨),求:产量由 2 吨增加到 5 吨时总成本的改变量及平均成本。

解 产量由 2 吨增加到 5 吨时总成本的改变量为

$$\Delta C = \int_0^5 C'(q)\mathrm{d}q - \int_0^2 C'(q)\mathrm{d}q$$

$$= \int_2^5 C'(q)\mathrm{d}q$$

$$= \int_2^5 (25 + 2q)\mathrm{d}q$$

$$= (25q + q^2)\Big|_2^5 = 96\,(\text{百元})$$

平均成本为

$$\frac{\Delta C}{\Delta q} = \frac{96}{3} = 32\,(\text{百元/吨})$$

案例 3.6 【**产品的成本**】设某产品的平均边际成本为 $\overline{C}'(x) = -\dfrac{2500}{x^2} - 0.015 + 0.004x$(元/个),已知生产 10 个产品时,其平均成本为 274.05 元,求总成本和固定成本。

解 根据引例 3.4 的分析,求产品的总成本,只需要求平均边际成本 $\overline{C}'(x)$ 的不定积

分,所以平均成本为

$$\overline{C}(x) = \int \left(-\frac{2500}{x^2} - 0.015 + 0.004x\right)\mathrm{d}x$$

$$= \frac{2500}{x} - 0.015x + 0.002x^2 + C$$

由已知 $\overline{C}(10) = 274.05$,得

$$C = 24$$

故平均成本

$$\overline{C}(x) = \frac{2500}{x} - 0.015x + 0.002x^2 + 24 \,(\text{元})$$

所以总成本为

$$C(x) = x\overline{C}(x) = 2500 + 24x - 0.015x^2 + 0.002x^3 \,(\text{元})$$

固定成本为

$$C(0) = 2500 \,(\text{元})$$

案例 3.7 【**一氧化碳浓度**】某城市的空气在夏天平均一天的 CO(一氧化碳)浓度是 2ppm,一个环保机构的研究语言,如果不采取更严格的措施,从现在开始 t 年后,该城市空气中的 CO 将以 $p(t) = 0.003t^2 + 0.06t + 0.1 \,(\text{ppm/年})$ 的速率增加。假设没有做出控制污染的努力,那么从现在开始 5 年后,该城市的空气在夏天平均一天的 CO 浓度是多少?

解 因为该城市空气中的 CO 将以 $p(t) = 0.003t^2 + 0.06t + 0.1 \,(\text{ppm/年})$ 的速率增加,所以 5 年内城市的空气在夏天平均一天的 CO 浓度变化量为

$$P(5) - P(0) = \int_0^5 p(t)\mathrm{d}t = \int_0^5 (0.003t^2 + 0.06t + 0.1)\mathrm{d}t$$

$$= (0.001t^3 + 0.03t^2 + 0.1t)\Big|_0^5$$

$$= 1.375$$

因为 $P(0) = 2$,所以 $P(5) = P(0) + 1.375 = 3.375 \,(\text{ppm})$。

所以,5 年后城市的空气在夏天平均一天的 CO 浓度为 3.375ppm。

案例 3.8 【**收入预测**】中国人的收入正在逐年提高。据统计,深圳 2002 年的年人均收入为 21914 元,假设这一人均收入以速度 $V(t) = 600(1.05)^t \,(\text{元/年})$ 增长,这里 t 是从 2003 年开始算起的年数,估算 2014 年深圳的年人均收入是多少?

解 因为深圳年人均收入以速度 $V(t) = 600(1.05)^t \,(\text{元/年})$ 增长,所以可借助由变化率求总改变量的方法,于是这 11 年间年人均收入的总变化为

$$R = \int_0^{11} 600(1.05)^t \mathrm{d}t = 600\int_0^{11} (1.05)^t \mathrm{d}t$$

$$= \frac{600}{\ln 1.05}(1.05)^t \Big|_0^{11}$$

$$= \frac{600}{\ln 1.05}\big[(1.05)^{11} - 1\big]$$

$$\approx 8735.4 \,(\text{元})$$

所以,2014 年深圳的人均收入约为 30649.4 元。

案例 3.9 【**价格与市场需求关系**】某企业生产的产品的需求量 q 与产品的价格 p 的关

系为 $q = q(p)$。若已知需求量对价格的边际需求函数为

$$f(p) = -3000p^{-2.5} + 36p^{0.2} \text{（元）}$$

试求产品价格由 1.20 元浮动到 1.50 元时对市场需求量的影响。

解 已知 $q'(p) = f(p)$，即 $dq = f(p)dp$，

所以，价格由 1.20 元浮动到 1.50 元时，总需求量

$$q = \int_{1.2}^{1.5} f(p)dp = \int_{1.2}^{1.5} (-3000p^{-2.5} + 36p^{0.2})dp$$

$$= (2000p^{-1.5} + 30p^{1.2})\Big|_{1.2}^{1.5}$$

$$\approx 1137.5 - 1558.8$$

$$= -421.3 \text{（单位）}$$

即当价格由 1.20 元浮动到 1.50 元时，该产品的市场需求量减少了 421.3 单位。

案例 3.10 【**生产线管理决策**】某公司投资 2000 万元建成一条生产线，投产后，在时刻 t 的追加成本和追加收入分别为 $G(t) = 5 + 2t^{\frac{2}{3}}$（百万元/年），$\Phi(t) = 17 - t^{\frac{2}{3}}$（百万元/年）。试确定该生产线在何时停产可获得最大利润？最大利润是多少？

解 在这里，追加成本就是总成本对时间 t 的变化率，追加收入就是总收入对时间 t 的变化率，而追加利润 $\Phi(t) - G(t)$ 为利润对时间 t 的变化率。

显然，$G(t)$ 是增函数（$G'(t) = \frac{4}{3}t^{-\frac{1}{3}}$），$\Phi(t)$ 是减函数（$\Phi'(t) = -\frac{2}{3}t^{-\frac{1}{3}}$）。这意味着生产费用逐年在增加，而所得收入在逐年减少，发展下去必有某一时刻，费用与收入持平，过了这一时刻，费用大于收入，再生产就亏本了，故应停产。我们的任务就是确定最佳停产时间，并求出所能获得的最大利润。

如图 3.11 所示，该生产线所能获得的最大毛利润应是曲边三角形 ABC 面积对应的数额。

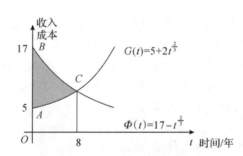

图 3.11 生产线停产最佳时间

根据函数极值存在的必要条件知

$$\Phi(t) = G(t)$$

即

$$17 - t^{\frac{2}{3}} = 5 + 2t^{\frac{2}{3}}$$

解之得

$$t = 8$$

显然

$$\Phi'(8) = -\frac{2}{3} \cdot 8^{-\frac{1}{3}} < 0$$

$$G'(8) = \frac{4}{3} \cdot 8^{-\frac{1}{3}} > 0$$

所以 $$\Phi'(8)-G'(8)<0$$

即生产线在投产 8 年时可获得最大利润,最大利润值为

$$L=\int_0^8[\Phi(t)-G(t)]\mathrm{d}t-20$$

$$=\int_0^8(12-3t^{\frac{1}{3}})\mathrm{d}t-20$$

$$=(12t-\frac{9}{5}t^{\frac{5}{3}})\Big|_0^8-20$$

$$=38.4-20$$

$$=18.4（百万元）$$

案例 3.11　【图形面积计算】试求由抛物线 $y=x^2-1$、直线 $x=2$ 和 x 轴围成的几何图形的面积。

解　如图 3.12 所示,抛物线 $y=x^2-1$ 和 $x=2$ 及 x 轴的交点分别为 $(-1,0),(1,0),(2,3)$,且当 $-1\leqslant x<1$ 时, $x^2-1\leqslant 0$;而当 $1\leqslant x\leqslant 2$ 时, $x^2-1\geqslant 0$。

根据定积分的几何意义知,阴影部分的面积为

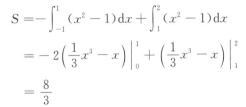

$$S=-\int_{-1}^1(x^2-1)\mathrm{d}x+\int_1^2(x^2-1)\mathrm{d}x$$

$$=-2\left(\frac{1}{3}x^3-x\right)\Big|_0^1+\left(\frac{1}{3}x^3-x\right)\Big|_1^2$$

$$=\frac{8}{3}$$

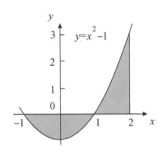

图 3.12　几何图形面积

二　换元积分法

引例 3.5　【资金现值】若某企业连续 3 年内保持收入率每年 75 万元不变,且利率为 7.5%,问:其现值是多少?

问题分析　资本现值问题是企业经济管理中最常见的问题之一,由前面的学习知,对于利率为 r,t 年后价值为 A 元的资金现值为 $A\mathrm{e}^{-rt}$,所以若 3 年内企业的收入率为 $R(t)=75$ 万元,则其资金现值为

$$R=\int_0^3 R(t)\mathrm{e}^{-rt}\mathrm{d}t=\int_0^3 75\mathrm{e}^{-0.075t}\mathrm{d}t$$

此时如何计算该定积分,是解决资金现值问题的关键步骤,前面的基本积分公式中有 $\int\mathrm{e}^x\mathrm{d}x=\mathrm{e}^x+C$,我们能否直接利用该公式解决本问题呢?答案明显是否定的,这类积分的被积函数为复合函数,根据复合函数链式求导法则知,我们必须具备更高的能力和更多的数学知识才能解决它,下面我们一起来学习换元积分的相关内容。

还记得复合函数链式求导法则吗?对于复合函数 $y=F[\varphi(x)]$,将其分解为 $y=F(u),u=\varphi(x)$,若 $F'(u)=f(u)$,则

$$\mathrm{d}y=\mathrm{d}[F(u)]=F'(u)\mathrm{d}u=f(u)\mathrm{d}u=f[\varphi(x)]\mathrm{d}[\varphi(x)]=f[\varphi(x)]\varphi'(x)\mathrm{d}x$$

再根据微分(求导)与积分互为逆运算知,当被积函数为复合函数时,可以变形为如下方式

$$\int f[\varphi(x)] \cdot \varphi'(x)\mathrm{d}x = \int f[\varphi(x)]\mathrm{d}[\varphi(x)] \overset{\varphi(x)=u}{=\!=\!=} \int f(u)\mathrm{d}u$$

若已知 $\int f(u)\mathrm{d}u = F(u) + C$,则原问题完整的解决方法为

$$\int f[\varphi(x)] \cdot \varphi'(x)\mathrm{d}x = \int f[\varphi(x)]\mathrm{d}[\varphi(x)] \overset{\varphi(x)=u}{=\!=\!=} \int f(u)\mathrm{d}u = F(u) + C \overset{\varphi(x)=u}{=\!=\!=} F[\varphi(x)] + C$$

这一方法数学中通常称之为**第一换元积分法(The First Element Integral Method)**,也称为**凑微分法(Minato Differential Method)**。

对于定积分,也有类似公式

$$\int_a^b f[\varphi(x)] \cdot \varphi'(x)\mathrm{d}x = \int_a^b f[\varphi(x)]\mathrm{d}[\varphi(x)] \overset{\varphi(x)=u}{=\!=\!=} \int_c^d f(u)\mathrm{d}u = F(u)\Big|_c^d$$
$$= F(d) - F(c)$$

其中,$c = \varphi(a)$,$d = \varphi(b)$,注意定积分换元必须换上下限。

例题分析

例 3.13 求 $\int \cos(3x)\mathrm{d}x$。

解 $\int \cos(3x)\mathrm{d}x = \dfrac{1}{3}\int \cos(3x)\mathrm{d}(3x) = \dfrac{1}{3}\int \cos u\,\mathrm{d}u$

$\qquad\qquad = \dfrac{1}{3}\sin u + C = \dfrac{1}{3}\sin 3x + C$

例 3.14 求下列不定积分:

(1) $\int e^{-3x-2}\mathrm{d}x$;   (2) $\int (3x-4)^5\mathrm{d}x$。

解 (1) $\int e^{-3x-2}\mathrm{d}x = -\dfrac{1}{3}\int e^{-3x-2}\mathrm{d}(-3x-2)$

$\qquad\qquad = -\dfrac{1}{3}\int e^u\mathrm{d}u = -\dfrac{1}{3}e^{-3x-2} + C$

(2) $\int (3x-4)^5\mathrm{d}x = \dfrac{1}{3}\int (3x-4)^5\mathrm{d}(3x-4)$

$\qquad\qquad = \dfrac{1}{3}\int u^5\mathrm{d}u$

$\qquad\qquad = \dfrac{1}{3} \times \dfrac{1}{6}(3x-4)^6 + C = \dfrac{1}{18}(3x-4)^6 + C$

第一换元
积分法 1

该类凑微分方法通常称之为直接凑微分法,通常规律为

$$\int f(ax+b)\mathrm{d}x = \dfrac{1}{a}\int f(ax+b)\mathrm{d}(ax+b) = \dfrac{1}{a}\int f(u)\mathrm{d}u$$

例 3.15 求 $\int x\cos(x^2)\mathrm{d}x$。

第一换元积分
法测试题 1

解　$\displaystyle\int x\cos(x^2)\mathrm{d}x = \int\cos(x^2)\mathrm{d}\left(\frac{x^2}{2}\right) = \frac{1}{2}\int\cos(x^2)\mathrm{d}(x^2) = \frac{1}{2}\sin x^2 + C$

第一换元
积分法 2

例 3.16　求 $\displaystyle\int\frac{\ln x}{x}\mathrm{d}x$。

解　$\displaystyle\int\frac{\ln x}{x}\mathrm{d}x = \int\ln x\cdot\frac{1}{x}\mathrm{d}x = \int\ln x\mathrm{d}(\ln x)$

$\displaystyle\qquad = \int u\mathrm{d}u = \frac{1}{2}u^2 + C = \frac{1}{2}(\ln x)^2 + C$

今后，当换元积分法使用比较熟练时，换元的过程可以隐去。

在积分计算过程中，若用第一换元积分法求积分，经常需要凑微分，为了方便大家掌握，下面列举常见的凑微分方法：

(1) $\displaystyle\mathrm{d}x = \frac{1}{a}\mathrm{d}(ax + b)$；

(2) $\displaystyle x\mathrm{d}x = \frac{1}{2}\mathrm{d}(x^2)$；

(3) $\displaystyle\frac{1}{\sqrt{x}}\mathrm{d}x = 2\mathrm{d}(\sqrt{x})$；

(4) $\displaystyle\frac{1}{x}\mathrm{d}x = \mathrm{d}(\ln|x|)$；

(5) $\displaystyle\frac{1}{x^2}\mathrm{d}x = -\mathrm{d}\left(\frac{1}{x}\right)$；

(6) $\mathrm{e}^x\mathrm{d}x = \mathrm{d}(\mathrm{e}^x)$；

(7) $\sin x\mathrm{d}x = \mathrm{d}(-\cos x)$；

(8) $\cos x\mathrm{d}x = \mathrm{d}(\sin x)$；

(9) $\displaystyle\frac{1}{\sqrt{1 - x^2}}\mathrm{d}x = \mathrm{d}(\arcsin x)$；

(10) $\displaystyle\frac{1}{1 + x^2}\mathrm{d}x = \mathrm{d}(\arctan x)$。

例 3.17　求下列不定积分：

(1) $\displaystyle\int\frac{3}{x\ln^4 x}\mathrm{d}x$；

(2) $\displaystyle\int\frac{\mathrm{e}^{-\frac{1}{x}+2}}{x^2}\mathrm{d}x$；

(3) $\displaystyle\int\frac{\arctan x}{1 + x^2}\mathrm{d}x$。

解　(1) $\displaystyle\int\frac{3}{x\ln^4 x}\mathrm{d}x = 3\int\frac{1}{\ln^4 x}\cdot\frac{1}{x}\mathrm{d}x$

$\displaystyle\qquad\qquad = 3\int(\ln x)^{-4}\mathrm{d}(\ln x)$

$\displaystyle\qquad\qquad = -(\ln x)^{-3} + C$

$\displaystyle\qquad\qquad = -\frac{1}{\ln^3 x} + C$

(2) $\displaystyle\int\frac{\mathrm{e}^{-\frac{1}{x}+2}}{x^2}\mathrm{d}x = \int\mathrm{e}^{-\frac{1}{x}+2}\cdot\frac{1}{x^2}\mathrm{d}x$

$\displaystyle\qquad\qquad = \int\mathrm{e}^{-\frac{1}{x}+2}\mathrm{d}\left(-\frac{1}{x} + 2\right)$

$\displaystyle\qquad\qquad = \mathrm{e}^{-\frac{1}{x}+2} + C$

(3) $\displaystyle\int\frac{\arctan x}{1 + x^2}\mathrm{d}x = \int\arctan x\cdot\frac{1}{1 + x^2}\mathrm{d}x$

$\displaystyle\qquad\qquad = \int\arctan x\mathrm{d}(\arctan x)$

$\displaystyle\qquad\qquad = \frac{1}{2}(\arctan x)^2 + C$

这类凑微分方法通常称之为间接凑微分法。

例 3.18 求下列不定积分：

(1) $\int \cos^2 x \mathrm{d}x$；   (2) $\int \sin^3 x \cos^2 x \mathrm{d}x$。

解 (1) $\int \cos^2 x \mathrm{d}x = \int \dfrac{1+\cos 2x}{2}\mathrm{d}x$

$$= \int \dfrac{1}{2}\mathrm{d}x + \dfrac{1}{2}\int \cos 2x \mathrm{d}x$$

$$= \dfrac{x}{2} + \dfrac{1}{4}\sin 2x + C$$

(2) $\int \sin^3 x \cos^2 x \mathrm{d}x = \int \sin^2 x \cos^2 x \sin x \mathrm{d}x$

$$= -\int (1-\cos^2 x)\cos^2 x \mathrm{d}(\cos x)$$

$$= -\int (\cos^2 x - \cos^4 x)\mathrm{d}(\cos x)$$

$$= -\dfrac{1}{3}\cos^3 x + \dfrac{1}{5}\cos^5 x + C$$

例 3.19 求下列定积分：

(1) $\int_0^{\frac{\pi}{2}} \sin^3 x \cos x \mathrm{d}x$；   (2) $\int_0^1 \dfrac{\mathrm{e}^x}{3\mathrm{e}^x+2}\mathrm{d}x$。

解 (1) $\int_0^{\frac{\pi}{2}} \sin^3 x \cos x \mathrm{d}x = \int_0^{\frac{\pi}{2}} \sin^3 x \mathrm{d}(\sin x)$

$$= \dfrac{1}{4}\sin^4 x \Big|_0^{\frac{\pi}{2}} = \dfrac{1}{4}$$

(2) $\int_0^1 \dfrac{\mathrm{e}^x}{3\mathrm{e}^x+2}\mathrm{d}x = \dfrac{1}{3}\int_0^1 \dfrac{1}{3\mathrm{e}^x+2}\mathrm{d}(3\mathrm{e}^x+2)$

$$= \dfrac{1}{3}\ln(3\mathrm{e}^x+2)\Big|_0^1$$

$$= \dfrac{1}{3}\big[\ln 3\mathrm{e}+2) - \ln 5\big] = \dfrac{1}{3}\ln\dfrac{3\mathrm{e}+2}{5}$$

在经济问题中,资金现值是我们经常会碰到的问题,前面我们已了解到什么叫现值:若现有 a 元货币,按年利率为 r,做连续复利计算,则 t 年后的资金终值为 $a\mathrm{e}^{-rt}$ 元;反过来,若 t 年后有货币 a 元,则按连续复利计算,现应有 $a\mathrm{e}^{-rt}$ 元,这就称为资本现值。

在现实问题中,如何计算不同时间段资金的现值呢?

第一换元积分
法测试题 2

🔗 案例分析

案例 3.12 【资金现值】若某企业连续 3 年内保持收入率为 75 万元/年不变,且利率为 7.5%,问:其现值是多少?

解 根据引例 3.5 分析知,若 3 年内企业的收入率为 $R(t) = 75$ 万元,则其资金现值为

$$R = \int_0^3 R(t)e^{-rt}dt = \int_0^3 75e^{-0.075t}dt$$

$$= 75\int_0^3 e^{-0.075t}dt$$

$$= -\frac{75}{0.075}\int_0^3 e^{-0.075t}d(-0.075t)$$

$$= -\frac{75}{0.075}e^{-0.075t}\Big|_0^3$$

$$= \frac{75}{0.075}(1 - e^{-0.075\times 3})$$

$$= 1000(1 - 0.7985) = 201.50（万元）$$

即现值为 201.50 万元。

案例 3.13　**【资金现值与投资收回时间】**若某企业投资 800 万元,年利率为 5%,设在 20 年内的均匀收入率 200 万元/年,试求:

(1)该投资的纯收入贴现值;

(2)收回该笔投资的时间为多少?

解　(1)可以先计算出总收入的现值为

$$R = \int_0^{20} 200e^{-0.05t}dt = -\frac{200}{0.05}\int_0^{20} e^{-0.05t}d(-0.05t)$$

$$= -4000e^{-0.05t}\Big|_0^{20} = 4000(1 - e^{-1}) \approx 2528.4（万元）$$

从而投资获得的纯收入的贴现值为

$$R^* = R - a = 2528.4 - 800 = 1728.4（万元）$$

(2)收回投资,即总收入的现值等于投资,假设收回该笔投资的时间为 x 年,则

$$R = \int_0^x 200e^{-0.05t}dt = -\frac{200}{0.05}\int_0^x e^{-0.05t}d(-0.05t) = 800$$

$$-4000e^{-0.05t}\Big|_0^x = 800$$

$$4000(1 - e^{-0.05x}) = 800$$

$$x = \frac{1}{0.05}\ln\frac{200}{200 - 800\times 0.05} = 20\ln1.25 \approx 4.46（年）$$

即收回该笔投资的时间约为 4.46 年。

注意　一般地,若企业投资 a 元,并通过前期数据预测后估计今后 T 年中每年的收入率约为 A 元,若年利率为 r,则 T 年内该笔投资的总收入现值为 $\frac{A}{r}(1 - e^{-rT})$ 元;纯收入贴现值为总收入现值减去投资值,即为 $\frac{A}{r}(1 - e^{-rT}) - a$ 元;收回该笔资金的年限约为 $T = \frac{1}{r}\ln\frac{A}{A - ar}$ 年。如果今后每年的收入率不一样,以上值如何求? 如果无限期时间,总收入现值如何求?

案例 3.14　**【航空公司租买飞机决策】**某航空公司为了发展新航线的航运业务,需要增加 5 架波音 747 客机,如果购进一架客机需要一次支付 5000 万美元现金,客机的使用寿命为 15 年。如果租用一架客机,每年需要支付 600 万美元的租金,租金以均匀货币流的方式

支付,银行的年利率为 12%,请问:购买客机与租用客机哪种方案为佳? 如果银行的年利率为 6% 呢?

解 购买一架飞机可以使用 15 年,但需要马上支付 5000 万美元,而同样租一架飞机使用 15 年,则需要以均匀货币流方式支付 15 年租金,年流量为 600 万美元,两种方案所支付的价值无法直接比较,必须将它们都化为同一时刻的价值才能比较。我们以当前价值为准。

购买一架飞机的当前价值为 5000 万美元;

租用一架飞机 15 年间资金现值,根据前面的内容知,应为

$$P = \int_0^{15} 600 e^{-0.12t} dt = -5000 e^{-0.12t} \Big|_0^{15}$$
$$= 5000(1 - e^{-1.8}) \approx 4173.5 \text{(万美元)}$$

比较知,此时租用飞机比较划算。

当银行年利率只有 6% 时,租用飞机 15 年间资金现值为

$$P = \int_0^{15} 600 e^{-0.06t} dt = -10000 e^{-0.06t} \Big|_0^{15}$$
$$= 10000(1 - e^{-0.9}) \approx 5934.3 \text{(万美元)}$$

此时买飞机比较划算。

案例 3.15 【商品需求量与价格的关系】某商品需求量 q 是价格 p 的函数,经调研知,该类商品市场最大需求量为 100 单位,已知边际需求函数为 $q'(p) = -\dfrac{30}{p+1}$,试分析该商品市场需求量与价格的函数关系,以便为定价决策提供数据依据。

解 通过边际需求函数的不定积分,得

$$\int q'(p) dp = -\int \frac{30}{p+1} dp = -30 \ln|p+1| + C$$

再由 $q(0) = 100$ 代入上式,求得

$$C = 100$$

所以需求量与价格的函数关系是

$$q(p) = -30 \ln|p+1| + 100$$

案例 3.16 【图形面积计算】试求由曲线 $y = (2x+3)^2$、$y = 5x$ 以及直线 $x = 1$ 和 $x = 2$ 围成的几何图形的面积。

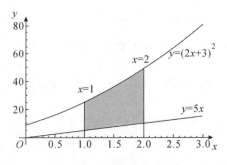

图 3.13 几何图形的面积

解 如图 3.13 所示,曲线 $y = (2x+3)^2$、$y = 5x$ 与直线 $x = 1$ 和 $x = 2$ 的交点分别为 $(1,25)$,$(1,5)$,$(2,10)$,$(2,49)$,则所求面积为

$$S = \int_1^2 \left[(2x+3)^2 - 5x \right] \mathrm{d}x$$

$$= \left[\frac{1}{6}(2x+3)^3 - \frac{5}{2}x^2 \right] \Big|_1^2$$

$$= \left(\frac{343}{6} - 10 \right) - \left(\frac{125}{6} - \frac{5}{2} \right)$$

$$= \frac{173}{6}$$

所以曲线 $y = (2x+3)^2$、$y = 5x$ 与直线 $x = 1$ 和 $x = 2$ 围成的几何图形面积为 $\frac{173}{6}$。

三 分部积分法

引例 3.6 **【总收入现值】** 若某企业投资 500 万元，年利率为 5%，每年商品给企业带来的收入是不均匀的，设在 10 年内的收入率近似满足函数 $f(t) = -5t + 150$（万元/年），试分析该笔投资的总收入贴现值。

问题分析 根据资金现值的分析计算方法，知该笔投资的总收入的现值为

$$R = \int_0^{10} (-5t + 150) \mathrm{e}^{-0.05t} \mathrm{d}t = \int_0^{10} -5t \mathrm{e}^{-0.05t} \mathrm{d}t + \int_0^{10} 150 \mathrm{e}^{-0.05t} \mathrm{d}t$$

这就转化为如何求两个积分的问题，对于 $\int_0^{10} 150 \mathrm{e}^{-0.05t} \mathrm{d}t$，我们可以利用前面的换元积分方法解决，但对于 $\int_0^{10} -5t \mathrm{e}^{-0.05t} \mathrm{d}t$，我们却不能利用前面的方法解决，那我们如何解决该类型的积分计算呢？

这就是我们下面要重点分析的分部积分法。

若函数 $u = u(x)$，$v = v(x)$ 在区间 $[a,b]$ 上具有连续导数，则有
$$(uv)' = u'v + uv', uv' = (uv)' - u'v$$

两边积分得：$\int uv' \mathrm{d}v = uv - \int u'v \mathrm{d}x = uv - \int v \mathrm{d}u$

即
$$\int u \mathrm{d}v = uv - \int v \mathrm{d}u = uv - \int u'v \mathrm{d}x$$

这就是**不定积分的分部积分法（Subsection Integration）**。该公式把比较难求的 $\int u \mathrm{d}v$ 转化为比较容易求的 $\int v \mathrm{d}u$，达到化难为易的目的。在实际问题中，要求定积分，可以先通过上述公式求出原函数后，再利用牛顿—莱布尼兹公式求定积分，也可以按下述公式直接求定积分；但在计算过程中要注意换元换限等问题。

$$\int_a^b u \mathrm{d}v = (uv) \Big|_a^b - \int_a^b u'v \mathrm{d}x$$

根据分部积分公式，我们可以解决很多以前无法求解的积分问题。

⊛ 例题分析

例 3.20 求 $\int x\mathrm{e}^x\mathrm{d}x$。

解 根据分部积分公式,得

$$\int x\mathrm{e}^x\mathrm{d}x = \int x\mathrm{d}(\mathrm{e}^x)$$

$$= x\mathrm{e}^x - \int x'\mathrm{e}^x\mathrm{d}x = x\mathrm{e}^x - \int \mathrm{e}^x\mathrm{d}x = x\mathrm{e}^x - \mathrm{e}^x + C$$

例 3.21 求 $\int x\mathrm{e}^{-x}\mathrm{d}x$。

解 根据分部积分公式,得

$$\int x\mathrm{e}^{-x}\mathrm{d}x = \int x\mathrm{d}(-\mathrm{e}^{-x})$$

$$= x(-\mathrm{e}^{-x}) - \int x'(-\mathrm{e}^{-x})\mathrm{d}x = x(-\mathrm{e}^{-x}) + \int \mathrm{e}^{-x}\mathrm{d}x$$

$$= x(-\mathrm{e}^{-x}) - \int \mathrm{e}^{-x}\mathrm{d}(-x) = -x\mathrm{e}^{-x} - \mathrm{e}^{-x} + C$$

分部积分法
(幂函数乘以
指数函数)

例 3.22 求 $\int x\cos 2x\mathrm{d}x$。

解 根据分部积分公式,得

$$\int x\cos 2x\mathrm{d}x = \int x\mathrm{d}\left(\frac{1}{2}\sin 2x\right) = x \cdot \frac{1}{2}\sin 2x - \int x' \cdot \frac{1}{2}\sin 2x\mathrm{d}x$$

$$= \frac{1}{2}x\sin 2x - \frac{1}{2} \cdot \frac{1}{2}\int \sin 2x\mathrm{d}2x$$

$$= \frac{1}{2}x\sin 2x + \frac{1}{4}\cos 2x + C$$

分部积分法
(幂函数乘以
三角函数)

例 3.23 求 $\int x^2\ln x\mathrm{d}x$。

解 根据分部积分公式,得

$$\int x^2\ln x\mathrm{d}x = \int \ln x\mathrm{d}\left(\frac{x^3}{3}\right)$$

$$= \frac{x^3}{3}\ln x - \int (\ln x)'\frac{x^3}{3}\mathrm{d}x$$

$$= \frac{x^3}{3}\ln x - \int \frac{1}{x} \cdot \frac{x^3}{3}\mathrm{d}x$$

$$= \frac{1}{3}x^3\ln x - \frac{1}{3}\int x^2\mathrm{d}x$$

$$= \frac{1}{3}x^3\ln x - \frac{1}{9}x^3 + C$$

分部积分法
(幂函数乘以
对函数)

例 3.24 求 $\int \arctan x \mathrm{d}x$。

解 根据分部积分公式,得

$$
\begin{aligned}
\int \arctan x \mathrm{d}x &= x\arctan x - \int (\arctan x)' \cdot x \mathrm{d}x \\
&= x\arctan x - \int \frac{1}{1+x^2} \cdot x \mathrm{d}x \\
&= x\arctan x - \frac{1}{2}\int \frac{1}{1+x^2}\mathrm{d}(x^2+1) \\
&= x\arctan x - \frac{1}{2}\ln(x^2+1) + C
\end{aligned}
$$

例 3.25 求 $\int \mathrm{e}^x \sin x \mathrm{d}x$。

分部积分法
(指数函数乘以
三角函数)

解
$$
\begin{aligned}
\int \mathrm{e}^x \sin x \mathrm{d}x &= \int \sin x \mathrm{d}(\mathrm{e}^x) = \sin x \mathrm{e}^x - \int (\sin x)' \mathrm{e}^x \mathrm{d}x \\
&= \sin x \mathrm{e}^x - \int \cos x \cdot \mathrm{e}^x \mathrm{d}x \\
&= \sin x \mathrm{e}^x - \int \cos x \mathrm{d}\mathrm{e}^x \\
&= \sin x \mathrm{e}^x - \left[\cos x \mathrm{e}^x - \int (\cos x)' \mathrm{e}^x \mathrm{d}x \right] \\
&= \sin x \mathrm{e}^x - \cos x \mathrm{e}^x - \int \mathrm{e}^x \sin x \mathrm{d}x
\end{aligned}
$$

利用解方程的知识,移项整理得

$$
2\int \mathrm{e}^x \sin x \mathrm{d}x = \sin x \mathrm{e}^x - \cos x \mathrm{e}^x + C_1
$$

所以
$$
\int \mathrm{e}^x \sin x \mathrm{d}x = \frac{1}{2}\mathrm{e}^x(\sin x - \cos x) + C
$$

多次应用分部积分法公式时,选取凑微分的函数要一致。

例 3.26 求 $\int \mathrm{e}^{3x}\cos 4x \mathrm{d}x$。

解
$$
\begin{aligned}
\int \mathrm{e}^{3x}\cos 4x \mathrm{d}x &= \int \cos 4x \mathrm{d}\left(\frac{1}{3}\mathrm{e}^{3x}\right) \\
&= \cos 4x \cdot \frac{1}{3}\mathrm{e}^{3x} - \int (\cos 4x)' \cdot \frac{1}{3}\mathrm{e}^{3x}\mathrm{d}x \\
&= \frac{1}{3}\mathrm{e}^{3x}\cos 4x + \frac{4}{3}\int \sin 4x \cdot \mathrm{e}^{3x}\mathrm{d}x \\
&= \frac{1}{3}\mathrm{e}^{3x}\cos 4x + \frac{4}{9}\int \sin 4x \mathrm{d}(\mathrm{e}^{3x}) \\
&= \frac{1}{3}\mathrm{e}^{3x}\cos 4x + \frac{4}{9}\left[\mathrm{e}^{3x}\sin 4x - \int (\sin 4x)' \cdot (\mathrm{e}^{3x})\mathrm{d}x \right] \\
&= \frac{1}{3}\mathrm{e}^{3x}\cos 4x + \frac{4}{9}\mathrm{e}^{3x}\sin 4x - \frac{16}{9}\int \mathrm{e}^{3x}\cos 4x \mathrm{d}x
\end{aligned}
$$

所以

$$\int e^{3x}\cos 4x dx = \frac{3}{25}e^{3x}\cos 4x + \frac{4}{25}e^{3x}\sin 4x + C$$

注意 分部积分法中如何选择公式中的 u 和 v 是能否成功积分的关键,通常地,按"反对幂指三(或反对幂三指)"的原则确定 u 和 v。即若被积函数为反三角函数、对数函数、幂函数、指数函数或三角函数中的某两个函数时,原则中靠前的函数确定为 u,不变形,而对原则中靠后的函数进行变形(写成原函数的导数形式)。

案例分析

案例 3.17 【总收入现值】若某企业投资 500 万元,年利率为 5%,每年商品给企业带来的收入是不均匀的,设在 10 年内的收入率近似满足函数 $f(t) = -5t + 150$(万元/年),试分析该笔投资的总收入贴现值。

分部积分法
测试题

解 根据引例 3.6 的分析知,该笔投资的总收入的现值为

$$R = \int_0^{10}(-5t+150)e^{-0.05t}dt = \int_0^{10}(-5te^{-0.05t})dt + \int_0^{10}150e^{-0.05t}dt$$

$$= -5\int_0^{10}te^{-0.05t}dt + 150\int_0^{10}e^{-0.05t}dt$$

$$= 100\int_0^{10}td(e^{-0.05t}) - 3000\int_0^{10}e^{-0.05t}d(-0.05t)$$

$$= 100te^{-0.05t}\Big|_0^{10} - 100\int_0^{10}e^{-0.05t}dt - 3000e^{-0.05t}\Big|_0^{10}$$

$$= 100te^{-0.05t}\Big|_0^{10} - 1000e^{-0.05t}\Big|_0^{10}$$

$$= 1000(万元)$$

案例 3.18 【石油产量】中原油田一口新井的原油产出率 $R(t)$(t 的单位为年)为

$$R(t) = 1 - 0.02t\sin(2\pi t)$$

求开始三年内生产的石油总量。

解 设开始三年内生产的石油总量为 W,由产出率求石油总量得

$$W = \int_0^3[1 - 0.02t\sin(2\pi t)]dt$$

$$= \int_0^3 dt + \frac{0.01}{\pi}\int_0^3 td(\cos 2\pi t)$$

$$= t\Big|_0^3 + \frac{0.01}{\pi}\left[t\cos(2\pi t)\Big|_0^3 - \int_0^3\cos(2\pi t)dt\right]$$

$$= 3 + \frac{0.01}{\pi}\left[3 - \frac{\sin(2\pi t)}{2\pi}\Big|_0^3\right]$$

$$= 3 + \frac{0.03}{\pi} \approx 3.0095$$

案例 3.19 【设备的更新决策】设备定期更新问题是企业管理决策中最常见的决策问题之一,合理的决策能使企业的利润最大化。现有一企业想对生产设备进行更新换代,但不知更新时机是否合适,请你根据所掌握的知识,帮其决策分析,相关资料如下:

根据市场分析,该企业准备更新的设备转售价格 $R(t)$ 是时间 t(周)的减函数

$$R(t) = \frac{3A}{4}\mathrm{e}^{-\frac{t}{96}}（元）$$

其中 A 是该设备的最初价格。在任何时间 t,设备产生的利润为 $p = \frac{A}{4}\mathrm{e}^{-\frac{t}{96}}$。问:该设备使用了多长时间后转售出去能使总利润最大？总利润是多少？机器卖了多少钱？

解　如前面类似案例分析知,合理的更新时间是指在该时间段更新设备能使企业获得的最大利润,因此不妨假设设备使用了 x 周后出售,能使企业获得的利润最大。此时的售价是 $R(x) = \frac{3A}{4}\mathrm{e}^{-\frac{x}{96}}$,在这段时间内机器创造的利润是 $\int_0^x \frac{A}{4}\mathrm{e}^{-\frac{t}{96}}\mathrm{d}t$。

于是,问题就成了求总收入 $f(x) = \frac{3A}{4}\mathrm{e}^{-\frac{x}{96}} + \int_0^x \frac{A}{4}\mathrm{e}^{-\frac{t}{96}}\mathrm{d}t$, $x \in (0, +\infty)$ 的最大值。

由
$$f'(x) = \frac{3A}{4} \cdot \mathrm{e}^{-\frac{x}{96}} \cdot \left(-\frac{1}{96}\right) + \frac{A}{4} \cdot \mathrm{e}^{-\frac{x}{96}}$$

令
$$f'(x) = 0$$

求得
$$\mathrm{e}^{-\frac{x}{96}} = \frac{1}{32}, \mathrm{e}^{\frac{x}{96}} = 32 , x = 96\ln 32$$

当 $x \in (0, 96\ln 32)$ 时, $f'(x) > 0$;当 $x \in (96\ln 32, +\infty)$ 时, $f'(x) < 0$。又 $96\ln 32 \approx 333$ （周）是 $f(x)$ 的唯一极值点,所以它是最大值点,$x \approx 333$,此时

$$f(333) = \frac{3A}{4}\mathrm{e}^{-\ln 32} + \frac{A}{4}\int_0^{96\ln 32} \mathrm{e}^{-\frac{t}{96}}\mathrm{d}t \approx 12.01A（元）$$

总利润
$$L = f(333) - A = 11.01A$$

此时设备的售价为 $\frac{3}{4}A\mathrm{e}^{-\frac{x}{96}}\big|_{x=96\ln 32} = \frac{3A}{128}$ （元）。

想一想　练一练（二）

不定积分
单元测试

1. 求下列不定积分:

(1) $\int \left(3 + x^2 + \frac{1}{x^2} - 2^x\right)\mathrm{d}x$;

(2) $\int \left(\frac{2x-3}{\sqrt{x}}\right)^2 \mathrm{d}x$;

(3) $\int \left(\sqrt[3]{x} - \frac{1}{\sqrt{x}}\right)\mathrm{d}x$;

(4) $\int (\cos x + 3x - \mathrm{e}^x)\mathrm{d}x$;

(5) $\int \frac{2+x^2}{x^2(1+x^2)}\mathrm{d}x$;

(6) $\int \sin^2 \frac{x}{2}\mathrm{d}x$;

(7) $\int \frac{\sin 2x}{\sin x}\mathrm{d}x$;

(8) $\int \cot^2 x\mathrm{d}x$;

(9) $\int \sec x(\sec x - \tan x)\mathrm{d}x$;

(10) $\int \frac{\cos 2x}{\cos x + \sin x}\mathrm{d}x$;

(11) $\int \frac{1}{\cos^2 x \sin^2 x}\mathrm{d}x$;

(12) $\int \frac{1+\cos^2 x}{1+\cos 2x}\mathrm{d}x$。

2. 求下列不定积分:

(1) $\int \sin \frac{1}{3}x\mathrm{d}x$;

(2) $\int \frac{\mathrm{d}x}{\sqrt[3]{5-3x}}$;

(3) $\int x\sqrt{1-x^2}\,\mathrm{d}x$;

(4) $\int \cos(2x-3)\,\mathrm{d}x$;

(5) $\int \dfrac{1}{x^2}\,\mathrm{e}^{\frac{1}{x}}\,\mathrm{d}x$;

(6) $\int \mathrm{e}^{\sin x}\cos x\,\mathrm{d}x$;

(7) $\int \dfrac{1+\ln x}{x}\,\mathrm{d}x$;

(8) $\int x\mathrm{e}^{-x^2}\,\mathrm{d}x$;

(9) $\int \mathrm{e}^x\sqrt{3+4\mathrm{e}^x}\,\mathrm{d}x$;

(10) $\int \dfrac{\ln(1+x)}{1+x}\,\mathrm{d}x$;

(11) $\int \dfrac{\sin(\sqrt{x}+1)}{\sqrt{x}}\,\mathrm{d}x$;

(12) $\int \dfrac{\mathrm{e}^x}{1+\mathrm{e}^x}\,\mathrm{d}x$;

(13) $\int \dfrac{1}{\sqrt{x(1-x)}}\,\mathrm{d}x$;

(14) $\int x^2\sin x^3\,\mathrm{d}x$。

3. 求下列不定积分:

(1) $\int x\sin 2x\,\mathrm{d}x$;

(2) $\int x\cos 4x\,\mathrm{d}x$;

(3) $\int x\mathrm{e}^{-x}\,\mathrm{d}x$;

(4) $\int x^2\mathrm{e}^x\,\mathrm{d}x$;

(5) $\int x\ln x\,\mathrm{d}x$;

(6) $\int \ln(x+1)\,\mathrm{d}x$;

(7) $\int \arctan x\,\mathrm{d}x$;

(8) $\int \mathrm{e}^x\sin 2x\,\mathrm{d}x$;

(9) $\int \mathrm{e}^{3x}\cos x\,\mathrm{d}x$;

(10) $\int \sin(\ln x)\,\mathrm{d}x$。

4. 求下列定积分:

(1) $\int_0^1 (x^2+2x)\,\mathrm{d}x$;

(2) $\int_1^{\sqrt{3}} \dfrac{1}{1+x^2}\,\mathrm{d}x$;

(3) $\int_1^{\mathrm{e}} \dfrac{1}{x}\,\mathrm{d}x$;

(4) $\int_0^{\pi} \sin\left(x+\dfrac{\pi}{3}\right)\,\mathrm{d}x$;

(5) $\int_1^{4} \dfrac{1}{1-3x}\,\mathrm{d}x$;

(6) $\int_0^{4} \sin^2 x\cos x\,\mathrm{d}x$;

(7) $\int_1^{\mathrm{e}} x\ln x\,\mathrm{d}x$;

(8) $\int_0^{\pi} x\cos x\,\mathrm{d}x$。

5. 如果你从事物流相关工作,知道物流公司通常要租用仓库暂存货物,每天除了支付一些固定费用外,还要支付包括仓库的租金、保险费、保证金等费用,这些费用都与商品的库存量有关。现在有一物流公司,它每 30 天会收到 1200 箱巧克力,随后,它每天以一定的比例售给零售商,已知到货后的 x 天,公司的库存量是 $I(x)=1200-40\sqrt{30x}$ 箱,一箱巧克力的保管费是 0.05 元,问:公司平均每天要支付多少保管费?

6. 设净投资函数 $I(t)=8t^{\frac{1}{4}}$(万元/年),求:

(1)第 1 年期间资本积累的总量;

(2)若原始资本 $Z(0)$ 为 100 万元,问:从开始到第 8 年末的总资本是多少?

7. 通过生产技术试验,制造商发现产品的边际成本可由下面函数确定:

$$C'(q)=2q+5 \text{(元)}$$

其中 q 是产品的单位数(件),已知生产的固定成本是 7 元,求总成本函数 $C(q)$。

8. 已知某商品每周生产 x 单位时,总费用的变化率是 $f(x) = 0.4x - 12$(元/单位),求总费用 $F(x)$；如果这种产品的销售单价是 20 元,求总利润 $L(x)$,并问:每周生产多少单位时才能获得最大利润?

9. 有一个大型投资项目,投资成本为 10000(万元),投资年利率为 5%,每年的平均收入率为 2000(万元/年),求该投资 10 年的纯收入贴现值。

10. 某工厂生产某种产品的购置设备成本费用为 50 万元,在 10 年中每年可收回 20 万元,如果年利率为 $r = 9\%$,并且假定购置的设备在 10 年后完全失去价值,求其投资效益。

无穷小不是魔幻故事,微积分也非独此一家

11. 设某产品的生产是连续进行的,总产量 Q 是时间 t 的函数,如果总产量的变化率为

$$Q'(x) = \frac{324}{t^2} e^{-\frac{1}{t}} \text{（吨/日）}$$

求投产后从 $t = 3$ 天到 $t = 30$ 天这 27 天的总产量。

第三节　管理决策中的微分方程

📄 **子任务导入**

市场是一杆很奇妙的秤,任何一类商品(或任何一类服务,如物流服务、商务类服务)价格不断升高时,商品(服务)提供方提供相关商品(服务)的积极性变高,但服务需求方对商品(服务)的需求量就可能下降；反之,若商品(服务)的价格下降,因为利润空间的压缩,商品(服务)提供方的积极性变低,但需求方对商品(服务)的需求量又有一定的反弹(上升)。商品(服务)价格与供应量的关系以及商品(服务)价格与需求量的关系都可以利用该商品的前期销售数据获得(相关能力我们已基本具备),我们能不能通过调节商品(服务)的价格,使之在一个合理区间,从而使供需关系处于基本平衡状态?

这一点对供需双方而言都是比较重要的,如果公司请你来参与某类商品(服务)价格决策讨论工作,你打算如何分析这个问题呢? 准备给老板和领导层什么样的解释和建议?

请谈谈你的想法。

📄 **子任务分析**

子任务的核心问题是,如何通过分析市场供需平衡时供应函数与需求函数的关系,建立方程来获得相关信息,因此方程的求解转化为该类决策的关键之处。根据方程的特点,利用初等数学(方程)的知识往往就能解决相关问题,但当函数关系比较复杂时,可能涉及一类我们从来没有接触过的方程:含有未知函数导数或微分的方程,即微分方程。

从子任务分析情况看,为了能具备较完整的利用方程解决问题的能力,我们应具备微分方程的基本知识及相关能力。

数学知识链接

在科学技术和经济管理的许多问题中,往往需要求出所涉及的变量间的函数关系。一些简单的函数关系可以由实际问题的特点直接确定,但在一些复杂的问题中,却只能确定含有未知函数导数或微分的方程——微分方程。下面我们将介绍其基本理论以及它在经济管理中的作用。

一 微分方程的概念

引例 3.7 【广告利润问题】设某产品的利润 L 与广告费 x 的函数关系 $L = L(x)$ 满足微分方程

$$\frac{\mathrm{d}L}{\mathrm{d}x} = k(N - L)$$

且 $L(0) = L_0 (0 < L_0 < N)$,其中 k, N 为已知正常数,试分析利润 L 与广告费 x 的函数关系。

问题分析 该问题实质上就是方程的求解问题,但是该方程和我们以前接触过的方程的典型区别在于它是一个含有未知函数的一阶导数的方程,因此用以前解方程的知识无法解决这类问题。

解决引例 3.7 这类方程,需要我们具备新的数学能力——微分方程的求解能力。

含有未知函数的导数(或微分)的方程,称为**微分方程**(**Differential Equation**)。未知函数是一元函数的微分方程,称为**常微分方程**(**Ordinary Differential Equation**)。方程中未知函数导数的最高阶数,称为该微分方程的**阶**(**Order**)。

例如 $y' - x^2 = 1, 2y' + 3xy + x^2 = 0$ 称为一阶微分方程;$\dfrac{\mathrm{d}^2 s}{\mathrm{d}t^2} = \dfrac{1}{2}, y'' + py' + qy = 0$ 称为二阶微分方程;二阶及二阶以上的微分方程统称为高阶微分方程。

如果函数 $y = f(x)$ 满足一个微分方程,$x \in D$,则称它是该微分方程的**解**(**Solution**)。微分方程的解可以是显函数,也可以是由关系式 $F(x, y) = 0$ 确定的隐函数。如果微分方程的解中含有任意常数,且任意一个不相关的常数的个数与微分方程的阶数相同时,这样的解称为微分方程的**通解**(**General Solution**)。如 $y' - x^2 = 1$ 的通解是 $y = \dfrac{1}{3}x^3 + x + C$;微分方程 $\dfrac{\mathrm{d}^2 s}{\mathrm{d}t^2} = -0.4$ 的通解是 $s = -0.2t^2 + C_1 t + C_2$。

当自变量取某值时,要求未知函数及其导数取给定值,这种条件称为**初始条件**(**Initial Condition**)。满足给定的初始条件的解,称为微分方程满足该初始条件的**特解**(**Specific Solution**)。

二　微分方程的求解

常见的微分方程包括可分离变量的微分方程、一阶线性微分方程、二阶常系数微分方程等,但在这里,我们主要介绍可分离变量的微分方程和一阶线性微分方程,其他的微分方程知识可以查阅相关资料。

1. 可分离变量的微分方程求解

如何求解微分方程的通解或特解呢? 针对不同类型的微分方程,其求解方法各有不同。

对于引例 3.7 中的微分方程,我们分析其微分方程的特点,发现该微分方程可以分解为

$$\frac{\mathrm{d}L}{N - L} = k\,\mathrm{d}x$$

的形式,这样微分方程的一边只含有变量 L,另一边只含有变量 x,两边分别积分,即可求出利润 L 与广告费 x 的函数关系。

一般地,称形如

$$\frac{\mathrm{d}y}{\mathrm{d}x} = f(x) \cdot g(y)$$

的微分方程为**可分离变量的微分方程**(**Variable Separable Differential Equations**)。

对于可分离变量的微分方程,为了求解,可将它写成

$$h(y)\,\mathrm{d}y = f(x)\,\mathrm{d}x$$

其中,$h(y) = \dfrac{1}{g(y)}$。

这样,所有的 y 都在等式的一侧,x 在另一侧,对等式两边同时积分

$$\int h(y)\,\mathrm{d}y = \int f(x)\,\mathrm{d}x$$

即可求出可分离变量微分方程的通解。

例题分析

例 3.27 求微分方程 $\dfrac{\mathrm{d}y}{\mathrm{d}x} = 2xy$ 的通解。

可分离变量的
微分方程的解法

解 分离变量，得

$$\frac{\mathrm{d}y}{y} = 2x\mathrm{d}x$$

两边积分，得

$$\int \frac{\mathrm{d}y}{y} = \int 2x\mathrm{d}x$$

求积分，得

$$\ln|y| = x^2 + C_1$$

即

$$y = \pm\, \mathrm{e}^{C_1} \cdot \mathrm{e}^{x^2}$$

记 $\pm\, \mathrm{e}^{C_1} = C \neq 0$，得方程的通解 $y = C\mathrm{e}^{x^2}$。

例 3.28 求微分方程 $xy\mathrm{d}y + \mathrm{d}x = y^2\mathrm{d}x + y\mathrm{d}y$ 满足条件 $y\big|_{x=0} = 2$ 的特解。

解 分离变量，得

$$\frac{y}{y^2-1}\mathrm{d}y = \frac{1}{x-1}\mathrm{d}x$$

两边积分，得

$$\int \frac{y}{y^2-1}\mathrm{d}y = \int \frac{1}{x-1}\mathrm{d}x$$

求积分得

$$\frac{1}{2}\ln|y^2-1| = \ln|x-1| + C_1$$

$$\ln|y^2-1| = 2\ln|x-1| + 2C_1$$

即

$$|y^2-1| = (x-1)^2\mathrm{e}^{2C_1}$$

$$y^2-1 = \pm\, \mathrm{e}^{2C_1}(x-1)^2$$

记 $\pm\, \mathrm{e}^{2C_1} = C \neq 0$，得方程的通解 $y^2-1 = C(x-1)^2$，代入初始条件 $y\big|_{x=0} = 2$ 得 $C = 3$，所以特解为 $y^2-1 = 3(x-1)^2$。

案例分析

案例 3.20 【广告利润问题】计算引例 3.7 微分方程

$$\frac{\mathrm{d}L}{\mathrm{d}x} = k(N-L)$$

的特解，其中 $L(0) = L_0 (0 < L_0 < N)$，k、N 为已知正常数。

解 分离变量，得 $\dfrac{\mathrm{d}L}{N-L} = k\mathrm{d}x$

两边同时积分，得

$$-\ln(N-L) = kx + C_1$$

即

$$N-L = \mathrm{e}^{-(kx+C_1)} = C\mathrm{e}^{-kx}$$

其中

$$C = \mathrm{e}^{-C_1}$$

即所求利润与广告费的函数关系为 $L = N - C\mathrm{e}^{-kx}$。

由 $L(0) = L_0$，得 $C = N - L_0$，

于是有 $L = N - (N - L_0)\mathrm{e}^{-kx}$。

根据题设知 $0 < L_0 < N, k, N$ 为已知正常数,所以

$$N > (N - L_0)\mathrm{e}^{-kx} > 0$$

所以微分方程 $\dfrac{\mathrm{d}L}{\mathrm{d}x} = k(N - L)$ 中,$\dfrac{\mathrm{d}L}{\mathrm{d}x} > 0$,即 L 是 x 的单调增函数,且 $\lim\limits_{x \to +\infty} L(x) = N$,即利润 L 随广告费 x 增加而趋于常数 N。

显然,广告是一种提高产品利润的手段,但其作用是有限的。

案例 3.21 **【国民收入总值】** 我国 2008 年国民生产总值为 300670 亿元,如果我国能保持每年 8% 的相对增长率,问:到 2013 年我国的国民生产总值是多少?

解 设我国的国民生产总值为 $p(t)$,由题意有

$$\frac{\dfrac{\mathrm{d}p(t)}{\mathrm{d}t}}{p(t)} = 8\%, \text{且 } p(0) = 300670$$

分离变量得

$$\frac{\mathrm{d}p(t)}{p(t)} = 8\% \, \mathrm{d}t$$

两边同时积分,得

$$\ln p(t) = 0.08t + \ln C$$

即

$$p(t) = C\mathrm{e}^{0.08t}$$

而 $p(0) = 300670$,于是有 $C = 300670$,即

$$p(t) = 300670\mathrm{e}^{0.08t}$$

将 $t = 5$ 代入上式,可以得出我国 2013 年的国民生产总值预测值为

$$p(5) = 300670\mathrm{e}^{0.085} = 448546.9 \text{(亿元)}$$

案例 3.22 **【账户余额】** 某银行账户以当年余额的 2% 的年利率连续每年赢取利息,假设最初存入的数额为 M_0,并且之后没有其他数额存入和支出,求账户中的余额 y 与时间 t(年)的函数关系。

解 设余额 y 与时间 t 的函数关系为 $y = y(t)$,根据题意,有

$$\frac{\mathrm{d}y}{\mathrm{d}t} = 0.02y$$

分离变量

$$\frac{\mathrm{d}y}{y} = 0.02\mathrm{d}t$$

两边同时积分,得

$$y = C\mathrm{e}^{0.02t}$$

将 $y|_{t=0} = M_0$ 代入,得 $C = M_0$,所以账户中的余额 y 与时间 t(年)的函数关系为 $y = M_0\mathrm{e}^{0.02t}$。

2. 一阶线性微分方程求解

引例 3.8 **【商品价格变化规律】** 设某种商品的供给量 q_1 与需求量 q_2 是只依赖于价格 p 的线性函数,且在时间 t 时价格 $p(t)$ 的变化率与这时的过剩需求量成正比,试确定这种商品的价格随时间 t 的变化规律。

问题分析 该问题首先要求我们建立相关的等量关系(数学模型),然后再求解。根据问题描述,可以设商品的供给量函数为 $q_1 = -a + bq$;商品的需求量函数为 $q_2 = c - dp$,其中 a, b, c, d 都是已知的正常数;同时问题中表明了价格的变化率与过剩需求量成正比的关

系,若记价格 p 是时间 t 的函数 $p = p(t)$,可以建立一个等量关系式

$$\frac{\mathrm{d}p}{\mathrm{d}t} = m(q_2 - q_1)$$

其中 m 是正的常数,将前两式代入上式得

$$\frac{\mathrm{d}p}{\mathrm{d}t} + kp = h$$

其中 $k = m(b+d)$,$h = m(a+c)$,都是正的常数。

分析该等量关系式,和引例 3.7 类似,也是一个含有未知函数的一阶导数的方程,但它无法通过分离变量的方式解决,因此需要寻求新的解决思想与方法。

形如

$$\frac{\mathrm{d}y}{\mathrm{d}x} + P(x)y = Q(x)$$

的微分方程,称为**一阶线性微分方程**(Linear First-Order Differential Equation),其中 $P(x)$、$Q(x)$ 都是 x 的已知连续函数,"线性"是指未知函数 y 和它的导数 y' 都是一次的。$Q(x)$ 称为自由项,当 $Q(x) = 0$ 时,

$$\frac{\mathrm{d}y}{\mathrm{d}x} + P(x)y = 0$$

称为**一阶线性齐次微分方程**(Linear First-Order Differential Equation),当 $Q(x) \neq 0$ 时,原微分方程称为**一阶线性非齐次微分方程**(Linear non homogeneous First-Order Differential Equation)。

例如 $3y' + x^2 y = 0$,$\dfrac{\mathrm{d}y}{\mathrm{d}x} + y = 0$ 都为一阶线性齐次微分方程,而 $y' + 2xy + 2x^3 = 0$,$\dfrac{\mathrm{d}y}{\mathrm{d}x} + \dfrac{1}{x}y = \dfrac{\sin x}{x}$ 都为一阶线性非齐次微分方程。

为了求一阶线性非齐次微分方程的解,先讨论对应的齐次方程 $\dfrac{\mathrm{d}y}{\mathrm{d}x} + P(x)y = 0$ 的解。该方程可以看成可分离变量方程。分离变量后,得

$$\frac{\mathrm{d}y}{y} = -P(x)\mathrm{d}x$$

两边同时积分,得

$$\ln|y| = -\int P(x)\mathrm{d}x + C_1$$

所以

$$y = C\mathrm{e}^{-\int P(x)\mathrm{d}x}$$

其中 $C = \pm \mathrm{e}^{C_1}$。

那么,如何求一阶线性非齐次微分方程的解呢?

我们设想,如果仍按求解一阶线性齐次微分方程的方法,求解一阶线性非齐次微分方程,那么 $\dfrac{\mathrm{d}y}{\mathrm{d}x} + P(x)y = Q(x)$ 可变为

$$\frac{\mathrm{d}y}{y} = \left[\frac{Q(x)}{y} - P(x)\right]\mathrm{d}x$$

两边同时积分,得

$$y = \mathrm{e}^{\int \frac{Q(x)}{y}\mathrm{d}x} \cdot \mathrm{e}^{-\int P(x)\mathrm{d}x}$$

由于其中 y 是一个关于 x 的函数,所以式 $y = \mathrm{e}^{\int \frac{Q(x)}{y}\mathrm{d}x}$ 一定是一个关于 x 的函数。所以设式 $\dfrac{\mathrm{d}y}{\mathrm{d}x} + P(x)y = Q(x)$ 的解为

$$y = C(x)\mathrm{e}^{-\int P(x)\mathrm{d}x}$$

将式 $y = C(x)\mathrm{e}^{-\int P(x)\mathrm{d}x}$ 代入原微分方程计算可得,一阶线性非齐次微分方程的通解为

$$y = \mathrm{e}^{-\int P(x)\mathrm{d}x}\left(\int Q(x)\mathrm{e}^{\int P(x)\mathrm{d}x}\mathrm{d}x + C\right)$$

其中 C 为任意常数。

求一阶非齐次线性微分方程通解的方法是将对应的齐次线性方程通解中的常数 C 用一个函数 $C(x)$ 来代替,然后再求出这个待定函数 $C(x)$ 的待定系数,因此这种方法称为**常数变易法**(**Constant Variation**)。

如果在求解一阶线性非齐次微分方程时,直接利用公式

$$y = \mathrm{e}^{-\int P(x)\mathrm{d}x}\left(\int Q(x)\mathrm{e}^{\int P(x)\mathrm{d}x}\mathrm{d}x + C\right)$$

计算也可以,一般称这种方法为**公式法**(**Formula Method**)。

例如,求微分方程 $\dfrac{\mathrm{d}y}{\mathrm{d}x} - 3y = \mathrm{e}^{2x}$ 的通解,可以利用常数变易法求解如下:

先计算对应齐次微分方程 $\dfrac{\mathrm{d}y}{\mathrm{d}x} - 3y = 0$ 的通解。

分离变量,得
$$\frac{\mathrm{d}y}{y} = 3\mathrm{d}x$$

两边同时积分,得对应齐次微分方程的通解为 $y = C\mathrm{e}^{3x}$,令原方程的通解为 $y = C(x)\mathrm{e}^{3x}$,代入原微分方程,得 $C'(x) = \mathrm{e}^{-x}$,于是

$$C(x) = -\mathrm{e}^{-x} + C$$

所以,原微分方程的通解为

$$C(x) = \mathrm{e}^{3x}(-\mathrm{e}^{-x} + C) = -\mathrm{e}^{2x} + C\mathrm{e}^{3x}\ (C\ 为任意常数)$$

这种方法比较烦琐,为了方便求解一阶线性非齐次微分方程的解,通常利用公式法即可。

例 3.29　求微分方程 $y' - 2xy = \mathrm{e}^{x^2}\cos x$ 的通解。

解　可以按公式法求解如下:

将 $P(x) = -2x, Q(x) = \mathrm{e}^{x^2}\cos x$,代入一阶线性非齐次微分方程的通解的公式,得

$$
\begin{aligned}
y &= \mathrm{e}^{-\int P(x)\mathrm{d}x}\left(\int Q(x)\mathrm{e}^{\int P(x)\mathrm{d}x}\mathrm{d}x + C\right)\\
&= \mathrm{e}^{-\int -2x\mathrm{d}x}\left(\int \mathrm{e}^{x^2}\cos x\,\mathrm{e}^{\int -2x\mathrm{d}x}\mathrm{d}x + C\right)\\
&= \mathrm{e}^{x^2}\left(\int \mathrm{e}^{x^2}\cos x \cdot \mathrm{e}^{-x^2}\mathrm{d}x + C\right)\\
&= \mathrm{e}^{x^2}\left(\int \cos x\,\mathrm{d}x + C\right)\\
&= \mathrm{e}^{x^2}(\sin x + C)\ (C\ 为任意常数)
\end{aligned}
$$

一阶线性非齐次
微分方程解法

可以看出公式法比常数变易法简单,但必须熟记公式。

案例 3.23 【温度问题】一电动机运转后,每秒钟温度升高 1℃,设室内温度为 20℃,电动机温度的冷却速率和电动机与室内温差成正比,求电动机运转 t s 后的温度 T(单位为℃)。

解 电动机运转后,温度升高的速率为 1℃/s,冷却速率为 $k(T-20)$ ℃/s(k 为常数),故有

$$\frac{\mathrm{d}T}{\mathrm{d}t} = 1 - k(T-20)$$

即

$$\frac{\mathrm{d}T}{\mathrm{d}t} + kT = 1 + 20k$$

而 $T\big|_{t=0} = 20$,这是一阶线性非齐次微分方程,利用通解公式得

$$T = \mathrm{e}^{-\int k\mathrm{d}t}\left[\int(1+20k)\mathrm{e}^{\int k\mathrm{d}t}\mathrm{d}t + C\right]$$

$$= \mathrm{e}^{-kt}\left[\frac{(1+20k)\mathrm{e}^{kt}}{k} + C\right]$$

将初始条件 $T\big|_{t=0} = 20$ 代入上式,得 $C = -\dfrac{1}{k}$

所以电动机运转 t s 后的温度为 $T(t) = 20 + \dfrac{1}{k}(1 - \mathrm{e}^{-kt})$

案例 3.24 【血液中葡萄糖含量】静脉输入葡萄糖是一种重要的医疗技术,为了研究这一过程,设 $G(t)$ 为 t 时刻血液中的葡萄糖含量,且设葡萄糖以 k g/min 的固定速率输入到血液中。与此同时,血液中的葡萄糖还会转化为其他物质或转移到其他地方,其速率与血液中的葡萄糖含量成正比,试列出描述这一情况的微分方程,并解之。

解 因为血液中葡萄糖含量的变化率 $\dfrac{\mathrm{d}G(t)}{\mathrm{d}t}$ 等于增加速率与减少速率之差,而增加速率为常数 k,减少速率(即转化为其他物质或转移到其他地方的速率)为 αG,其中 α 为正比例系数(常数)。所以

$$\frac{\mathrm{d}G(t)}{\mathrm{d}t} = k - \alpha G(t) \quad \text{或} \quad \frac{\mathrm{d}G(t)}{\mathrm{d}t} + \alpha G(t) = k$$

这是一阶线性非齐次微分方程,利用通解公式得

$$G(t) = \mathrm{e}^{-\int \alpha\mathrm{d}t}(\int k\mathrm{e}^{\int \alpha\mathrm{d}t}\mathrm{d}t + C)$$

$$= \mathrm{e}^{-\alpha t}\left(\frac{k}{\alpha}\mathrm{e}^{\alpha t} + C\right) = \frac{k}{\alpha} + C\mathrm{e}^{-\alpha t}$$

$G(0)$ 表示最初血液中葡萄糖的含量,有

$$G(0) = \frac{k}{\alpha} + C$$

即

$$C = G(0) - \frac{k}{\alpha}$$

这样便得到

$$G(t) = \frac{k}{a} + \left(G(0) - \frac{k}{a}\right)\mathrm{e}^{-at}$$

此式即为 t 时刻血液中的葡萄糖含量。

想一想　练一练(三)

1. 求下列微分方程的通解：

(1) $y' = 2xy^3$；　　　　　　　(2) $x^2 y' = (x+2)(1+y^2)$。

2. 求下列微分方程的通解：

(1) $y' + 2y = 4x$；　　　　　　(2) $\dfrac{\mathrm{d}y}{\mathrm{d}x} + 2xy = \mathrm{e}^{-x^2}$。

微分方程测试题

3. 已知某商品的需求价格弹性为 $\dfrac{\mathrm{d}q}{\mathrm{d}p} = -p(\ln p + 1)$，且当 $p = 1$ 时，需求量 $q = 1$，试求商品对价格的需求函数。

4. 某企业 2010 年的总产值为 2000 千万元，如果该企业产值能保持每年 3% 的相对增长率，问：到 2015 年该企业的总产值是多少？

5. 英国人口学家马尔萨斯(Malthus)根据百余年的人口统计资料，于 1798 年提出了如下的人口指数增长模型

$$\begin{cases} x'(t) = rx(t) \\ x(t_0) = x_0 \end{cases}$$

其中 $x(t_0)$ 表示在 $t = t_0$ 时的人口总数为 x_0，$x(t)$ 表示 t 时的人口总数，r 为常数，表示年均人口增长率。若某地区 2010 年人口总数为 300 万人，年均人口增长率为 12‰，若该地区人口年均增长率继续保持不变，试用马尔萨斯人口指数增长模型预测该地区 2020 年的人口总数。

7. 某人的食量是 2500cal/天，其中 1200cal/天用于基本的新陈代谢（即自动消耗）。在健身训练中，他所消耗的大约是 16cal/(kg·天)，乘以他的体重(kg)。假设以脂肪形式贮藏的热量 100% 有效，而 1kg 脂肪含热量 10000cal。求出这人的体重是怎样随时间变化的。（设这个人的原始体重为 w_0，每天体重随时间的变化率等于摄入率－消耗率，建立微分方程即可）

8. 某产品的边际收入函数为 $\dfrac{\mathrm{d}R}{\mathrm{d}q} = 100 - 0.01q$，试求总收入函数。

9. 某商品的固定成本为 10 元，边际成本满足 $\dfrac{\mathrm{d}C}{\mathrm{d}q} = q^{-\frac{1}{2}} + \dfrac{1}{2000}$，试求该商品的成本函数。

数学知识拓展

积分的运算是应用数学问题中最难的内容之一，要提高积分的运算能力，关键是能根据被积函数的特点合理地运算不同的积分方法积分。常见的积分方法包括直接积分法、第一换元积分法、第二换元积分法和分部积分法等，下面介绍前面没有介绍的第二换元积分法。

1. 第二换元积分法

第一换元法是选择新积分变量 u，令 $u = \varphi(x)$ 进行换元，但对类似于 $\int \sqrt{a^2 - x^2}\,\mathrm{d}x$ 的问题，用第一换元积分法是很难解决的，若反其道而行之，令 $x = a\sin t$ 进行换元，则能很顺利地将被积函数的无理数形式转化为有理式形式，最终求出积分。

在计算 $\int f(x)\mathrm{d}x$ 时,令 $x = \varphi(t)$ 进行换元,化为

$$\int f(x)\mathrm{d}x \overset{x=\varphi(t)}{=\!=\!=} \int f[\varphi(t)]\mathrm{d}[\varphi(t)] = \int f[\varphi(t)]\varphi'(t)\mathrm{d}x$$
$$= F(t) + C = F[\varphi^{-1}(x)] + C$$

这类积分法叫作**第二换元积分法(The Second Element Integral Method)**。第二换元积分法包括三角代换法和简单根式代换法等。

例题分析

例 3.30 求下列积分:

(1) $\displaystyle\int \frac{\mathrm{d}x}{1+\sqrt{x}}$;

(2) $\displaystyle\int \frac{\mathrm{d}x}{\sqrt[3]{x}+\sqrt{x}}$;

(3) $\displaystyle\int \sqrt{a^2 - x^2}\,\mathrm{d}x$($a>0$);

(4) $\displaystyle\int \frac{\mathrm{d}x}{\sqrt{9+4x^2}}$。

第二换元
积分法 1

解 (1) $\displaystyle\int \frac{\mathrm{d}x}{1+\sqrt{x}} \overset{\sqrt{x}=t}{=\!=\!=} \int \frac{\mathrm{d}t^2}{1+t} = \int \frac{2t\mathrm{d}t}{1+t} = 2\int \frac{(t+1)-1}{1+t}\mathrm{d}t$

$\qquad = 2\int \left(1 - \dfrac{1}{1+t}\right)\mathrm{d}t = 2t - 2\ln|1+t| + C$

$\qquad = 2\sqrt{x} - 2\ln|1+\sqrt{x}| + C$

(2) $\displaystyle\int \frac{\mathrm{d}x}{\sqrt[3]{x}+\sqrt{x}} \overset{\sqrt[6]{x}=t}{=\!=\!=} \int \frac{\mathrm{d}t^6}{t^2+t^3} = \int \frac{6t^3\mathrm{d}t}{1+t} = 6\int \left(t^2 - t + 1 - \frac{1}{1+t}\right)\mathrm{d}t$

$\qquad = 2t^3 - 3t^2 + 6t - 6\ln|1+t| + C$

$\qquad = 2\sqrt{x} - 3\sqrt[3]{x} + 6\sqrt[6]{x} - 6\ln|1+\sqrt[6]{x}| + C$

第二换元
积分法 2

(3) $\displaystyle\int \sqrt{a^2 - x^2}\,\mathrm{d}x \overset{x=a\sin t}{=\!=\!=} \int \sqrt{a^2(1-\sin^2 t)}\,\mathrm{d}(a\sin t)$

$\qquad = a^2\int \cos^2 t\,\mathrm{d}t = a^2\int \frac{1+\cos 2t}{2}\mathrm{d}t$

$\qquad = \dfrac{a^2}{2}\left(t + \dfrac{1}{2}\sin 2t\right) + C$

$\qquad = \dfrac{a^2}{2}(t + \sin t\cos t) + C$

第二换元
积分法 3

借助图 3.14 知,$\sin t = \dfrac{x}{a}$,$t = \arcsin \dfrac{x}{a}$,$\cos t = \dfrac{\sqrt{a^2-x^2}}{a}$

所以

$$\int \sqrt{a^2 - x^2}\,\mathrm{d}x = \frac{a^2}{2}\arcsin \frac{x}{a} + \frac{x}{2}\sqrt{a^2-x^2} + C$$

(4) $\displaystyle\int \frac{\mathrm{d}x}{\sqrt{9+4x^2}} \overset{x=\frac{3}{2}\tan t}{=\!=\!=} \int \frac{1}{\sqrt{9(1+\tan^2 t)}}\mathrm{d}\left(\frac{3}{2}\tan t\right)$

$\qquad = \displaystyle\int \frac{3}{2} \cdot \frac{\sec^2 t}{3\sec t}\mathrm{d}t = \frac{1}{2}\int \sec t\,\mathrm{d}t$

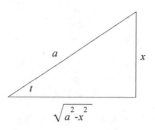

图 3.14　三角函数关系

$$= \frac{1}{2}\ln|\sec t + \tan t| + C$$

借助图 3.15 知，$\tan t = \dfrac{2x}{3}$，$\sec t = \dfrac{\sqrt{9+4x^2}}{3}$。

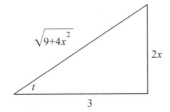

图 3.15　三角函数关系

所以 $\displaystyle\int \frac{\mathrm{d}x}{\sqrt{9+4x^2}} = \frac{1}{2}\ln\left|\frac{\sqrt{9+4x^2}}{3} + \frac{2x}{3}\right| + C$

一般地，当被积函数含二次根式 $\sqrt{a^2-x^2}$、$\sqrt{x^2-a^2}$ 或 $\sqrt{x^2+a^2}$ 时，可以利用三角代换将被积表达式做如下的变换：

（1）含有 $\sqrt{a^2-x^2}$ 时，令 $x = a\sin t$，其中 $t \in \left[-\dfrac{\pi}{2}, \dfrac{\pi}{2}\right]$；

（2）含有 $\sqrt{x^2-a^2}$ 时，令 $x = a\sec t$，其中 $t \in \left(-\dfrac{\pi}{2}, \dfrac{\pi}{2}\right)$；

（3）含有 $\sqrt{x^2+a^2}$ 时，令 $x = a\tan t$，其中 $t \in \left(-\dfrac{\pi}{2}, \dfrac{\pi}{2}\right)$。

2. 微元法及在面积中的应用

首先回顾一下解决曲边梯形面积问题的过程。

第一步，将区间 $[a,b]$ 通过插入点 $a = x_0 < x_1 < x_2 < \cdots < x_n = b$ 的方式，分割成 n 个小区间 $[x_{i-1}, x_i]$；

第二步，在每个小区间 $[x_{i-1}, x_i]$ 内，将曲边梯形面积用宽为 $\Delta x_i = x_i - x_{i-1}$，高为 $f(\xi_i)$ 的小矩形面积替代，即每个小曲边梯形面积 $S_i \approx f(\xi_i) \cdot \Delta x_i$；

第三步，求出整个曲边梯形面积的近似值 $S \approx \displaystyle\sum_{i=1}^{n} f(\xi_i) \cdot \Delta x_i$；

第四步，通过求极限，求出曲边梯形面积的精确值，即 $S = \displaystyle\lim_{\lambda \to 0} \sum_{i=1}^{n} f(\xi_i) \cdot \Delta x_i$。

从曲边梯形面积的解决思想看，其过程与定积分的思想完全一致，因此，曲边梯形的面积问题可以直接利用定积分表示为

$$S = \int_a^b f(x)\,\mathrm{d}x$$

上述解决问题的四步，简单叙述为

（1）在分割的基础上确定微元（即小矩形的面积）

$$S \approx f(x) \cdot \Delta x = f(x)\mathrm{d}x$$

（2）累积微元再求极限（对所求小矩形面积求和并求极限），得到 $[a,b]$ 上对微元的积分

$$S = \int_a^b f(x)\,\mathrm{d}x$$

这种先求整体量的微元，再用定积分求整体量的方法叫作**微元法（Infinitesimal Method）**。

一般地，求连续函数在闭区间上的总量，可以分两步完成：

（1）确定微元。找出 F 在任一微小区间 $[x, x+\mathrm{d}x]$ 上的改变量 ΔF 的近似值 $\mathrm{d}F$，即实际问题中量 F 的微元

$$\mathrm{d}F = f(x)\,\mathrm{d}x$$

（2）求总量（积分）F 就是 $\mathrm{d}F$ 在区间 $[a,b]$ 上的无穷积累，即

$$F = \int_a^b \mathrm{d}F = \int_a^b f(x)\,\mathrm{d}x$$

若函数 $f(x)$ 在 $[a,b]$ 上连续，则由曲线 $y = f(x)$、x 轴及直线 $x=a$、$x=b$ 所围成的平面图形的面积为

$$S = \int_a^b |f(x)|\,\mathrm{d}x$$

若函数 $f(x)$、$g(x)$ 在 $[a,b]$ 上连续，且 $f(x) \geqslant g(x)$，则由曲线 $y = f(x)$、$y = g(x)$，及直线 $x=a$、$x=b$ 所围成的平面图形的面积为

$$S = \int_a^b [f(x) - g(x)]\,\mathrm{d}x$$

类似地，由曲线 $x = \varphi(y)$、$x = \psi(y)$ 及直线 $x=c$、$x=d$ 所围成的平面图形的面积为

$$S = \int_c^d [\varphi(y) - \psi(y)]\,\mathrm{d}y$$

例题分析

平面图形面积
的计算

例 3.31 求由抛物线 $y = x^2$ 和 $x = y^2$ 围成的几何图形的面积。

解 如图 3.16，由方程组 $\begin{cases} y = x^2 \\ x = y^2 \end{cases}$ 的解可知，两曲线的交点为 $(0,0)$ 和 $(1,1)$，即两曲线所围成的图形恰好在直线 $x=0$ 和 $x=1$ 之间，取 x 为积分变量，则所求面积的表达式为

$$\begin{aligned} S &= \int_0^1 (\sqrt{x} - x^2)\,\mathrm{d}x \\ &= \left(\frac{2}{3}x^{\frac{3}{2}} - \frac{1}{3}x^3 \right) \Big|_0^1 \\ &= \frac{1}{3} \end{aligned}$$

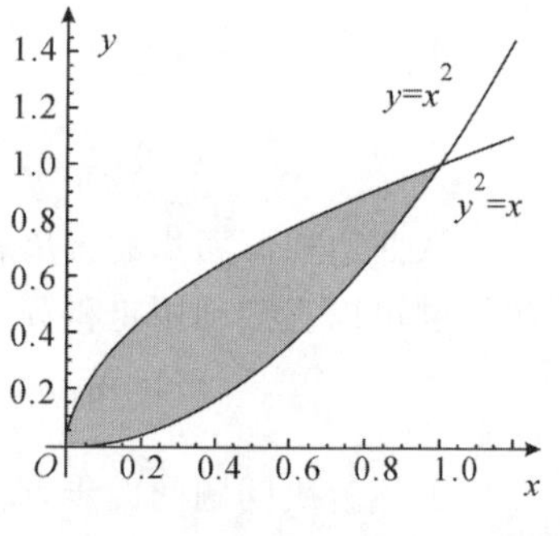

例 3.32 求由抛物线 $y^2 = 2x$ 与直线 $x - y = 4$ 围成的几何图形的面积。

解 如图 3.17，由方程组 $\begin{cases} y^2 = 2x \\ x - y = 4 \end{cases}$ 的解可知，交点为 $(2,-2)$ 和 $(8,4)$，因此图形在直线 $y=-2$ 与 $y=4$ 之间，取 y 为积分变量，则所求面积 S 的

图 3.16 几何图形面积

表达式为

$$S = \int_{-2}^{4} \left[(y+4) - \frac{y^2}{2} \right] dy$$

$$= \left(\frac{y^2}{2} + 4y - \frac{y^3}{6} \right) \Big|_{-2}^{4}$$

$$= 18$$

3. 旋转体体积

设在 xOy 平面内，由曲线 $y=f(x)(x \in [a,b])$ 与直线 $x=a$、$x=b$、$y=0$ 所围成的平面图形绕 x 轴旋转一周所产生的立体称为**旋转体**。

如图 3.18，由于垂直于 x 轴的截面图形为半径等于 y 的圆，因此该立体的截面面积为

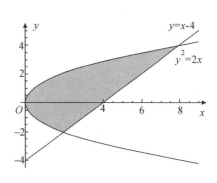

图 3.17　几何图形面积

$$A(x) = \pi y^2 = \pi [f(x)]^2$$

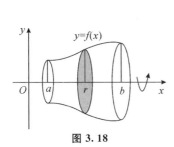

图 3.18

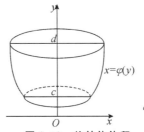

图 3.19　旋转体体积

旋转体体积
的计算

从而该旋转体的体积微元为

$$dV = \pi [f(x)]^2 dx$$

所以

$$V = \pi \int_a^b [f(x)]^2 dx$$

同理，由曲线 $x = \varphi(y)(y \in [c,d])$ 与直线 $y=c$、$y=d$ 及 $x=0$ 所围成的平面图形（如图 3.19）绕 y 轴旋转一周而生成的旋转体体积为

$$V = \pi \int_c^d [\varphi(y)]^2 dy$$

例 3.33　求由抛物线 $y=x^2$ 和 $x=y^2$ 所围成的几何图形绕着 x 轴旋转一周所成立体的体积。

解　如图 3.20，由方程组 $\begin{cases} y = x^2 \\ x = y^2 \end{cases}$ 的解可知，两曲线的交点为 $(0,0)$ 和 $(1,1)$，则所求体积 V 的微元为

$$dV = \pi [(\sqrt{x})^2 - (x^2)^2] dx$$

于是

$$V = \pi \int_0^1 [(\sqrt{x})^2 - (x^2)^2] dx$$

$$= \pi \int_0^1 (x - x^4) dx$$

$$= \pi \left(\frac{x^2}{2} - \frac{x^5}{5} \right) \Big|_0^1$$

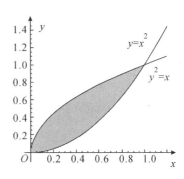

图 3.20　几何图形

$$= \frac{3\pi}{10}$$

例 3.34 求由抛物线 $y^2 = 2x$ 与直线 $x - y = 4$ 围成的几何图形绕着 y 轴旋转一周所成立体的体积。

解 如图 3.21，由方程组 $\begin{cases} y^2 = 2x \\ x - y = 4 \end{cases}$ 的解可知，交点为 $(2,-2)$ 和 $(8,4)$，因此图形在直线 $y = -2$ 与 $y = 4$ 之间，取 y 为积分变量，则所求体积 V 的微元为

$$dV = \pi\left[(y+4)^2 - \left(\frac{y^2}{2}\right)^2\right]dy$$

于是得

$$V = \pi\int_{-2}^{4}\left[(y+4)^2 - \left(\frac{y^2}{2}\right)^2\right]dy$$

$$= \left[\pi\frac{1}{3}(y+4)^3 - \frac{y^5}{20}\right]\Big|_{-2}^{4}$$

$$= \frac{576\pi}{5}$$

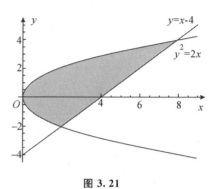

图 3.21

想一想 练一练（四）

1. 求下列不定积分：

(1) $\int \frac{x}{\sqrt{x+3}}dx$;

(2) $\int \frac{1}{1+\sqrt[3]{x+2}}dx$;

(3) $\int \frac{1}{\sqrt{x}(1+\sqrt[3]{x})}dx$;

(4) $\int \frac{dx}{(\sqrt{1+x^2})^3}$;

(5) $\int \frac{\sqrt{x^2-16}}{x}dx$;

(6) $\int \sqrt{9-x^2}\,dx$。

积分的应用测试

2. 求由下列曲线围成的平面图形的面积：

(1) $y = \frac{1}{x}$ 及直线 $y = x$、$x = 2$;

(2) $y = \frac{x^2}{2}$ 与 $x^2 + y^2 = 8$（两部分均应计算）;

(3) $y = e^x, y = e^{-x}$ 与直线 $x = 1$;

(4) $y = \ln x, y$ 轴与直线 $y = \ln a, y = \ln b(b > a > 0)$。

3. 求下列曲线所围成的平面图形绕着 x 轴旋转一周所成立体的体积。

(1) $y = x, x = 1, x$ 轴;

(2) $y = x^3, x = 1, x$ 轴;

(3) $y = e^x, x = 1, x$ 轴、y 轴。

4. 求 $y = x^2$、$y = 1$ 所围成的图形绕 y 轴旋转一周所成立体的体积。

第四章

生产安排中的决策方法

🌐 学习目标

【能力培养目标】

1. 会将一些实际问题与矩阵"互译";
2. 会制定解决生产过程中线性问题的方案;
3. 会运用数学方法求解数学模型并解释数学模型。

【知识学习目标】

1. 理解矩阵、特殊矩阵、矩阵的初等行变换等概念;
2. 掌握矩阵的运算(包括相等、加法、数乘、矩阵乘法、转置);
3. 掌握线性方程组的解法。

📋 工作任务

某情报局收到一份情报之后,需要对做过加密保护的情报信息进行解密处理。作为情报局的解密人员,你该如何对情报进行解读?

请谈谈你的想法。

🔍 工作分析

目前,大量的加密任务都是通过做矩阵运算完成的。加密工作一般是先将要发出的信息(明文)建立成明文矩阵,再给定一可逆矩阵,与明文做乘法运算,得到新的矩阵,作为要发出的信息(密文)。给定的可逆矩阵的逆就是密钥,密钥与密文的乘积就得到了明文。因此,要完成该任务,首先需要理解矩阵的概念,掌握矩阵的运算及逆矩阵的求法。

🔍 知识平台

1. 矩阵的概念;
2. 矩阵的加减乘运算;
3. 逆矩阵的初等行变换;
4. 逆矩阵的求法。

第一节　矩阵的概念及运算

🔍 子任务导入

公司要组织两个部门之间进行内部象棋联赛,规定双方各出三个人,分别为三个等级,即大师级(好的)、资深级(中等的)、业余级(差的)各一人,比赛时,每次双方各从自己的三个选手中任选一人来比赛,输的部门记－1分,赢的部门记＋1分,一轮赛三次,每个选手都参加。当时,同等级的选手中,Ⅰ部门的选手比Ⅱ部门的选手要强,这样,如果Ⅰ部门和Ⅱ部门都是大师级、资深级、业余级依次参赛的话(即策略同为:大师级选手先参赛,其次是资深级选手参赛,最后是业余级选手参赛),Ⅱ部门必输。现在,请你分析一下:Ⅱ部门有获胜的可能吗?

请谈谈你的想法。

🔍 子任务分析

对于像上面这种双方竞争的对策称为二人对策,在二人对策中,一个局中人的赢得等于另一个局中人的输掉,称这类二人对策为二人零和对策,赢得的数字称为对策的值。每当Ⅰ部门赢时,就可以看成它的赢得为＋1,这时Ⅱ部门的赢得看成是－1;如果Ⅰ部门输掉,就看成它的赢得为－1,这时Ⅱ部门的赢得为＋1。于是,在对策的结局,双方的赢得之和为零,这就是"零和"对策称呼的来由。

以 $\alpha_1(1,2,3)$ 表示Ⅰ部门先用大师级选手,再用资深级选手,最后用业余级选手参赛,于是Ⅰ部门共有如下六个策略:

$$\alpha_1(1,2,3)、\alpha_2(1,3,2)、\alpha_3(2,1,3)$$
$$\alpha_4(2,3,1)、\alpha_5(3,2,1)、\alpha_6(3,1,2)$$

同理,Ⅱ部门也有六个策略:

$$\beta_1(1,2,3)、\beta_2(1,3,2)、\beta_3(2,1,3)$$
$$\beta_4(2,3,1)、\beta_5(3,2,1)、\beta_6(3,1,2)$$

列一个表,表示Ⅰ部门的赢得:

	β_1	β_2	β_3	β_4	β_5	β_6
α_1	3	1	1	1	1	−1
α_2	1	3	1	1	−1	1
α_3	1	−1	3	1	1	1
α_4	−1	1	1	3	1	1
α_5	1	1	−1	1	3	1
α_6	1	1	1	−1	1	3

如果只考虑表中数字,写成如下矩阵形式:

$$\begin{pmatrix} 3 & 1 & 1 & 1 & 1 & -1 \\ 1 & 3 & 1 & 1 & -1 & 1 \\ 1 & -1 & 3 & 1 & 1 & 1 \\ -1 & 1 & 1 & 3 & 1 & 1 \\ 1 & 1 & -1 & 1 & 3 & 1 \\ 1 & 1 & 1 & -1 & 1 & 3 \end{pmatrix}$$

由于它是Ⅰ部门赢得表中的数字依次抽象出来的,所以这个矩阵称为Ⅰ部门的赢得矩阵。

为此,从赢得矩阵可以看出,如果Ⅰ部门采用策略 $\alpha_1(1,2,3)$,则Ⅱ部门采用策略 $\beta_6(3,1,2)$ 就能获胜。如果Ⅰ部门采用策略 $\alpha_2(1,3,2)$,则Ⅱ部门采用策略 $\beta_5(3,2,1)$ 就能获胜,依次类推。

还有一些类似的应用:2005年8月1日东亚女子足球四强赛中,韩国队采用类似战术重点制定防守策略,以 2:0 战胜中国女足,结束了延续15年"逢中必败"的历史。从中可以看出,了解矩阵的概念,并把实际问题转为矩阵来求解,会带来很大的便利。本节我们就要学习矩阵的概念及加、减、乘运算。

✐ **数学知识链接**

矩阵是线性代数的主要研究对象之一,它在数学、应用数学和社会经济管理中有着广泛的应用。目前一种先进的现代管理模式——矩阵式管理就是利用了矩阵这一数学工具建立起来的。矩阵式管理在实践中已经取得了极大的成功,国内外知名企业,如春兰集团、微软公司、IBM 等都有应用。

一　矩阵代数

矩阵是数学中一个重要的概念,它在现代管理科学、自然科学、工程技术等各个领域得到广泛应用。本节主要介绍矩阵的概念及运算。

1. 矩阵的概念

引例 4.1 【**历史回顾**】 矩阵这个概念是从解线性方程组中产生的。我国现存的最古老的数学书《九章算术》中,就有一个线性方程组的例子:

$$\begin{cases} 3x + 2y + z = 39 \\ 2x + 3y + z = 34 \\ x + 2y + 3z = 26 \end{cases}$$

为了使用加减消去法解方程,古人把系数排成如图 4.1 所示的方形。

古时称这种矩形的数表为"方程"或"方阵",其意思与矩阵相仿。在西方,矩阵这个词是 1850 年由西尔维特(James Joseph Sylvester,1814—1897 年,英国人)提出的。用矩阵来称呼由线性方程组的系数所排列起来的长方形表,与我国"方程"一词的意思是一致的。

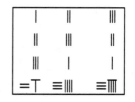

图 4.1　系数正方形

引例 4.2 【**成绩统计**】某高职院校甲、乙两学生,第一学期的数学、英语、大学计算机文化基础成绩如表 4.1 所示。

表 4.1　成绩统计

	数学	英语	大学计算机文化基础
学生甲	74	96	91
学生乙	82	89	75

为了简便,可以把它写成两行三列的矩形数表:

$$\begin{bmatrix} 74 & 96 & 91 \\ 82 & 89 & 75 \end{bmatrix}$$

定义 4.1 由 $m \times n$ 个数 a_{ij} ($i = 1, 2, \cdots, m; j = 1, 2, \cdots, n$)排成的 m 行 n 列的数表

$$\begin{bmatrix} a_{11} & a_{12} & \cdots & a_{1n} \\ a_{21} & a_{22} & \cdots & a_{2n} \\ \vdots & \vdots & \vdots & \vdots \\ a_{m1} & a_{m2} & \cdots & a_{mn} \end{bmatrix}$$

称为**行列(或)矩阵**。a_{ij} 称为矩阵第 i 行第 j 列的元素。

矩阵通常用 A、B、C、$\cdots$ 大写字母表示。例如:

$$A = \begin{bmatrix} a_{11} & a_{12} & \cdots & a_{1n} \\ a_{21} & a_{22} & \cdots & a_{2n} \\ \vdots & \vdots & \vdots & \vdots \\ a_{m1} & a_{m2} & \cdots & a_{mn} \end{bmatrix}$$

或简写为　　　　　　　　　　　$A = (a_{ij})_{m \times n}$

若把矩阵 $A = (a_{ij})_{m \times n}$ 中的各元素变号,则得到矩阵 $(-a_{ij})_{m \times n}$,称为矩阵 A 的负矩阵,

记作－A,即－$A = (-a_{ij})_{m \times n}$。

案例分析

案例 4.1 【学生就业】随着地方经济的快速发展,高职院校毕业生的就业率逐年上升,表 4.2 列出某校四个系近三年的就业情况。

表 4.2　就业情况

年份	就业率(%)			
	机电系	经管系	土木工程系	电气系
2016	86	85	88	87
2017	92	93	95	94
2018	100	99	98	98

案例 4.2 【产品产量】某公司有三个班组,第一天生产甲、乙两种产品的数量(件)报表表示为

$$\begin{array}{cc} 甲 \quad 乙 \end{array}$$
$$\begin{bmatrix} 200 & 150 \\ 250 & 120 \\ 100 & 180 \end{bmatrix} \begin{array}{l} 一班 \\ 二班 \\ 三班 \end{array}$$

为了研究方便,在案例 4.1 和案例 4.2 中把表中的说明去掉,表中的数据则可用矩阵表示:

$$A = \begin{bmatrix} 86 & 85 & 88 & 87 \\ 92 & 93 & 95 & 94 \\ 100 & 99 & 98 & 98 \end{bmatrix}, B = \begin{bmatrix} 200 & 150 \\ 250 & 120 \\ 100 & 180 \end{bmatrix}$$
$$\begin{array}{cc} \textbf{案例 4.1} & \qquad \textbf{案例 4.2} \end{array}$$

案例 4.3 【电路分析】我们在中学物理学过电路计算,下面看看矩阵在电路分析中的应用。任何复杂的电路总是由一些基本元件或基本电路组合而成的。只含基本元件的简单电路称之为单元网络,它们的参数矩阵是很容易写出的。

(1)串联电阻 R 的单元网络:如图 4.2,由欧姆定律,有

$$\begin{cases} U_1 = U_2 + RI_2 \\ I_1 = I_2 \end{cases}$$

即得单元网络的矩阵 A 是

$$A = \begin{bmatrix} 1 & R \\ 0 & 1 \end{bmatrix}$$

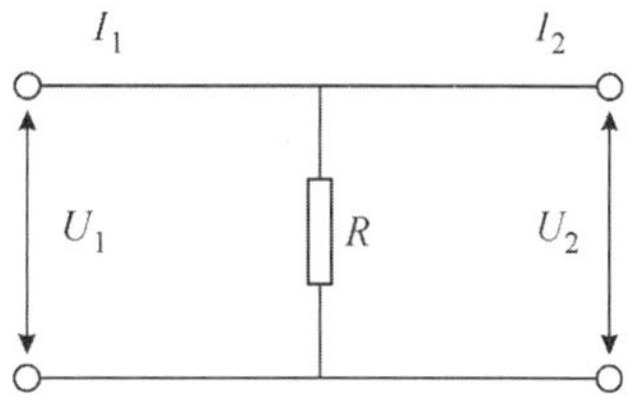

(2)并联电阻 R 的单元网络:如图 4.3,由欧姆定律,有

$$\begin{cases} U_1 = U_2 \\ I_1 = \dfrac{1}{R}U_2 + I_2 \end{cases}$$

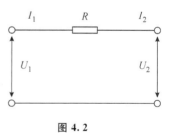

图 4.2

图 4.3

即得单元网络的矩阵 A 是

$$A = \begin{bmatrix} 1 & 0 \\ \dfrac{1}{R} & 1 \end{bmatrix}$$

2. 特殊的矩阵

(1)**行矩阵**：只有一行的矩阵（即 $m = 1$），这时

$$A = \begin{bmatrix} a_{11} & a_{12} & \cdots & a_{1n} \end{bmatrix}$$

(2)**列矩阵**：只有一列的矩阵（即 $n = 1$），这时

$$A = \begin{bmatrix} a_{11} \\ a_{21} \\ \vdots \\ a_{m1} \end{bmatrix}$$

(3)**方阵**：当 $m = n$ 时，称 A 为 **n 阶矩阵或 n 阶方阵**，即

$$A = \begin{bmatrix} a_{11} & a_{12} & \cdots & a_{1n} \\ a_{21} & a_{22} & \cdots & a_{2n} \\ \vdots & \vdots & \vdots & \vdots \\ a_{n1} & a_{n2} & \cdots & a_{nn} \end{bmatrix}$$

在 n 阶方阵中，从左上角到右下角的 n 个元素 $a_{11}, a_{22}, \cdots, a_{nn}$ 称为 n 阶方阵的**主对角线元素**。

(4)**单位矩阵**：主对角线上元素是 1、其余元素全部是 0 的**方阵**，记作 E_n 或 E，这时

$$E = \begin{bmatrix} 1 & 0 & \cdots & 0 \\ 0 & 1 & \cdots & 0 \\ \vdots & \vdots & \vdots & \vdots \\ 0 & 0 & \cdots & 1 \end{bmatrix}$$

(5)**零矩阵**：所有元素全为零的矩阵，记作 $O_{m \times n}$ 或 O。

例如：

$$O_{2 \times 2} = \begin{bmatrix} 0 & 0 \\ 0 & 0 \end{bmatrix}, O_{3 \times 5} = \begin{bmatrix} 0 & 0 & 0 & 0 & 0 \\ 0 & 0 & 0 & 0 & 0 \\ 0 & 0 & 0 & 0 & 0 \end{bmatrix}$$

二　矩阵的运算

无论在数学上还是在实际应用中，矩阵都是一个很重要的概念，如果仅把矩阵作为一个数表，就不能充分发挥其作用。因此，对矩阵定义一些运算就显得十分必要。

在介绍矩阵运算前，先给出两个矩阵相等的概念。

如果两个 $m \times n$ 矩阵 A、B 的对应元素相等，即

$$a_{ij} = b_{ij}(i = 1, 2, \cdots, m; j = 1, 2, \cdots, n)$$

则称矩阵 A、B **相等**，记作

$$A = B \text{ 或 } (a_{ij})_{m \times n} = (b_{ij})_{m \times n}$$

1. 矩阵的加法

引例 4.3 【汇总报表】若某公司有三个班组,两天生产甲、乙两种产品的数量(件)报表分别用矩阵 A、B 表示为

$$A = \begin{bmatrix} 200 & 150 \\ 250 & 120 \\ 100 & 180 \end{bmatrix} \begin{matrix} 一班 \\ 二班 \\ 三班 \end{matrix}, B = \begin{bmatrix} 310 & 100 \\ 260 & 120 \\ 280 & 130 \end{bmatrix} \begin{matrix} 一班 \\ 二班 \\ 三班 \end{matrix}$$

则两天生产数量的汇总报表用矩阵 C 表示,显然为

$$C = \begin{bmatrix} 200+310 & 150+100 \\ 250+260 & 120+120 \\ 100+280 & 180+130 \end{bmatrix} = \begin{bmatrix} 510 & 250 \\ 510 & 240 \\ 380 & 310 \end{bmatrix}$$

也就是说矩阵 A、B 的对应元素相加,就得到矩阵 C,我们将这种运算称为矩阵加法。

定义 4.2   两个 m 行 n 列的矩阵 $A = (a_{ij})$ 与 $B = (b_{ij})$ 相加,它们的和为

$$A + B = (a_{ij} + b_{ij})$$

即

$$\begin{bmatrix} a_{11} & a_{12} & \cdots & a_{1n} \\ a_{21} & a_{22} & \cdots & a_{2n} \\ \vdots & \vdots & \vdots & \vdots \\ a_{m1} & a_{m2} & \cdots & a_{mn} \end{bmatrix} + \begin{bmatrix} b_{11} & b_{12} & \cdots & b_{1n} \\ b_{21} & b_{22} & \cdots & b_{2n} \\ \vdots & \vdots & \vdots & \vdots \\ b_{m1} & b_{m2} & \cdots & b_{mn} \end{bmatrix} = \begin{bmatrix} a_{11}+b_{11} & a_{12}+_{12} & \cdots & a_{1n}+b_{1n} \\ a_{21}+b_{21} & a_{22}+b_{22} & \cdots & a_{2n}+b_{2n} \\ \vdots & \vdots & \vdots & \vdots \\ a_{m1}+b_{m1} & a_{m2}+b_{m2} & \cdots & a_{mn}+b_{mn} \end{bmatrix}$$

类似地,两个矩阵相减,则它们的差为 $A - B = (a_{ij} - b_{ij})$

显然,两个矩阵只有当它们的行数和列数相同时,才可以进行加减法运算。

容易验证,矩阵的加法满足以下规律:

(1)交换律 $A + B = B + A$;

(2)结合律 $(A + B) + C = A + (B + C)$;

其中 A、B、C 都是 m 行 n 列矩阵。

2. 矩阵的数乘

引例 4.4 【运输费用】某钢铁公司从甲、乙、丙三个铁矿厂,向 Ⅰ、Ⅱ、Ⅲ、Ⅳ 四个炼铁厂运送铁矿石,三个铁矿厂到四个炼铁厂之间的距离(单位:km)用矩阵 A 表示为

$$A = \begin{matrix} & \text{Ⅰ} & \text{Ⅱ} & \text{Ⅲ} & \text{Ⅳ} & \\ & \begin{bmatrix} 120 & 170 & 80 & 90 \\ 80 & 140 & 40 & 60 \\ 130 & 190 & 90 & 100 \end{bmatrix} & \begin{matrix} 甲 \\ 乙 \\ 丙 \end{matrix} \end{matrix}$$

若每吨铁矿石的运费为 2 元/km,那么甲、乙、丙三地到四个炼铁厂之间每吨铁矿石的运费为

$$2A = 2 \begin{bmatrix} 120 & 170 & 80 & 90 \\ 80 & 140 & 40 & 60 \\ 130 & 190 & 90 & 100 \end{bmatrix}$$

$$= \begin{bmatrix} 2\times120 & 2\times170 & 2\times80 & 2\times90 \\ 2\times80 & 2\times140 & 2\times40 & 2\times60 \\ 2\times130 & 2\times190 & 2\times90 & 2\times100 \end{bmatrix} = \begin{bmatrix} 240 & 340 & 160 & 180 \\ 160 & 280 & 80 & 120 \\ 260 & 380 & 180 & 200 \end{bmatrix}$$

这种运算是用数乘以矩阵的每一个元素,这就是我们要定义的数与矩阵相乘。

定义 4.3 设 k 是一个任意实数,A 是一个 $m\times n$ 矩阵,则称

$$kA = \begin{bmatrix} ka_{ij} \end{bmatrix}_{m\times n} = \begin{bmatrix} ka_{11} & ka_{12} & \cdots & ka_{1n} \\ ka_{21} & ka_{22} & \cdots & ka_{2n} \\ \vdots & \vdots & & \vdots \\ ka_{m1} & ka_{m2} & \cdots & ka_{mn} \end{bmatrix}$$

为数 k 与矩阵 A 的**数量乘积**,或称之为**矩阵的数乘**。

容易验证,数与矩阵的乘法满足以下运算律(设 A、B 都是 $m\times n$ 矩阵,k、l 是实数):

(1)数对矩阵的分配律:$k(A+B) = kA + kB$;

(2)矩阵对数的分配律:$(k+l)A = kA + lA$;

(3)数与矩阵的结合律:$(kl)A = k(lA) = l(kA)$;

(4)数 1 与矩阵满足:$1A = A$。

3. 矩阵的乘法

引例 4.5 【电器销售】某地区甲、乙、丙三家商场同时销售两种品牌的家用电器,如果用矩阵 A 表示各商场销售这两种家用电器的日平均销售量(单位:台),用 B 表示两种家用电器的单位售价(单位:千元)和单位利润(单位:千元):

$$A = \begin{bmatrix} 20 & 10 \\ 25 & 11 \\ 18 & 9 \end{bmatrix} \begin{matrix} 甲 \\ 乙 \\ 丙 \end{matrix}, B = \begin{bmatrix} 3.5 & 0.8 \\ 5 & 1.2 \end{bmatrix} \begin{matrix} I \\ II \end{matrix}$$

其中 A 上方为 I、II,B 上方为 单价、利润。

若用矩阵 $C = \begin{bmatrix} c_{ij} \end{bmatrix}_{3\times2}$ 表示这三家商场销售两种家用电器的每日总收入和总利润,那么 C 中的元素分别为

$$总收入\begin{cases} c_{11} = 20\times3.5 + 10\times5 = 120 \\ c_{21} = 25\times3.5 + 11\times5 = 142.5 \\ c_{31} = 18\times3.5 + 9\times5 = 108 \end{cases}$$

$$总利润\begin{cases} c_{12} = 20\times0.8 + 10\times1.2 = 28 \\ c_{22} = 25\times0.8 + 11\times1.2 = 33.2 \\ c_{32} = 18\times0.8 + 9\times1.2 = 25.2 \end{cases}$$

即

$$C = \begin{bmatrix} c_{11} & c_{12} \\ c_{21} & c_{22} \\ c_{31} & c_{32} \end{bmatrix} = \begin{bmatrix} 20\times3.5+10\times5 & 20\times0.8+10\times1.2 \\ 25\times3.5+11\times5 & 25\times0.8+11\times1.2 \\ 18\times3.5+9\times5 & 18\times0.8+9\times1.2 \end{bmatrix} = \begin{bmatrix} 120 & 28 \\ 142.5 & 33.2 \\ 108 & 25.2 \end{bmatrix}$$

其中,矩阵 C 中的第 i 行第 j 列的元素是矩阵 A 第 i 行元素与矩阵 B 第 j 列对应元素的乘积之和。

定义 4.4　设 A 是一个 $m \times s$ 矩阵，B 是一个 $s \times n$ 矩阵，即

$$A = \begin{bmatrix} a_{11} & a_{12} & \cdots & a_{1s} \\ a_{21} & a_{22} & \cdots & a_{2s} \\ \vdots & \vdots & & \vdots \\ a_{m1} & a_{m2} & \cdots & a_{ms} \end{bmatrix}, B = \begin{bmatrix} b_{11} & b_{12} & \cdots & b_{1n} \\ b_{21} & b_{22} & \cdots & b_{2n} \\ \vdots & \vdots & & \vdots \\ b_{s1} & b_{s2} & \cdots & b_{sn} \end{bmatrix}$$

则称 $m \times n$ 矩阵 $C = [c_{ij}]$ 为矩阵 A 与 B 的**乘积**，记作 $C = AB$，其中

$$c_{ij} = a_{i1}b_{1j} + a_{i2}b_{2j} + \cdots + a_{is}b_{sj} = \sum_{k=1}^{s} a_{ik}b_{kj} (i = 1, 2, \cdots, m; j = 1, 2, \cdots, n)$$

注意　（1）只有当左矩阵 A 的列数等于右矩阵 B 的行数时，A、B 才能做乘法运算 $C = AB$；

（2）两个矩阵的乘积 $C = AB$ 亦是矩阵，它的行数等于左矩阵 A 的行数，它的列数等于右矩阵 B 的列数；

（3）乘积矩阵 $C = AB$ 中的第 i 行第 j 列的元素等于 A 的第 i 行元素与 B 的第 j 列对应元素的乘积之和。

容易验证，矩阵乘法满足下列运算律：

（1）乘法结合律　$(AB)C = A(BC)$；

（2）左乘分配律　$A(B+C) = AB + AC$；

（3）右乘分配律　$(B+C)A = BA + CA$；

（4）数乘结合律　$k(AB) = (kA)B = A(kB)$，其中 k 是一个常数。

4. 矩阵的转置

引例 4.6　【成本核算】 某制造厂在甲、乙两个不同的地点生产两种产品 Ⅰ 与 Ⅱ，每种产品所需材料消费量，如表 4.3 所示。

表 4.3　材料消费量　　　　　　　　　　　　　　　　　　（单位：千克）

	钢铁	玻璃	橡胶
Ⅰ	3	1	2
Ⅱ	4	2	5

各地的单位材料成本，如表 4.4 所示。

表 4.4　单位材料成本　　　　　　　　　　　　　　　　　　（单位：元）

	钢铁	玻璃	橡胶
甲地	10	2	3
乙地	9	3	4

求在各地生产一个单位的每种产品所需材料的成本是多少？

解 用矩阵 **A** 表示材料消费量为

$$A = \begin{bmatrix} 3 & 1 & 2 \\ 4 & 2 & 5 \end{bmatrix}$$

用矩阵 **B** 表示单位材料成本为

$$B = \begin{bmatrix} 10 & 2 & 3 \\ 9 & 3 & 4 \end{bmatrix}$$

在进行每种产品成本核算时,应是将产品每种材料消费量对应地和单位材料成本相乘,但此时 **AB** 相乘无意义,要正确计算成本,应将 **B** 的行与列互换,变成矩阵

$$C = \begin{bmatrix} 10 & 9 \\ 2 & 3 \\ 3 & 4 \end{bmatrix}$$

这时

$$AC = \begin{bmatrix} 3 & 1 & 2 \\ 4 & 2 & 5 \end{bmatrix} \begin{bmatrix} 10 & 9 \\ 2 & 3 \\ 3 & 4 \end{bmatrix} = \begin{bmatrix} 38 & 38 \\ 59 & 62 \end{bmatrix}$$

就是各地生产一个单位的每种产品所需材料的成本。

定义 4.5 将一个 $m \times n$ 矩阵 $A = (a_{ij})_{m \times n}$ 的行和列按顺序互换得到的 $n \times m$ 矩阵,称为 **A 的转置矩阵**,记作 A^{T} 或 A',即

$$A^{\mathrm{T}} = (a_{ji})_{n \times m}$$

例如,矩阵 $A = \begin{bmatrix} 1 & 7 & 0 & 4 \\ 3 & -1 & 2 & 5 \end{bmatrix}$ 的转置矩阵为

$$A^{\mathrm{T}} = \begin{bmatrix} 1 & 3 \\ 7 & -1 \\ 0 & 2 \\ 4 & 5 \end{bmatrix}$$

容易验证,矩阵的转置满足以下运算律:

(1) $(A^{\mathrm{T}})^{\mathrm{T}} = A$;

(2) $(A + B)^{\mathrm{T}} = A^{\mathrm{T}} + B^{\mathrm{T}}$;

(3) $(kA)^{\mathrm{T}} = kA^{\mathrm{T}}$;

(4) $(AB)^{\mathrm{T}} = B^{\mathrm{T}} A^{\mathrm{T}}$。

例题分析

例 4.1 设矩阵 $A = \begin{bmatrix} 1 & 5 & 1 \\ 1 & 2 & -3 \\ 9 & -5 & 3 \end{bmatrix}$, $B = \begin{bmatrix} 1 & x_1 & x_2 \\ x_1 & 2 & x_3 \\ x_2 & x_3 & 3 \end{bmatrix}$, $C = \begin{bmatrix} 0 & y_1 & y_2 \\ -y_1 & 0 & y_3 \\ -y_2 & -y_3 & 0 \end{bmatrix}$

并且 $A = B + C$,求矩阵 **B** 和 **C**。

解 由 $A = B + C$ 得

$$\begin{bmatrix} 1 & 5 & 1 \\ 1 & 2 & -3 \\ 9 & -5 & 3 \end{bmatrix} = \begin{bmatrix} 1 & x_1 & x_2 \\ x_1 & 2 & x_3 \\ x_2 & x_3 & 3 \end{bmatrix} + \begin{bmatrix} 0 & y_1 & y_2 \\ -y_1 & 0 & y_3 \\ -y_2 & -y_3 & 0 \end{bmatrix} = \begin{bmatrix} 1 & x_1+y_1 & x_2+y_2 \\ x_1-y_1 & 2 & x_3+y_3 \\ x_2-y_2 & x_3-y_3 & 3 \end{bmatrix}$$

根据矩阵相等的规定,可得下面三个方程组:

$$\begin{cases} x_1 + y_1 = 5 \\ x_1 - y_1 = 1 \end{cases}, \begin{cases} x_2 + y_2 = 1 \\ x_2 - y_2 = 9 \end{cases}, \begin{cases} x_3 + y_3 = -3 \\ x_3 - y_3 = -5 \end{cases}$$

解得

$$\begin{cases} x_1 = 3 \\ y_1 = 2 \end{cases}, \begin{cases} x_2 = 5 \\ y_2 = -4 \end{cases}, \begin{cases} x_3 = -4 \\ y_3 = 1 \end{cases}$$

于是所求矩阵为

$$B = \begin{bmatrix} 1 & 3 & 5 \\ 3 & 2 & -4 \\ 5 & -4 & 3 \end{bmatrix}, C = \begin{bmatrix} 0 & 2 & -4 \\ -2 & 0 & 1 \\ 4 & -1 & 0 \end{bmatrix}$$

例 4.2 设 $A = \begin{bmatrix} 2 & 4 & 1 \\ 3 & 5 & -2 \end{bmatrix}$,求 $2A$。

解

$$2A = \begin{bmatrix} 2\times2 & 2\times4 & 2\times1 \\ 2\times3 & 2\times5 & 2\times(-2) \end{bmatrix} = \begin{bmatrix} 4 & 8 & 2 \\ 6 & 10 & -4 \end{bmatrix}$$

例 4.3 设矩阵 $A = \begin{bmatrix} 2 & 4 \\ 1 & 2 \end{bmatrix}, B = \begin{bmatrix} 2 & -2 \\ -1 & 1 \end{bmatrix},$

求 AB 和 BA。

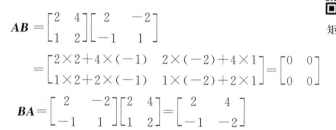

矩阵的乘法

解
$$AB = \begin{bmatrix} 2 & 4 \\ 1 & 2 \end{bmatrix}\begin{bmatrix} 2 & -2 \\ -1 & 1 \end{bmatrix}$$

$$= \begin{bmatrix} 2\times2+4\times(-1) & 2\times(-2)+4\times1 \\ 1\times2+2\times(-1) & 1\times(-2)+2\times1 \end{bmatrix} = \begin{bmatrix} 0 & 0 \\ 0 & 0 \end{bmatrix}$$

$$BA = \begin{bmatrix} 2 & -2 \\ -1 & 1 \end{bmatrix}\begin{bmatrix} 2 & 4 \\ 1 & 2 \end{bmatrix} = \begin{bmatrix} 2 & 4 \\ -1 & -2 \end{bmatrix}$$

注意 当乘积矩阵 AB 有意义时,BA 不一定有意义,即使乘积矩阵 AB 和 BA 有意义,AB 和 BA 也不一定相等。因此,矩阵乘法不满足交换律,在以后进行矩阵乘法时,一定要注意乘法的次序,不能随意改变。

例 4.4 设矩阵

$$A = \begin{bmatrix} -2 & 4 \\ -3 & 6 \end{bmatrix}, B = \begin{bmatrix} 2 & 10 \\ 1 & 5 \end{bmatrix}, C = \begin{bmatrix} -6 & 4 \\ -3 & 2 \end{bmatrix}$$

求 AB 和 AC。

解

$$AB = \begin{bmatrix} -2 & 4 \\ -3 & 6 \end{bmatrix}\begin{bmatrix} 2 & 10 \\ 1 & 5 \end{bmatrix} = \begin{bmatrix} 0 & 0 \\ 0 & 0 \end{bmatrix}$$

$$AC = \begin{bmatrix} -2 & 4 \\ -3 & 6 \end{bmatrix}\begin{bmatrix} -6 & 4 \\ -3 & 2 \end{bmatrix} = \begin{bmatrix} 0 & 0 \\ 0 & 0 \end{bmatrix}$$

注意 当乘积矩阵 $AB = AC$,且 $A \neq O$ 时,不能消去矩阵 A,而得到 $B = C$。这说明矩阵乘法也不满足消去律;同时,$AB = O$ 时,也不能得到 $A = O$ 或 $B = O$。

例 4.5 已知

$$A = \begin{pmatrix} 3 & 2 & -1 \\ 2 & -3 & 5 \end{pmatrix}, B = \begin{pmatrix} 1 & 3 \\ -5 & 4 \\ 3 & 6 \end{pmatrix}$$

求 AB。

解 因为 A 的列数与 B 的行数相同,所以可以作乘积 AB:

$$AB = \begin{bmatrix} 3 & 2 & -1 \\ 2 & -3 & 5 \end{bmatrix} \begin{bmatrix} 1 & 3 \\ -5 & 4 \\ 3 & 6 \end{bmatrix}$$

$$= \begin{bmatrix} 3\times1+2\times(-5)+(-1)\times3 & 3\times3+2\times4+(-1)\times6 \\ 2\times1+(-3)\times(-5)+5\times3 & 2\times3+(-3)\times4+5\times6 \end{bmatrix}$$

$$= \begin{bmatrix} -10 & 11 \\ 32 & 24 \end{bmatrix}$$

例 4.6 已知 $A = \begin{bmatrix} a_{11} & a_{12} & a_{13} \\ a_{21} & a_{22} & a_{23} \\ a_{31} & a_{32} & a_{33} \end{bmatrix}$, $E = \begin{bmatrix} 1 & 0 & 0 \\ 0 & 1 & 0 \\ 0 & 0 & 1 \end{bmatrix}$,

求 AE 和 EA。

解

$$AE = \begin{bmatrix} a_{11} & a_{12} & a_{13} \\ a_{21} & a_{22} & a_{23} \\ a_{31} & a_{32} & a_{33} \end{bmatrix} \begin{bmatrix} 1 & 0 & 0 \\ 0 & 1 & 0 \\ 0 & 0 & 1 \end{bmatrix}$$

$$= \begin{bmatrix} a_{11} & a_{12} & a_{13} \\ a_{21} & a_{22} & a_{23} \\ a_{31} & a_{32} & a_{33} \end{bmatrix} = A;$$

$$EA = \begin{bmatrix} 1 & 0 & 0 \\ 0 & 1 & 0 \\ 0 & 0 & 1 \end{bmatrix} \begin{bmatrix} a_{11} & a_{12} & a_{13} \\ a_{21} & a_{22} & a_{23} \\ a_{31} & a_{32} & a_{33} \end{bmatrix}$$

$$= \begin{bmatrix} a_{11} & a_{12} & a_{13} \\ a_{21} & a_{22} & a_{23} \\ a_{31} & a_{32} & a_{33} \end{bmatrix} = A$$

由例 4.6 可知,单位矩阵 E 在矩阵的乘法中与数 1 在数的乘法中所起的作用相似。

例 4.7 设矩阵 $A = \begin{bmatrix} 1 & -2 & 3 \\ 0 & 1 & -2 \\ 1 & -1 & 1 \end{bmatrix}, B = \begin{bmatrix} 3 & 1 \\ 1 & -1 \\ 1 & 0 \end{bmatrix}$,

求 $A^{\mathrm{T}}, A+A^{\mathrm{T}}, B^{\mathrm{T}}, AB, (AB)^{\mathrm{T}}, B^{\mathrm{T}}A^{\mathrm{T}}$。

解 $A^{\mathrm{T}} = \begin{bmatrix} 1 & 0 & 1 \\ -2 & 1 & -1 \\ 3 & -2 & 1 \end{bmatrix}$

$$A + A^{\mathrm{T}} = \begin{bmatrix} 1 & -2 & 3 \\ 0 & 1 & -2 \\ 1 & -1 & 1 \end{bmatrix} + \begin{bmatrix} 1 & 0 & 1 \\ -2 & 1 & -1 \\ 3 & -2 & 1 \end{bmatrix} = \begin{bmatrix} 2 & -2 & 4 \\ -2 & 2 & -3 \\ 4 & -3 & 2 \end{bmatrix}$$

$$B^{\mathrm{T}} = \begin{bmatrix} 3 & 1 & 1 \\ 1 & -1 & 0 \end{bmatrix}$$

$$AB = \begin{bmatrix} 1 & -2 & 3 \\ 0 & 1 & -2 \\ 1 & -1 & 1 \end{bmatrix} \begin{bmatrix} 3 & 1 \\ 1 & -1 \\ 1 & 0 \end{bmatrix} = \begin{bmatrix} 4 & 3 \\ -1 & -1 \\ 3 & 2 \end{bmatrix}$$

$$(AB)^{\mathrm{T}} = \begin{bmatrix} 4 & -1 & 3 \\ 3 & -1 & 2 \end{bmatrix}$$

$$B^{\mathrm{T}}A^{\mathrm{T}} = \begin{bmatrix} 3 & 1 & 1 \\ 1 & -1 & 0 \end{bmatrix} \begin{bmatrix} 1 & 0 & 1 \\ -2 & 1 & -1 \\ 3 & -2 & 1 \end{bmatrix} = \begin{bmatrix} 4 & -1 & 3 \\ 3 & -1 & 2 \end{bmatrix}$$

可见 $(AB)^{\mathrm{T}} = B^{\mathrm{T}}A^{\mathrm{T}}$。

案例分析

案例 4.4 【零配件供应】正泰电器公司有甲、乙、丙三个配件厂,分别向 Ⅰ、Ⅱ、Ⅲ、Ⅳ 四家装配车间供应零配件(单位:千件),若全年的供应情况用矩阵 A 表示,前三个季度的供应情况用矩阵 B 表示,即

$$A = \begin{matrix} & \text{I} \quad \text{II} \quad \text{III} \quad \text{IV} \\ \begin{bmatrix} 30 & 25 & 17 & 45 \\ 20 & 50 & 22 & 23 \\ 60 & 20 & 20 & 30 \end{bmatrix} \begin{matrix} \text{甲} \\ \text{乙} \\ \text{丙} \end{matrix} \end{matrix}, B = \begin{matrix} & \text{I} \quad \text{II} \quad \text{III} \quad \text{IV} \\ \begin{bmatrix} 10 & 15 & 13 & 30 \\ 0 & 40 & 16 & 17 \\ 50 & 10 & 0 & 10 \end{bmatrix} \begin{matrix} \text{甲} \\ \text{乙} \\ \text{丙} \end{matrix} \end{matrix}$$

求第四季度的供应情况。

解 因为矩阵 A 与矩阵 B 行数和列数分别相等,可以进行减法运算。第四季度的供应情况应是各种配件全年的供应量减去前三个季度的供应量,即矩阵 A 减去矩阵 B,所以

$$A - B = \begin{bmatrix} 30 & 25 & 17 & 45 \\ 20 & 50 & 22 & 23 \\ 60 & 20 & 20 & 30 \end{bmatrix} - \begin{bmatrix} 10 & 15 & 13 & 30 \\ 0 & 40 & 16 & 17 \\ 50 & 10 & 0 & 10 \end{bmatrix}$$

$$= \begin{bmatrix} 30-10 & 25-15 & 17-13 & 45-30 \\ 20-0 & 50-40 & 22-16 & 23-17 \\ 60-50 & 20-10 & 20-0 & 30-10 \end{bmatrix}$$

$$= \begin{matrix} & \text{I} \quad \text{II} \quad \text{III} \quad \text{IV} \\ \begin{bmatrix} 20 & 10 & 4 & 15 \\ 20 & 10 & 6 & 6 \\ 10 & 10 & 20 & 20 \end{bmatrix} \begin{matrix} \text{甲} \\ \text{乙} \\ \text{丙} \end{matrix} \end{matrix}$$

案例 4.5 【产品生产量】利达电子公司下属甲、乙、丙三个工厂均生产 Ⅰ、Ⅱ、Ⅲ、Ⅳ 四种大型电子产品,2017 年的生产量和 2018 年上半年的生产量如表 4.5 所示。

表 4.5　产品生产量　　　　　　　　　　　　　　　　　　（单位：台）

工厂	2017 年				2018 年上半年			
	I	II	III	IV	I	II	III	IV
甲	3	4	5	7	2	5	6	7
乙	4	3	8	5	3	2	7	3
丙	5	4	7	6	4	3	6	7

如果公司 2018 年的目标生产量是 2017 年生产量的 2 倍，试求公司 2018 年下半年必须完成的生产量。

解　设 A，B 分别是 2017 年和 2018 年上半年公司下属甲、乙、丙三个工厂生产四种产品的产量矩阵，则

$$A=\begin{bmatrix} 3 & 4 & 5 & 7 \\ 4 & 3 & 8 & 5 \\ 5 & 4 & 7 & 6 \end{bmatrix},\quad B=\begin{bmatrix} 2 & 5 & 6 & 7 \\ 3 & 2 & 7 & 3 \\ 4 & 3 & 6 & 7 \end{bmatrix}$$

若用 X 表示 2018 年下半年的产量矩阵，则由题意可知

$$B+X=2A$$

于是　$X=2A-B$

$$=2\begin{bmatrix} 3 & 4 & 5 & 7 \\ 4 & 3 & 8 & 5 \\ 5 & 4 & 7 & 6 \end{bmatrix}-\begin{bmatrix} 2 & 5 & 6 & 7 \\ 3 & 2 & 7 & 3 \\ 4 & 3 & 6 & 7 \end{bmatrix}$$

$$=\begin{bmatrix} 6 & 8 & 10 & 14 \\ 8 & 6 & 16 & 10 \\ 10 & 8 & 14 & 12 \end{bmatrix}-\begin{bmatrix} 2 & 5 & 6 & 7 \\ 3 & 2 & 7 & 3 \\ 4 & 3 & 6 & 7 \end{bmatrix}=\begin{bmatrix} 4 & 3 & 4 & 7 \\ 5 & 4 & 9 & 7 \\ 6 & 5 & 8 & 5 \end{bmatrix}$$

所以公司 2018 年下半年必须完成的生产量如表 4.6 所示。

表 4.6　2018 年下半年必须完成的生产量　　　　　　　　　（单位：台）

工厂	I	II	III	IV
甲	4	3	4	7
乙	5	4	9	7
丙	6	5	8	5

想一想　练一练（一）

1.【成绩统计】某学院某学生一、二、三年级中各科成绩如表 4.7 所示。

矩阵运算测试

表 4.7 学生成绩

年级	高等数学	大学英语	计算机基础
一年级	78	86	91
二年级	82	89	75
三年级	85	90	86

试写出表示该学生三年的成绩矩阵。

2.【价格矩阵】某市区有甲、乙、丙、丁四大超市,苹果、橘子、香蕉每千克的零售价(单位:元)在甲超市为 3、2、4,在乙超市为 3.2、2.4、3.6,在丙超市为 3.6、3、4,在丁超市为 3.5、3、3,试写出这四大超市中三种水果的价格矩阵。

3. 已知 $A=\begin{bmatrix}1&0\\0&1\end{bmatrix}$,$B=\begin{bmatrix}x&y\\1&-2\end{bmatrix}$,$C=\begin{bmatrix}2y&-4x\\1&-1\end{bmatrix}$,且 $A=B+C$,求未知数 x、y。

4. 已知 $A=\begin{bmatrix}1&-2\\3&0\\-4&2\end{bmatrix}$,$B=\begin{bmatrix}0&-1&3\\2&5&6\end{bmatrix}$,求(1)$A^{\mathrm{T}}+B$,(2)$2A-B^{\mathrm{T}}$。

5. 计算下列乘积:

(1) $\begin{bmatrix}1&2&3\end{bmatrix}\begin{bmatrix}3\\2\\1\end{bmatrix}$;

(2) $\begin{bmatrix}2\\1\\3\end{bmatrix}\begin{bmatrix}1&-2\end{bmatrix}$;

(3) $\begin{bmatrix}-2&1\\3&-4\end{bmatrix}\begin{bmatrix}1&0\\0&1\end{bmatrix}$;

(4) $\begin{bmatrix}2&1&4\\5&3&6\end{bmatrix}\begin{bmatrix}1&0&2&-1\\0&1&3&2\\-1&1&0&4\end{bmatrix}$;

(5) $\begin{bmatrix}1&2&-1\\0&1&2\\-1&3&2\end{bmatrix}^2$。

6. 设 $A=\begin{bmatrix}1&2\\1&3\end{bmatrix}$,$B=\begin{bmatrix}1&0\\1&2\end{bmatrix}$,(1)$AB=BA$ 吗? (2)求 $AB-BA$。

第二节 矩阵的初等行变换

子任务导入

某天公司请你将位于你所在城市不同地点多个仓库内的几类不同商品运送到几个指定地点,根据以往情况知:

(1)下属有几个不同的装配小组,他们对各类不同商品的装配能力各有不同;

(2)由于指定送达地点与仓库位置原因,若能将几个仓库内商品合理调配,能使公司产生的运输费用降低。

请你以尽可能快的速度做好该任务的决策,使之科学合理。

请谈谈你的想法。

子任务分析

判断任务的决策方案科学与否,往往取决于几方面,如工作效率是否高? 人员是否做到了人尽其能? 团队的搭配与组合是否科学合理? 任务的分配与人员的能力的匹配性如何? 商品的装箱合理性如何? 以及不同仓库商品流向决策的科学性问题,等等。

从数学的角度分析,要完成相关任务,需要的能力支撑主要包括以下几方面:

(1)任务指派的决策方法;

(2)运输方案的数学模型建立;

(3)线性方程组的解法及矩阵的初等行变换。

数学知识链接

这一节引进矩阵的另一个重要概念:矩阵的初等行变换。它有很多用处,例如可以利用它来化简矩阵和求矩阵的秩,在研究线性方程组问题上也起着重要的作用。

一 矩阵的初等行变换

引例 4.7 【盐水配制】用含盐 5% 与 53% 的两种盐水,混合配制成含盐 25% 的盐水 300kg,需要这两种盐水各多少?

问题分析　设需要这两种盐水各为 x_1、x_2 kg，根据题意，可建立如下线性方程组：

$$\begin{cases} 0.05x_1 + 0.53x_2 = 75 \\ x_1 + x_2 = 300 \end{cases}$$

把解方程组消元的过程写在表 4.8 左边，系数及常数项对应的矩阵（增广矩阵）变换的过程列在表 4.8 右边。

表 4.8　变换过程

解方程组消元过程		增广矩阵变换过程	
方法	结果	方法	结果
	$\begin{cases} 0.05x_1 + 0.53x_2 = 75 & (1) \\ x_1 + x_2 = 300 & (2) \end{cases}$		$\begin{bmatrix} 0.05 & 0.53 & 75 \\ 1 & 1 & 300 \end{bmatrix}$
(1)、(2)对换	$\begin{cases} x_1 + x_2 = 300 & (1) \\ 0.05x_1 + 0.53x_2 = 75 & (2) \end{cases}$	第一行、第二行互换	$\begin{bmatrix} 1 & 1 & 300 \\ 0.05 & 0.53 & 75 \end{bmatrix}$
$100 \times (2)$	$\begin{cases} x_1 + x_2 = 300 & (1) \\ 5x_1 + 53x_2 = 7500 & (2) \end{cases}$	100 乘以第二行	$\begin{bmatrix} 1 & 1 & 300 \\ 5 & 53 & 7500 \end{bmatrix}$
$(2) - 5(1)$	$\begin{cases} x_1 + x_2 = 300 & (1) \\ 48x_2 = 6000 & (2) \end{cases}$	第一行乘以 -5 加到第二行	$\begin{bmatrix} 1 & 1 & 300 \\ 0 & 48 & 6000 \end{bmatrix}$
$\dfrac{1}{48} \times (2)$	$\begin{cases} x_1 + x_2 = 300 & (1) \\ x_2 = 125 & (2) \end{cases}$	$\dfrac{1}{48}$ 乘以第二行	$\begin{bmatrix} 1 & 1 & 300 \\ 0 & 1 & 125 \end{bmatrix}$
$(1) - (2)$	$\begin{cases} x_1 = 175 & (1) \\ x_2 = 125 & (2) \end{cases}$	第二行乘以 -1 加到第一行	$\begin{bmatrix} 1 & 0 & 175 \\ 0 & 1 & 125 \end{bmatrix}$

从上面的分析可以看出，解线性方程组的过程完全可以归结为对矩阵的变换。

为此，引入矩阵的初等行变换。

定义 4.7　对矩阵进行下列三种变换，称为矩阵的**初等行变换**：

(1)对换矩阵两行的位置，常用(i)↔(j)表示第 i 行和第 j 行的对换；

(2)用一个非零数遍乘矩阵的某一行，常用 $k(i)$ 表示用数 k 乘以第 i 行；

(3)将矩阵某一行乘以数 k 加到另一行，常用 (i)+k(j) 表示第 j 行的 k 倍加到第 i 行。

注意　初等行变换亦可用如下**记号**表示：

(1)两行互换（第 i 行与第 j 行互换，记作 $r_i \leftrightarrow r_j$）；

(2)某一行的每一个元素都乘以一个不等于零的常数 k（第 i 行的每一个元素都乘以 k，记作 kr_i）；

(3)某一行的每一个元素加上另一行的对应元素的 k 倍（第 i 行的每一个元素加到第 j 行对应元素的 k 倍，记作 $r_i + kr_j$）。

利用初等行变换可以把任意矩阵化为阶梯形矩阵，下面给出如下的定义：

定义 4.8　满足下列两个条件的矩阵称为**阶梯形矩阵**：

(1)零行（元素全为零的行）位于最下方；

（2）首非零元(即非零行的第一个不为零的元素)的列标随着行标的递增而严格增大。

例如，矩阵

$$A=\begin{bmatrix} 6 & 1 & 0 & -1 & 5 \\ 0 & 5 & 2 & 0 & 2 \\ 0 & 0 & 0 & 0 & -1 \\ 0 & 0 & 0 & 0 & 0 \end{bmatrix} \qquad B=\begin{bmatrix} 4 & 7 & 8 & 0 \\ 0 & -3 & 5 & 9 \\ 0 & 0 & 2 & 0 \end{bmatrix}$$

都是阶梯形矩阵，虚线比较形象地表示出它的"阶梯形"。

定义 4.9 对于阶梯形矩阵，若它还满足：

（1）各非零行的第一个非零元素均为1；

（2）各非零行的第一个非零元素所在的列的其余元素均为零，则称该矩阵为**最简阶梯形矩阵**。

例如，矩阵

$$\begin{bmatrix} 1 & 0 & 0 & 7 \\ 0 & 1 & 0 & -7 \\ 0 & 0 & 1 & 1 \end{bmatrix}, \begin{bmatrix} 1 & 2 & 1 & 0 & 2 \\ 0 & 0 & 0 & 1 & 5 \\ 0 & 0 & 0 & 0 & 0 \end{bmatrix}$$

均为最简阶梯形矩阵。

例题分析

例 4.8 用初等行变换将矩阵 $A=\begin{bmatrix} 0 & 1 & 2 \\ 1 & 1 & 4 \\ 2 & -1 & 0 \end{bmatrix}$ 化为阶梯形矩阵。

矩阵的初等
行变换

解 利用初等行变换，有

$$A=\begin{bmatrix} 0 & 1 & 2 \\ 1 & 1 & 4 \\ 2 & -1 & 0 \end{bmatrix} \xrightarrow{(1)\leftrightarrow(2)} \begin{bmatrix} 1 & 1 & 4 \\ 0 & 1 & 2 \\ 2 & -1 & 0 \end{bmatrix} \xrightarrow{(3)-2(1)} \begin{bmatrix} 1 & 1 & 4 \\ 0 & 1 & 2 \\ 0 & -3 & -8 \end{bmatrix}$$

$$\xrightarrow{(3)+3(2)} \begin{bmatrix} 1 & 1 & 4 \\ 0 & 1 & 2 \\ 0 & 0 & -2 \end{bmatrix}$$

注意：对矩阵 A 进行初等行变换，得到新矩阵，原矩阵与新矩阵之间只能画箭头，不能画等号。

由上例可知，利用初等行变换可以把任意矩阵化为阶梯形矩阵。在阶梯形矩阵的基础上，我们可以进一步对矩阵进行化简。

例 4.9 将矩阵

$$A=\begin{bmatrix} 2 & -1 & 2 & 4 \\ 1 & 1 & 2 & 1 \\ 4 & 1 & 4 & 2 \end{bmatrix}$$

化矩阵为最简
阶梯形矩阵

化为最简阶梯形矩阵。

解 $A = \begin{bmatrix} 2 & -1 & 2 & 4 \\ 1 & 1 & 2 & 1 \\ 4 & 1 & 4 & 2 \end{bmatrix} \xrightarrow{(1)\leftrightarrow(2)} \begin{bmatrix} 1 & 1 & 2 & 1 \\ 2 & -1 & 2 & 4 \\ 4 & 1 & 4 & 2 \end{bmatrix}$

$\xrightarrow[(3)-4(1)]{(2)-2(1)} \begin{bmatrix} 1 & 1 & 2 & 1 \\ 0 & -3 & -2 & 2 \\ 0 & -3 & -4 & -2 \end{bmatrix} \xrightarrow[(3)+(2)]{-(2)} \begin{bmatrix} 1 & 1 & 2 & 1 \\ 0 & 3 & 2 & -2 \\ 0 & 0 & -2 & -4 \end{bmatrix}$

$\xrightarrow[(2)+(3)]{(1)+(3)} \begin{bmatrix} 1 & 1 & 0 & -3 \\ 0 & 3 & 0 & -6 \\ 0 & 0 & -2 & -4 \end{bmatrix} \xrightarrow[\frac{1}{3}(2)]{-\frac{1}{2}(3)} \begin{bmatrix} 1 & 1 & 0 & -3 \\ 0 & 1 & 0 & -2 \\ 0 & 0 & 1 & 2 \end{bmatrix}$

$\xrightarrow{(1)-(2)} \begin{bmatrix} 1 & 0 & 0 & -1 \\ 0 & 1 & 0 & -2 \\ 0 & 0 & 1 & 2 \end{bmatrix}$

⊛ 案例分析

案例 4.6 【平面图形变换】

下列图展示了线性变换是如何使平面图形变化的。右图是原始图形，对应的是单位矩阵。下面三个图分别对应由右图经过初等行变换等到的图形，图下标注了初等行变换对应的矩阵。

$(1) \begin{bmatrix} 0 & 1 \\ 1 & 0 \end{bmatrix}$ $\qquad$ $(2) \begin{bmatrix} 1 & 0 \\ 0 & 1.5 \end{bmatrix}$ $\qquad$ $(3) \begin{bmatrix} 1 & 0 \\ 0.5 & 1 \end{bmatrix}$

二　逆矩阵的求法

下面介绍用初等行变换求逆矩阵的方法。在给定的 n 阶矩阵 A 的右边放一个 n 阶单位矩阵 E，形成一个 $n \times 2n$ 阶的矩阵 $[A \quad E]$，然后对矩阵 $[A \quad E]$ 实行初等行变换，直到将原矩阵 A 所在部分化成 n 阶单位矩阵 E，原单位矩阵部分经过同样的初等行变换后，所得到的矩阵就是 A 的逆矩阵 A^{-1}。即

$$[A \quad E] \xrightarrow{\text{初等行变换}} [E \quad A^{-1}]$$

在用初等行变换求矩阵的逆矩阵时，若矩阵 A 经过一系列初等行变换后不能得到单位矩阵，则可以判定矩阵 A 不可逆。

由此可知,用矩阵的初等行变换不仅可以求出矩阵 A 的逆矩阵 A^{-1},而且还可以判定矩阵 A 是否可逆。

例题分析

逆矩阵的求法

例 4.10 设矩阵 $A=\begin{bmatrix} 2 & 0 & 1 \\ 1 & -2 & -1 \\ -1 & 3 & 2 \end{bmatrix}$,求逆矩阵 A^{-1}。

解 $[A \vdots E]=\begin{bmatrix} 2 & 0 & 1 & 1 & 0 & 0 \\ 1 & -2 & -1 & 0 & 1 & 0 \\ -1 & 3 & 2 & 0 & 0 & 1 \end{bmatrix} \xrightarrow{(1)\leftrightarrow(2)} \begin{bmatrix} 1 & -2 & -1 & 0 & 1 & 0 \\ 2 & 0 & 1 & 1 & 0 & 0 \\ -1 & 3 & 2 & 0 & 0 & 1 \end{bmatrix}$

$\xrightarrow[(3)+(1)]{(2)-2(1)} \begin{bmatrix} 1 & -2 & -1 & 0 & 1 & 0 \\ 0 & 4 & 3 & 1 & -2 & 0 \\ 0 & 1 & 1 & 0 & 1 & 1 \end{bmatrix} \xrightarrow{(3)\leftrightarrow(2)} \begin{bmatrix} 1 & -2 & -1 & 0 & 1 & 0 \\ 0 & 1 & 1 & 0 & 1 & 1 \\ 0 & 4 & 3 & 1 & -2 & 0 \end{bmatrix}$

$\xrightarrow{(3)-4(2)} \begin{bmatrix} 1 & -2 & -1 & 0 & 1 & 0 \\ 0 & 1 & 1 & 0 & 1 & 1 \\ 0 & 0 & -1 & 1 & -6 & -4 \end{bmatrix} \xrightarrow{-(3)} \begin{bmatrix} 1 & -2 & -1 & 0 & 1 & 0 \\ 0 & 1 & 1 & 0 & 1 & 1 \\ 0 & 0 & 1 & -1 & 6 & 4 \end{bmatrix}$

$\xrightarrow[(1)+(3)]{(2)-(3)} \begin{bmatrix} 1 & -2 & 0 & -1 & 7 & 4 \\ 0 & 1 & 0 & 1 & -5 & -3 \\ 0 & 0 & 1 & -1 & 6 & 4 \end{bmatrix} \xrightarrow{(1)+2(2)} \begin{bmatrix} 1 & 0 & 0 & 1 & -3 & -2 \\ 0 & 1 & 0 & 1 & -5 & -3 \\ 0 & 0 & 1 & -1 & 6 & 4 \end{bmatrix}$

所以 $A^{-1}=\begin{bmatrix} 1 & -3 & -2 \\ 1 & -5 & -3 \\ -1 & 6 & 4 \end{bmatrix}$

例 4.11 解矩阵方程 $AX=B$,其中 $A=\begin{bmatrix} 1 & -1 & 2 \\ 2 & -3 & 5 \\ 3 & -2 & 4 \end{bmatrix}$,$B=\begin{bmatrix} 1 & -1 \\ -2 & 3 \\ 5 & -4 \end{bmatrix}$。

解 $[A \vdots E]=\begin{bmatrix} 1 & -1 & 2 & 1 & 0 & 0 \\ 2 & -3 & 5 & 0 & 1 & 0 \\ 3 & -2 & 4 & 0 & 0 & 1 \end{bmatrix} \xrightarrow[(3)-3(1)]{(2)-2(1)} \begin{bmatrix} 1 & -1 & 2 & 1 & 0 & 0 \\ 0 & -1 & 1 & -2 & 1 & 0 \\ 0 & 1 & -2 & -3 & 0 & 1 \end{bmatrix}$

$\xrightarrow{(3)+(2)} \begin{bmatrix} 1 & -1 & 2 & 1 & 0 & 0 \\ 0 & -1 & 1 & -2 & 1 & 0 \\ 0 & 0 & -1 & -5 & 1 & 1 \end{bmatrix} \xrightarrow[(1)+2(3)]{(2)+(3)} \begin{bmatrix} 1 & -1 & 0 & -9 & 2 & 2 \\ 0 & -1 & 0 & -7 & 2 & 1 \\ 0 & 0 & -1 & -5 & 1 & 1 \end{bmatrix}$

$\xrightarrow{(1)-(2)} \begin{bmatrix} 1 & 0 & 0 & -2 & 0 & 1 \\ 0 & -1 & 0 & -7 & 2 & 1 \\ 0 & 0 & -1 & -5 & 1 & 1 \end{bmatrix} \xrightarrow[-(3)]{-(2)} \begin{bmatrix} 1 & 0 & 0 & -2 & 0 & 1 \\ 0 & 1 & 0 & 7 & -2 & -1 \\ 0 & 0 & 1 & 5 & -1 & -1 \end{bmatrix}$

所以 A 可逆,且

$$A^{-1}=\begin{bmatrix} -2 & 0 & 1 \\ 7 & -2 & -1 \\ 5 & -1 & -1 \end{bmatrix}$$

则

$$X = A^{-1}B = \begin{bmatrix} -2 & 0 & 1 \\ 7 & -2 & -1 \\ 5 & -1 & -1 \end{bmatrix} \begin{bmatrix} 1 & -1 \\ -2 & 3 \\ 5 & -4 \end{bmatrix} = \begin{bmatrix} 3 & -2 \\ 6 & -9 \\ 2 & -4 \end{bmatrix}$$

案例分析

案例 4.7　【轮船速度】 一艘轮船以 x_1 km/h 的在河道中航行，逆水航行的速度为 40 km/h，顺水航行的速度为 60 km/h，河水流速为 x_2 km/h，请用逆矩阵求出轮船航行的速度和水流的速度分别是多少？

解　根据题意，得如下矩阵方程：

$$\begin{bmatrix} 1 & 1 \\ 1 & -1 \end{bmatrix} \begin{bmatrix} x_1 \\ x_2 \end{bmatrix} = \begin{bmatrix} 60 \\ 40 \end{bmatrix}$$

设　$A = \begin{bmatrix} 1 & 1 \\ 1 & -1 \end{bmatrix}, X = \begin{bmatrix} x_1 \\ x_2 \end{bmatrix}, B = \begin{bmatrix} 60 \\ 40 \end{bmatrix}$

则　　　　　　　　　　　　　$X = A^{-1}B$

用初等行变换求出 A^{-1}，即

$$A^{-1} = \begin{bmatrix} \dfrac{1}{2} & \dfrac{1}{2} \\ \dfrac{1}{2} & -\dfrac{1}{2} \end{bmatrix}$$

所以　　　　　$X = \begin{bmatrix} x_1 \\ x_2 \end{bmatrix} = \begin{bmatrix} \dfrac{1}{2} & \dfrac{1}{2} \\ \dfrac{1}{2} & -\dfrac{1}{2} \end{bmatrix} \begin{bmatrix} 60 \\ 40 \end{bmatrix} = \begin{bmatrix} 50 \\ 10 \end{bmatrix}$

即轮船航行的速度是 50 km/h，水流的速度是 10km/h.

三　矩阵的秩

对一个矩阵做初等行变换可以得到多种阶梯形矩阵，但是，可以发现这些阶梯形矩阵有一个不变量，这个不变量就是矩阵的秩。

定义 4.10　矩阵 A 的阶梯形矩阵非 0 行的行数称为**矩阵 A 的秩**，记做秩(A)或 $R(A)$ 或者 $r(A)$。

例题分析

例 4.12　设矩阵 $A = \begin{bmatrix} 1 & -1 & 1 & 2 \\ 2 & 3 & 3 & 2 \\ 1 & 1 & 2 & 1 \end{bmatrix}$，求 $r(A)$。

矩阵的秩

解 因为

$$\boldsymbol{A} = \begin{bmatrix} 1 & -1 & 1 & 2 \\ 2 & 3 & 3 & 2 \\ 1 & 1 & 2 & 1 \end{bmatrix} \xrightarrow[(3)-1(1)]{(2)-2(1)} \begin{bmatrix} 1 & -1 & 1 & 2 \\ 0 & 5 & 1 & -2 \\ 0 & 2 & 1 & -1 \end{bmatrix}$$

$$\xrightarrow{5(3)} \begin{bmatrix} 1 & -1 & 1 & 2 \\ 0 & 5 & 1 & -2 \\ 0 & 10 & 5 & -5 \end{bmatrix} \xrightarrow{(3)-2(2)} \begin{bmatrix} 1 & -1 & 1 & 2 \\ 0 & 5 & 1 & -2 \\ 0 & 0 & 3 & -1 \end{bmatrix}$$

所以 $r(\boldsymbol{A}) = 3$。

案例分析

案例 4.8 【调味品配制】某调料有限公司用 6 种成分来制造多种调味制品。表 4.9 列出了 5 种调味制品 A、B、C、D、E 每包所需各成分的量。

表 4.9 调味制品所需成分

	A	B	C	D	E
红辣椒	3	1.5	4.5	7.5	4.5
姜黄	2	4	0	8	6
胡椒	1	2	0	4	3
丁香油	1	2	0	4	3
大蒜粉	0.5	1	0	2	1.5
盐	0.25	0.5	0	2	0.75

一顾客为避免购买全部 5 种调味品,他打算只购买其中的一部分并用它配制出其余几种调味品。问:这位顾客必须购买的最少的调味品的种类是多少?写出所需最少的调味品的集合。

解 5 种调味品各自的成分可用列向量(即为列矩阵)表示为

$$\boldsymbol{\alpha}_1 = \begin{pmatrix} 3 \\ 2 \\ 1 \\ 1 \\ 0.5 \\ 0.5 \end{pmatrix}, \quad \boldsymbol{\alpha}_2 = \begin{pmatrix} 1.5 \\ 4 \\ 2 \\ 2 \\ 1 \\ 1 \end{pmatrix}, \quad \boldsymbol{\alpha}_3 = \begin{pmatrix} 4.5 \\ 0 \\ 0 \\ 0 \\ 0 \\ 0 \end{pmatrix}, \quad \boldsymbol{\alpha}_4 = \begin{pmatrix} 7.5 \\ 8 \\ 4 \\ 4 \\ 2 \\ 2 \end{pmatrix}, \quad \boldsymbol{\alpha}_5 = \begin{pmatrix} 4.5 \\ 6 \\ 3 \\ 3 \\ 1.5 \\ 1.5 \end{pmatrix}$$

$$
\begin{array}{c}
\begin{array}{ccccc}
\boldsymbol{\alpha}_1 & \boldsymbol{\alpha}_2 & \boldsymbol{\alpha}_3 & \boldsymbol{\alpha}_4 & \boldsymbol{\alpha}_5
\end{array}\\
\boldsymbol{M}=\begin{pmatrix}
3 & 1.5 & 4.5 & 7.5 & 4.5\\
2 & 4 & 0 & 8 & 6\\
1 & 2 & 0 & 4 & 3\\
1 & 2 & 0 & 4 & 3\\
0.5 & 1 & 0 & 2 & 1.5\\
0.25 & 0.5 & 0 & 2 & 0.75
\end{pmatrix}
\end{array}
$$

$$
\begin{array}{c}
\begin{array}{ccccc}
\boldsymbol{\beta}_1 & \boldsymbol{\beta}_2 & \boldsymbol{\beta}_3 & \boldsymbol{\beta}_4 & \boldsymbol{\beta}_5
\end{array}\\
\longrightarrow\begin{pmatrix}
1 & 0 & 2 & 0 & 1\\
0 & 1 & -1 & 0 & 1\\
0 & 0 & 0 & 1 & 0\\
0 & 0 & 0 & 0 & 0\\
0 & 0 & 0 & 0 & 0\\
0 & 0 & 0 & 0 & 0
\end{pmatrix}=\boldsymbol{B}
\end{array}
$$

故 $r(\boldsymbol{A})=r(\boldsymbol{B})=3$，得 $\boldsymbol{B}$ 中可用 3 个向量表示其余两个向量，即

$$\beta_3 = 2\beta_1 - \beta_2 + 0\beta_4，\beta_5 = \beta_1 + \beta_2 + 0\beta_4$$

因为考虑问题的实际意义，向量前系数不可为负，则上式可化为

$$\beta_1 = \frac{1}{2}\beta_2 + \frac{1}{2}\beta_3 + 0\beta_4，\beta_5 = \frac{3}{2}\beta_2 + \frac{1}{2}\beta_3 + 0\beta_4$$

因为初等行变换不改变向量间的线性关系(证明略)，得

$$\alpha_1 = \frac{1}{2}\alpha_2 + \frac{1}{2}\alpha_3 + 0\alpha_4，\alpha_5 = \frac{3}{2}\alpha_2 + \frac{1}{2}\alpha_3 + 0\alpha_4$$

所以可用 C、D、E 三种调味品作为最小调味品集合。

四　线性方程组的解

许多科学技术领域中的实际问题往往涉及求解未知数达成百上千个方程组。因而，对于一般的线性方程组的研究，在理论和实际上都具有十分重要的意义，其本身也是线性代数的主要内容之一。本节主要以矩阵为工具，讨论线性方程组解的存在及求解方法。

我们知道线性方程组

$$
\begin{cases}
a_{11}x_1 + a_{12}x_2 + \cdots + a_{1n}x_n = b_1\\
a_{21}x_1 + a_{22}x_2 + \cdots + a_{2n}x_n = b_2\\
\cdots\\
a_{m1}x_1 + a_{m2}x_2 + \cdots + a_{mn}x_n = b_m
\end{cases}
$$

可写为矩阵形

$$\boldsymbol{AX}=\boldsymbol{B}$$

其中

$$
\boldsymbol{A}=\begin{bmatrix}
a_{11} & a_{12} & \cdots & a_{1n}\\
a_{21} & a_{22} & \cdots & a_{2n}\\
\vdots & \vdots & & \vdots\\
a_{m1} & a_{m2} & \cdots & a_{mn}
\end{bmatrix}，
\boldsymbol{X}=\begin{bmatrix}
x_1\\ x_2\\ \vdots\\ x_n
\end{bmatrix}，
\boldsymbol{B}=\begin{bmatrix}
\boldsymbol{b}_1\\ \boldsymbol{b}_2\\ \vdots\\ \boldsymbol{b}_m
\end{bmatrix}
$$

矩阵 A 称为**系数矩阵**,X 称为**未知数矩阵**,B 称为**常数项矩阵**。

将系数矩阵 A 和常数项矩阵 B 放在一起构成的矩阵

$$\bar{A} = \begin{bmatrix} a_{11} & a_{12} & \cdots & a_{1n} & b_1 \\ a_{21} & a_{22} & \cdots & a_{2n} & b_2 \\ \vdots & \vdots & & \vdots & \vdots \\ a_{m1} & a_{m2} & \cdots & a_{mn} & b_m \end{bmatrix}$$

称为线性方程组的**增广矩阵**。

当 $B=O$ 时,称方程组 $AX=O$ 为**齐次线性方程组**。

当 $B \neq O$ 时,称方程组 $AX=B$ 为**非齐次线性方程组**。

1. 线性方程组解的判定

引例 4.8 【**线性方程组**】解线性方程组

$$\begin{cases} 2x_1 - x_2 + 3x_3 = 1 \\ 4x_1 - 2x_2 + 5x_3 = 4 \\ 2x_1 - x_2 + 4x_3 = 0 \end{cases}$$

解 对该方程组的增广矩阵 $\bar{A}$ 进行初等行变换,即

$$\bar{A} = \begin{bmatrix} 2 & -1 & 3 & 1 \\ 4 & -2 & 5 & 4 \\ 2 & -1 & 4 & 0 \end{bmatrix} \xrightarrow[\substack{(2)-2(1) \\ (3)-(1)}]{} \begin{bmatrix} 2 & -1 & 3 & 1 \\ 0 & 0 & -1 & 2 \\ 0 & 0 & 1 & -1 \end{bmatrix} \xrightarrow{(3)+(2)} \begin{bmatrix} 2 & -1 & 3 & 1 \\ 0 & 0 & -1 & 2 \\ 0 & 0 & 0 & 1 \end{bmatrix}$$

上述最后阶梯形矩阵对应的线性方程组是

$$\begin{cases} 2x_1 - x_2 + 3x_3 = 1 \\ -x_3 = 2 \\ 0x_3 = 1 \end{cases}$$

显然,无论 x_1、x_2、x_3 取什么值,都不能使方程组中的第三个方程成立,即第三个方程无解,因而这个方程组也无解。

注意引例中 $r(\bar{A})$ 与 $r(A)$ 的大小,根据方程组的求解过程,可得如下结论:

齐次线性方程组解的判定定理 齐次线性方程组 $AX=O$ 一定有解,且

(1)当 $r(A)=r(\bar{A})=n$ 时,方程组只有唯一解(零解);

(2)当 $r(A)=r(\bar{A})<n$ 时,方程组有无穷多解(非零解)。

非齐次线性方程组解的判定定理 非齐次线性方程组 $AX=B$ 有解的充分必要条件是 $r(A)=r(\bar{A})$。

(1)当 $r(A)=r(\bar{A})=n$ 时,方程组有唯一解;

(2)当 $r(A)=r(\bar{A})<n$ 时,方程组有无穷多解;

(3)当 $r(A) \neq r(\bar{A})$ 时,方程组无解。

2. 线性方程组的解

为了求方程组的解,只要将方程组的增广矩阵 $\bar{A}$ 化为阶梯形矩阵,根据 $r(A)$ 与 $r(\bar{A})$ 是否相等,判断方程组是否有解。若有解,用初等行变换将阶梯形矩阵进一步化成最简阶梯形矩阵,写出方程组的解。齐次线性方程组 $AX=O$ 的增广矩阵中,最后一列的元素全部是 O,

即一定有 $r(\boldsymbol{A})=r(\overline{\boldsymbol{A}})$。因此,解齐次线性方程组时,只要将系数矩阵 $\boldsymbol{A}$ 化成最简阶梯形矩阵,就可以写出方程组的解。这个方法称为高斯消元法。

例题分析

例 4.13　判别下列齐次线性方程组是否有非零解?

$$\begin{cases} x_1 + x_2 - x_3 = 0 \\ 2x_1 + 4x_2 - x_3 = 0 \\ 3x_1 + 2x_2 + 2x_3 = 0 \end{cases}$$

解　用初等行变换将系数矩阵化成阶梯形矩阵,即

$$\boldsymbol{A}=\begin{bmatrix} 1 & 1 & -1 \\ 2 & 4 & -1 \\ 3 & 2 & 2 \end{bmatrix} \xrightarrow[\substack{(2)-2(1) \\ (3)-3(1)}]{} \begin{bmatrix} 1 & 1 & -1 \\ 0 & 2 & 1 \\ 0 & -1 & 5 \end{bmatrix} \xrightarrow[\substack{(3)+\frac{1}{2}(2)}]{} \begin{bmatrix} 1 & 1 & -1 \\ 0 & 2 & 1 \\ 0 & 0 & \frac{11}{2} \end{bmatrix}$$

因为 $r(\boldsymbol{A})=3$,所以齐次线性方程组只有零解。

例 4.14　设线性方程组

$$\begin{cases} (1+\lambda)x_1 + x_2 + x_3 = 0 \\ x_1 + (1+\lambda)x_2 + x_3 = 3 \\ x_1 + x_2 + (1+\lambda)x_3 = \lambda \end{cases}$$

问:λ 取何值时,此方程组(1)有唯一解;(2)无解;(3)有无穷多解?

线性方程组
解的判断

解　用初等行变换将增广矩阵化成阶梯形矩阵,即

$$\overline{\boldsymbol{A}}=\begin{bmatrix} 1+\lambda & 1 & 1 & 0 \\ 1 & 1+\lambda & 1 & 3 \\ 1 & 1 & 1+\lambda & \lambda \end{bmatrix} \xrightarrow[\substack{(1)\leftrightarrow(3)}]{} \begin{bmatrix} 1 & 1 & 1+\lambda & \lambda \\ 1 & 1+\lambda & 1 & 3 \\ 1+\lambda & 1 & 1 & 0 \end{bmatrix}$$

$$\xrightarrow[\substack{(2)-(1) \\ (3)-(1+\lambda)(1)}]{} \begin{bmatrix} 1 & 1 & 1+\lambda & \lambda \\ 0 & \lambda & -\lambda & 3-\lambda \\ 0 & -\lambda & -\lambda(2+\lambda) & -\lambda(1+\lambda) \end{bmatrix}$$

$$\xrightarrow[\substack{(3)+(2)}]{} \begin{bmatrix} 1 & 1 & 1+\lambda & \lambda \\ 0 & \lambda & -\lambda & 3-\lambda \\ 0 & 0 & -\lambda(3+\lambda) & (1-\lambda)(3+\lambda) \end{bmatrix}$$

(1)当 $\lambda\neq0$ 且 $\lambda\neq-3$ 时,$r(\boldsymbol{A})=r(\overline{\boldsymbol{A}})=3$,方程组有唯一解;

(2)当 $\lambda=0$ 时,$r(\boldsymbol{A})=1$,$r(\overline{\boldsymbol{A}})=2$,方程组无解;

(3)当 $\lambda=-3$ 时,$r(\boldsymbol{A})=r(\overline{\boldsymbol{A}})=2$,方程组有无穷多解。

例 4.15　解齐次线性方程组

$$\begin{cases} x_1 - x_2 + 5x_3 - x_4 = 0 \\ x_1 + x_2 - 2x_3 + 3x_4 = 0 \\ 3x_1 - x_2 + 6x_3 + x_4 = 0 \\ x_1 + 3x_2 - 9x_3 + 7x_4 = 0 \end{cases}$$

解　系数矩阵

$$A = \begin{bmatrix} 1 & -1 & 5 & -1 \\ 1 & 1 & -2 & 3 \\ 3 & -1 & 6 & 1 \\ 1 & 3 & -9 & 7 \end{bmatrix} \xrightarrow[\substack{(2)-(1) \\ (3)-3(1) \\ (4)-(1)}]{} \begin{bmatrix} 1 & -1 & 5 & -1 \\ 0 & 2 & -7 & 4 \\ 0 & 2 & -9 & 4 \\ 0 & 4 & -14 & 8 \end{bmatrix}$$

$$\xrightarrow[\substack{(3)-(2) \\ (4)-2(2)}]{} \begin{bmatrix} 1 & -1 & 5 & -1 \\ 0 & 2 & -7 & 4 \\ 0 & 0 & -2 & 0 \\ 0 & 0 & 0 & 0 \end{bmatrix} \xrightarrow[\substack{\frac{1}{2}(2) \\ -\frac{1}{2}(3)}]{} \begin{bmatrix} 1 & -1 & 5 & -1 \\ 0 & 1 & -\frac{7}{2} & 2 \\ 0 & 0 & 1 & 0 \\ 0 & 0 & 0 & 0 \end{bmatrix}$$

$$\xrightarrow[\substack{(1)+(2) \\ (2)+\frac{7}{2}(3) \\ (1)-\frac{3}{2}(3)}]{} \begin{bmatrix} 1 & 0 & 0 & 1 \\ 0 & 1 & 0 & 2 \\ 0 & 0 & 1 & 0 \\ 0 & 0 & 0 & 0 \end{bmatrix}$$

因 $r(B)=3<4$，所以方程组有非零解，所对应的方程组为

$$\begin{cases} x_1 + x_4 = 0 \\ x_2 + 2x_4 = 0 \\ x_3 = 0 \end{cases}$$

该方程组可写成 $\begin{cases} x_1 = -x_4 \\ x_2 = -2x_4 \\ x_3 = 0 \end{cases}$

这个方程中有 4 个未知量，3 个方程，其中 x_3 恒为 0，x_1 和 x_2 由 x_4 确定，只要 x_4 取定一个值，就可唯一地确定出对应的 x_1 和 x_2 的值，从而得到原方程组的一组解。由于 x_4 可以任意取值，由此原方程组有无穷多解，这时 x_4 称为**自由未知量**。

设 $x_4 = c$（c 为任意常数），故方程组的解是

$$\begin{cases} x_1 = -c \\ x_2 = -2c \\ x_3 = 0 \\ x_4 = c \end{cases}$$

这个线性方程组有无穷多解。这种解的表达式称为线性方程组的**一般解**。

例 4.16 解非齐次线性方程组

$$\begin{cases} x_1 + 2x_2 - 3x_3 = 6 \\ 2x_1 - x_2 + 4x_3 = 2 \\ 4x_1 + 3x_2 - 2x_3 = 14 \end{cases}$$

解线性方程组

解 其增广矩阵

$$\overline{A} = \begin{bmatrix} 1 & 2 & -3 & 6 \\ 2 & -1 & 4 & 2 \\ 4 & 3 & -2 & 14 \end{bmatrix}$$

将增广矩阵施以初等行变换

$$\begin{bmatrix} 1 & 2 & -3 & 6 \\ 2 & -1 & 4 & 2 \\ 4 & 3 & -2 & 14 \end{bmatrix} \xrightarrow[\substack{(3)-4(1)}]{(2)-2(1)} \begin{bmatrix} 1 & 2 & -3 & 6 \\ 0 & 1 & -2 & 2 \\ 0 & 1 & -2 & 2 \end{bmatrix} \xrightarrow{(3)-(2)} \begin{bmatrix} 1 & 2 & -3 & 6 \\ 0 & 1 & -2 & 2 \\ 0 & 0 & 0 & 0 \end{bmatrix}$$

可见，$r(\boldsymbol{A})=r(\overline{\boldsymbol{A}})=2<3$，方程组有无穷多解。

再进一步化为最简阶梯形矩阵

$$\begin{bmatrix} 1 & 2 & -3 & 6 \\ 0 & 1 & -2 & 2 \\ 0 & 0 & 0 & 0 \end{bmatrix} \xrightarrow{(1)-2(2)} \begin{bmatrix} 1 & 0 & 1 & 2 \\ 0 & 1 & -2 & 2 \\ 0 & 0 & 0 & 0 \end{bmatrix}$$

上式所对应的方程组为

$$\begin{cases} x_1 + x_3 = 2 \\ x_2 - 2x_3 = 2 \end{cases}$$

该方程组可写成

$$\begin{cases} x_1 = 2 - x_3 \\ x_2 = 2 + 2x_3 \end{cases}$$

这个方程组中有 3 个未知量，2 个方程，则必有 1 个自由未知量，设 $x_3 = c$（c 为任意常数），故方程组的一般解是

$$\begin{cases} x_1 = 2 - c \\ x_2 = 2 + 2c \\ x_3 = c \end{cases}$$

案例分析

案例 4.9　【货物运输】捷运物流公司有三辆汽车同时运送一批货物，一天共运 8200 吨；如果第一辆汽车运 2 天，第二辆汽车运 3 天，共运货物 12200 吨；如果第一辆汽车运 1 天，第二辆汽车运 2 天，第三辆汽车运 3 天，共运货物 17600 吨。问：每辆汽车每天可运货物多少吨？

解　设第 i 辆汽车每天运货物 x_i 吨（$i=1,2,3$），根据题意，可建立如下的方程组：

$$\begin{cases} x_1 + x_2 + x_3 = 8200 \\ 2x_1 + 3x_2 = 12200 \\ x_1 + 2x_2 + 3x_3 = 17600 \end{cases}$$

该方程组的增广矩阵为

$$\overline{\boldsymbol{A}} = \begin{bmatrix} 1 & 1 & 1 & 8200 \\ 2 & 3 & 0 & 12200 \\ 1 & 2 & 3 & 17600 \end{bmatrix}$$

将该方程组的求解转化为对增广矩阵的化简：

$$\begin{bmatrix} 1 & 1 & 1 & 8200 \\ 2 & 3 & 0 & 12200 \\ 1 & 2 & 3 & 17600 \end{bmatrix} \xrightarrow[\substack{(3)-(1)}]{(2)-2(1)} \begin{bmatrix} 1 & 1 & 1 & 8200 \\ 0 & 1 & -2 & -4200 \\ 0 & 1 & 2 & 9400 \end{bmatrix}$$

$$\xrightarrow[\substack{(1)-(2)}]{\substack{(3)-(2)}}\begin{bmatrix} 1 & 0 & 3 & 12400 \\ 0 & 1 & -2 & -4200 \\ 0 & 0 & 4 & 13600 \end{bmatrix} \xrightarrow{\frac{1}{4}(3)} \begin{bmatrix} 1 & 0 & 3 & 12400 \\ 0 & 1 & -2 & -4200 \\ 0 & 0 & 1 & 3400 \end{bmatrix}$$

$$\xrightarrow[\substack{(2)+2(3)}]{\substack{(1)-3(3)}}\begin{bmatrix} 1 & 0 & 0 & 2200 \\ 0 & 1 & 0 & 2600 \\ 0 & 0 & 1 & 3400 \end{bmatrix}$$

因此,三辆汽车每天运货分别是 2200 吨、2600 吨、3400 吨。

案例 4.10 【数学建模】吉尔达鞋业公司对员工的工作效率进行调研,经过研究发现,一个中等水平的员工早上 8:00 开始工作,在 t 小时之后,可以生产品牌鞋数量 Q,它的模型是 $Q(t)=c_1t^3+c_2t^2+c_3t$。测得三个数据:工作 1 小时,生产 20 双品牌鞋;工作 2 小时,生产 52 双品牌鞋;工作 3 小时,生产 81 双品牌鞋。

(1)求出产量 Q 与时间 t 的数学模型;

(2)在早上几点这个员工的效率最高。

解 (1)由已知可得方程组

$$\begin{cases} c_1 \cdot 1^3 + c_2 \cdot 1^2 + c_3 \cdot 1 = 20 \\ c_1 \cdot 2^3 + c_2 \cdot 2^2 + c_3 \cdot 2 = 52 \\ c_1 \cdot 3^3 + c_2 \cdot 3^2 + c_3 \cdot 3 = 81 \end{cases}$$

解出方程组得: $\begin{cases} c_1 = -1 \\ c_2 = 9 \\ c_3 = 12 \end{cases}$

所以,产量 Q 与时间 t 的数学模型为

$$Q(t) = -t^3 + 9t^2 + 12t$$

(2) $$R(t) = Q'(t) = -3t^2 + 18t + 12$$

假定上班是从早上 8:00 至中午 12:00,则问题转化为求函数 $R(t)$ 在区间 $0 \leqslant t \leqslant 4$ 上的最大值。$R(t)$ 的导函数为

$$R'(t) = Q''(t) = -6t + 18$$

当 $t=3$ 时,上式等于 0,比较

$$R(0) = 12, R(3) = 39, R(4) = 36$$

所以当 $t=3$,即上午 11:00,这名员工的工作效率最高。

案例 4.11 【工序安排】一工厂有 1000h 用于生产、维修和检验。各工序的工作时间分别为 P、M、I,且满足:$P+M+I=1000$,$P=I-100$,$P+I=M+100$,求各工序所用时间分别为多少?

解 由题意有

$$\begin{cases} P+M+I = 1000 \\ P-I = -100 \\ P-M+I = 100 \end{cases}$$

该方程组的增广矩阵为

$$\overline{A} = \begin{bmatrix} 1 & 1 & 1 & 1000 \\ 1 & 0 & -1 & -100 \\ 1 & -1 & 1 & 100 \end{bmatrix}$$

对增广矩阵$\overline{A}$施行初等行变换,将其化为简化的阶梯形矩阵:

$$\overline{A} = \begin{bmatrix} 1 & 1 & 1 & 1000 \\ 1 & 0 & -1 & -100 \\ 1 & -1 & 1 & 100 \end{bmatrix} \xrightarrow{(1)\leftrightarrow(2)} \begin{bmatrix} 1 & 0 & -1 & -100 \\ 1 & 1 & 1 & 1000 \\ 1 & -1 & 1 & 100 \end{bmatrix}$$

$$\xrightarrow[\ (3)-(1)\ ]{(2)-(1)} \begin{bmatrix} 1 & 0 & -1 & -100 \\ 0 & 1 & 2 & 1100 \\ 0 & -1 & 2 & 200 \end{bmatrix} \xrightarrow{(3)+(2)} \begin{bmatrix} 1 & 0 & -1 & -100 \\ 0 & 1 & 2 & 1100 \\ 0 & 0 & 4 & 1300 \end{bmatrix}$$

$$\xrightarrow{\frac{1}{4}(3)} \begin{bmatrix} 1 & 0 & -1 & -100 \\ 0 & 1 & 2 & 1100 \\ 0 & 0 & 1 & 325 \end{bmatrix} \xrightarrow[\ (1)+(3)\ ]{(2)-2(3)} \begin{bmatrix} 1 & 0 & 0 & 225 \\ 0 & 1 & 0 & 450 \\ 0 & 0 & 1 & 325 \end{bmatrix}$$

得原线性方程组的同解方程组 $\begin{cases} P = 225 \\ M = 450 \\ I = 325 \end{cases}$

即为线性方程组的解,并且只有唯一解。

因此,各工序所用时间分别为 225h、450h、325h。

注　本例中用了矩阵初等行变换的另一种符号,下同。

案例 4.12 【药物配制】一药剂师有 A、B 两种药水,其中 A 药水含盐 3%,B 药水含盐 8%,问:能否用这两种药水配制出 2 升含盐 6% 的药水? 如果可以,需要 A、B 药水各多少?

解　设 A 药水 x_1 升,B 药水 x_2 升,由题意得

$$\begin{cases} x_1 + x_2 = 2 \\ 0.03x_1 + 0.08x_2 = 0.12 \end{cases}$$

该方程组的增广矩阵为

$$\overline{A} = \begin{bmatrix} 1 & 1 & 2 \\ 0.03 & 0.08 & 0.12 \end{bmatrix}$$

对增广矩阵$\overline{A}$施行初等行变换,将其化为最简阶梯形矩阵:

$$\overline{A} = \begin{bmatrix} 1 & 1 & 2 \\ 0.03 & 0.08 & 0.12 \end{bmatrix} \xrightarrow{100(2)} \begin{bmatrix} 1 & 1 & 2 \\ 3 & 8 & 12 \end{bmatrix} \xrightarrow{(2)-3(1)} \begin{bmatrix} 1 & 1 & 2 \\ 0 & 5 & 6 \end{bmatrix}$$

$$\xrightarrow{\frac{1}{5}(1)} \begin{bmatrix} 1 & 1 & 2 \\ 0 & 1 & 1.2 \end{bmatrix} \xrightarrow{(1)-(2)} \begin{bmatrix} 1 & 0 & 0.8 \\ 0 & 1 & 1.2 \end{bmatrix}$$

$R(\overline{A}) = R(A) = 2 = n$,所以方程组有唯一解,即可用这两种药水配制出 2 升含盐 6% 的药水。

得原线性方程组的同解方程组 $\begin{cases} x_1 = 0.8 \\ x_2 = 1.2 \end{cases}$

因此需要 A 药水 0.8 升、B 药水 1.2 升。

案例 4.13 【投资组合】某公司投资 60 万元建设 A、B、C 三个项目,希望能从中收益 5.4 万元,其中项目 A 的收益率为 6％,项目 B 的收益率为 12％,项目 C 的收益率为 10％,问:在 A、B、C 三个项目上有多少种投资方式?

解 设投资 A、B、C 三个项目的资金分别为 x_1、x_2、x_3 万元,由题意得

$$\begin{cases} x_1 + x_2 + x_3 = 60 \\ 0.06x_1 + 0.12x_2 + 0.1x_3 = 5.4 \end{cases}$$

该方程组的增广矩阵为

$$\bar{A} = \begin{bmatrix} 1 & 1 & 1 & 60 \\ 0.06 & 0.12 & 0.1 & 5.4 \end{bmatrix}$$

对增广矩阵 $\bar{A}$ 施行初等行变换,将其化为最简阶梯形矩阵:

$$\bar{A} = \begin{bmatrix} 1 & 1 & 1 & 60 \\ 0.06 & 0.12 & 0.1 & 5.4 \end{bmatrix} \xrightarrow{100(2)} \begin{bmatrix} 1 & 1 & 1 & 60 \\ 6 & 12 & 10 & 540 \end{bmatrix}$$

$$\xrightarrow{(2)-6(1)} \begin{bmatrix} 1 & 1 & 1 & 60 \\ 0 & 6 & 4 & 180 \end{bmatrix} \xrightarrow{\frac{1}{6}(2)} \begin{bmatrix} 1 & 1 & 1 & 60 \\ 0 & 1 & \frac{2}{3} & 30 \end{bmatrix} \xrightarrow{(1)-(2)} \begin{bmatrix} 1 & 0 & \frac{1}{3} & 30 \\ 0 & 1 & \frac{2}{3} & 30 \end{bmatrix}$$

$R(\bar{A}) = R(A) = 2 < n$,所以方程组有无穷多解。

得原线性方程组的同解方程组 $\begin{cases} x_1 + \frac{1}{3}x_3 = 30 \\ x_2 + \frac{2}{3}x_3 = 30 \end{cases}$

将含未知量的项移到等式右边,得 $\begin{cases} x_1 = -\frac{1}{3}x_3 + 30 \\ x_2 = -\frac{2}{3}x_3 + 30 \end{cases}$

未知量 x_3 取任意实数 c,得方程组的解为 $\begin{cases} x_1 = -\frac{1}{3}c + 30 \\ x_2 = -\frac{2}{3}c + 30 \\ x_3 = c \end{cases}$

由于资金数不能为负数,因此 $0 \leqslant c \leqslant 45$。故 A、B、C 三个项目上有无数种投资方式。

想一想 练一练(二)

1. 设 $A = \begin{bmatrix} 1 & 1 & 1 & 2 & 3 \\ 2 & -1 & 3 & 8 & 8 \\ -3 & 2 & -1 & -9 & -5 \\ 0 & 1 & -2 & -3 & -4 \end{bmatrix}$,用初等行变换把 A 化为阶梯形矩阵和简化的阶梯形矩阵。

矩阵单元测试

2. 求下列矩阵的秩:

$$(1) \begin{bmatrix} 1 & 2 & 2 & 11 \\ 1 & -3 & -3 & 14 \\ 3 & 1 & 1 & 8 \end{bmatrix};\qquad (2) \begin{bmatrix} 2 & 5 & 3 & -2 \\ -3 & -1 & 2 & 1 \\ -2 & 3 & -4 & -7 \\ 1 & 2 & 4 & 1 \end{bmatrix}。$$

3.【产品销量】某公司有甲、乙两车间生产 A、B、C 三种产品,一、二两季度的销量如表 4. 10 和表 4.11 所示。

表 4.10　一季度销量　　　　　　　　　　　　　　　　　　　　　　　　（单位:件）

	A 产品	B 产品	C 产品
甲车间	210	640	560
乙车间	150	880	320

表 4.11　二季度销量　　　　　　　　　　　　　　　　　　　　　　　　（单位:件）

	A 产品	B 产品	C 产品
甲车间	250	590	440
乙车间	170	740	520

求该公司甲、乙两车间三种产品上半年的销量。

4.【运输费用】设 A、B、C 三地到甲、乙、丙三地的里程表(单位:千米)用矩阵表示为

$$A = \begin{bmatrix} 120 & 175 & 100 \\ 90 & 110 & 60 \\ 105 & 95 & 180 \end{bmatrix}$$

已知货物每吨千米的运费为 1.5 元,则各地每吨货物的运费(单位:元/吨)为多少?

5.【文具库存】一文具供应店的存货清单上显示钢笔和铅笔的数量为

钢笔:10 箱盒装 25 支的,8 箱盒装 10 支的,9 箱盒装 20 支的;

铅笔:15 箱盒装 25 支的,6 箱盒装 10 支的,8 箱盒装 20 支的。

现用矩阵 A 表示这一库存,若该店立即组织两次货运以减少库存,每次运输的数量用矩阵 B 表示。问:最后钢笔和铅笔的库存为多少?

$$A = \begin{pmatrix} 10 & 8 & 9 \\ 15 & 6 & 8 \end{pmatrix}, B = \begin{pmatrix} 4 & 3 & 4 \\ 6 & 3 & 2 \end{pmatrix}$$

6.【食物成本】某饮食厂三个车间都生产面包、蛋糕、饼干,它们的单位成本如表 4.12 所示。

表 4.12　单位成本　　　　　　　　　　　　　　　　　　　　　　　　（单位:元/公斤）

	面包	蛋糕	饼干
Ⅰ	2	3	1
Ⅱ	4	2	3
Ⅲ	1	3	2

现要在每个车间生产面包 50 公斤、蛋糕 10 公斤、饼干 100 公斤,问:哪个车间的总成本最低?

7.【手机销售】某地区甲、乙、丙三家商场同时销售两种品牌的手机,如果用矩阵 A 表示各商场销售这两种手机的周平均销售量(单位:台),用 B 表示两种手机的单位售价(单位:千元)和单位利润(单位:千元):

$$A=\begin{bmatrix} 10 & 15 & 20 \\ 30 & 10 & 40 \end{bmatrix}\begin{matrix} I \\ II \end{matrix}, B=\begin{bmatrix} 3 & 0.5 \\ 3.5 & 1 \end{bmatrix}\begin{matrix} I \\ II \end{matrix},$$

求这三家商场销售两种手机的每周总收入和总利润。

8. 求解下列线性方程组:

(1) $\begin{cases} x_1 + x_2 - x_3 = 4 \\ 2x_1 + 3x_2 - 5x_3 = 7; \\ 3x_1 + x_2 + 2x_3 = 13 \end{cases}$

(2) $\begin{cases} x_1 + 2x_2 + 3x_3 = 4 \\ 3x_1 + 5x_2 + 7x_3 = 9 \\ 5x_1 + 8x_2 + 11x_3 = 14 \end{cases}$;

(3) $\begin{cases} 2x_1 - 3x_2 + 5x_3 + 7x_4 = 1 \\ 4x_1 - 6x_2 + 11x_3 + 16x_4 = 2; \\ 2x_1 - 3x_2 + 6x_3 + 9x_4 \end{cases}$

(4) $\begin{cases} x_1 + 8x_2 - 7x_3 = 12 \\ x_1 + 9x_2 - 5x_3 = 16 \\ x_1 + 10x_2 - 3x_3 = 20; \\ x_1 + 11x_2 - x_3 = 24 \end{cases}$

(5) $\begin{cases} 2x_1 + 3x_2 - x_3 + 5x_4 = 0 \\ 3x_1 + x_2 + 2x_3 - 7x_4 = 0 \\ 4x_1 + x_2 - 3x_3 + 6x_4 = 0; \\ x_1 - 2x_2 + 4x_3 - 7x_4 = 0 \end{cases}$

(6) $\begin{cases} 2x_1 - 4x_2 + 5x_3 + 3x_4 = 0 \\ 3x_1 - 6x_2 + 4x_3 + 2x_4 = 0 \\ 4x_1 - 8x_2 + 17x_3 + 11x_4 = 0 \end{cases}$。

9. 判别下列线性方程组解的情况:

(1) $\begin{cases} x_1 + x_3 - x_4 = 1 \\ -x_1 + x_2 - x_3 + x_4 = 2; \\ 2x_1 - x_2 + x_4 = 0 \end{cases}$

(2) $\begin{cases} x_1 + x_2 - 3x_3 = -3 \\ 2x_1 + 2x_2 - 2x_3 = 2 \\ x_1 + x_2 + x_3 = 1 \\ 3x_1 + 3x_2 - 5x_3 = -5 \end{cases}$;

(3) $\begin{cases} x_1 - x_2 + 3x_3 - x_4 = 1 \\ 2x_1 - x_2 - x_3 + 4x_4 = 2 \\ 3x_1 - 2x_2 + 2x_3 + 3x_4 = 3; \\ x_1 - 4x_3 + 5x_4 = -1 \end{cases}$

(4) $\begin{cases} x_1 + x_2 + x_3 + x_4 = 1 \\ x_1 + x_2 - x_3 - x_4 = 2 \\ x_1 - x_2 - x_3 - x_4 = 1 \\ x_1 - x_2 - x_3 + x_4 = 1 \end{cases}$。

10. 判别下列齐次线性方程组是否有非零解:

(1) $\begin{cases} x_1 + 2x_2 - 4x_3 + 2x_4 = 0 \\ 3x_1 - x_2 + 2x_3 - x_4 = 0 \\ -2x_1 + 4x_2 - x_3 + 3x_4 = 0; \\ 3x_1 + 9x_2 - 7x_3 + 6x_4 = 0 \end{cases}$

(2) $\begin{cases} x_1 + x_2 + x_3 + x_4 + x_5 = 0 \\ 3x_1 + 2x_2 + x_3 - 3x_5 = 0 \\ x_2 + 2x_3 + 3x_4 + 6x_5 = 0 \\ 5x_1 + 4x_2 + 3x_3 + 2x_4 + 6x_5 = 0 \end{cases}$。

11.【水银密度】假定水银密度 h 与温度 t 的关系为 $h=a_0+a_1t+a_2t^2+a_3t^3$,由实验测得如表 4.13 所示数据。

表 4.13　水银密度

t	0℃	10℃	20℃	30℃
h	13.6	13.57	13.55	13.52

求 $t=15℃$、$40℃$ 时水银的密度(精确到小数两位)。

12.【化肥成分】现有三种化肥 A、B、C,其成分如表 4.14 所示。

表 4.14　化肥成分

种类	钾	氮	磷
A	20％	30％	50％
B	10％	20％	70％
C	0％	30％	70％

现要得到 200kg 含钾 12％、氮 25％、磷 63％的化肥,需要以上三种化肥的量各是多少?

13.【汽车销售】某公司销售三种轿车 A、B、C,其售价分别为 18 万元、20 万元、24 万元,现这三种轿车共售出 40 辆,总收入为 780 万元,问 A、B、C 三种轿车各售多少辆?

14.【节食减肥】一节食者准备他的一餐的食物 A、B、C,三种食物每盎司(每盎司为 28.35g)中所含蛋白质、脂肪、糖如表 4.15 所示。

表 4.15　食物成分

种类	蛋白质	脂肪	糖
A	2 单位	3 单位	4 单位
B	3 单位	2 单位	1 单位
C	3 单位	3 单位	2 单位

问能否使这一餐必须精确地含有 25 单位蛋白质、24 单位脂肪及 21 单位糖? 如果可以,请问节食者每种食物须准备多少盎司?

15.【费用分摊】某工厂有两个生产部门和三个管理部门,每个管理部门的费用由生产部门及其他管理部门分摊,分摊的比例由管理服务质量确定,如表 4.16 所示。

表 4.16　费用分摊比例

种类	M_1	M_2	M_3	P_4	P_2	自身费用
M_1	0	0.10	0.05	0.40	0.45	40000(元)
M_2	0.10	0	0.10	0.40	0.40	30000(元)
M_3	0.20	0.05	0	0.35	0.40	20000(元)

试求：(1)用矩阵 P 表示两个生产部门分摊三个管理部门费用的比例；

(2)各管理部门总费用应满足的方程组；

(3)各管理部门总费用，并用矩阵 C 表示；

(4)求 PC，并 PC 说明的含义。

高斯的故事

高斯的故事

第五章

品质管理分析中的概率思想方法

学习目标

【能力培养目标】

1. 会将概率问题中的概念与数学概念进行互译；
2. 会预测简单经济现象发生的概率，并会准确计算经济问题的概率；
3. 会分析离散或连续变化的经济现象变化的状况及其发生的概率；
4. 会利用均值和方差分析经济问题的整体水平和风险的高低。

【知识学习目标】

1. 了解事件、概率、随机变量等概念；
2. 掌握条件概率、全概率和逆概率、分布列、分布函数的计算方法；
3. 熟练计算古典概型、离散型和连续型随机变量的概率；
4. 在理解期望和方差的概念和性质的基础上，掌握计算随机变量的期望和方差的方法。

工作任务

某外贸公司签订的一笔订单因量大时间紧，需要临时找几家常合作的加工企业协助完成订单，公司现在最担心的是产品质量能否达到客户的要求，请你写一份详细的方案，监控、分析总的产品质量方法，并在此基础上适当调整产品加工方案，以顺利完成该笔订单。

请谈谈你的想法。

任务分析

从公司要求制定的方案来看，要完成以下几方面的主要监控、分析工作，并在此基础上决定是否要调整加工方案：首先在分析客户质量要求的基础上，根据掌握的各加工企业的产品加工质量状况，合理分配产品加工量给各企业；然后在企业的加工过程中，督促企业根据产品合格率的变化情况，调整企业内部各流水线的产品加工量；最后在加工任务完成后，还要合理地制订抽检计划，并整体分析计算产品总的合格率是否达到客户要求，等等。

根据上述任务要求分析，我们至少应具备以下几方面的数学能力：

1. 模型的分析建立能力和概率的计算能力；
2. 随机变量的概率分布计算能力；
3. 产品整体平均水平和产品质量波动状况分析能力；
4. 产品质量的检验能力。

知识平台

1. 随机事件与古典概型；
2. 全概率与逆概率和独立事件；

3. 随机变量及其分布；

4. 随机变量的期望和方差；

5. 假设检验。

第一节　质量分析中的概率思想方法

子任务导入

某新闻媒体曾经报道过这样的事件：某公司生产的钢化玻璃淋浴房，在用户正常使用的过程中，突然发生淋浴房玻璃碎裂现象，造成用户受伤，送进医院⋯⋯

在这类事件发生后，该生产钢化玻璃淋浴房的企业在主动赔偿用户相关损失后，企业内部一般都要启动事件责任追究（问责），在这一过程中，可能碰到以下几种情况：根据用户提供的材料，事故产品的生产时间、班组、具体人员明晰，事故责任对象清晰；用户相关资料已遗失，无法提供材料确定产品的准确生产时间、班组或具体人员，事故责任对象不清晰⋯⋯

针对不同情况，我们在问责过程中，如何合理定责十分重要，牵涉到问责的公正合理性，对员工的激励、奖罚具有重要指导意义。

如果你负责处理该事件的后续过程，请问你打算如何做？

请谈谈你的想法。

子任务分析

如果公司根据该事件中用户提供的详细材料，能清晰地追究到具体人员的责任，那责任是一个确定性问题，可以十分准确地问责；如果用户提供的材料不能明晰地定位到事故的责任人，那事故责任是一个不确定性问题，即每个班组都有可能是该问题产品的生产者，但也可能不是该问题产品的生产者，这时就必须在科学分析各班组生产该事故产品可能性的基础上，合理分摊各班组应承担的事故责任。

从子任务的分析情况看，要完成该任务，我们必须具备以下几方面的数学知识和相关能力。

1. 概率的基本概念；

2. 古典概型及其公式和性质；

3. 条件概率、全概率和逆概率的分析与计算；

4. 数学计算的分析与解释能力。

数学知识链接

在企业管理过程中，经常会面对不确定性问题，如企业未来发展状况、产品的质量状况，等等。对于不确定性问题，我们如何找出其中内在规律，根据不确定中的潜在规律，整体把握企业的发展方向和提高产品品质，是这一部分我们重点尝试解决的问题。

小丽,这么多人在争抢什么呀? 场面好可怕哟!

②

听说公司在搞抽奖活动,由于一等奖(大奖)的名额只有一个,大家怕自己抽晚了,大奖会被别人抢走了! 刘姐,我们也快点去吧? !

先抽奖的人,获得大奖的机会会比后面抽奖的人低? 概率是不是可以解释这方面的问题?

④

③

一　随机现象及古典概率问题

数学研究的问题通常是确定性问题,但在现实中也常常会出现不确实性现象,如抛掷一枚硬币,它落地后正反面哪面朝上问题;掷骰子,它出现的点数为几点问题,等等。对于确定性问题我们已研究了很多,这里我们将重点研究不确定性问题。

1. 随机现象和随机事件

引例 5.1 【个人发展规划】进入大学后的第一学期,在"职业生涯发展规划"课程里,老师往往要求我们在性格、能力测试分析基础上,做出自己的大学学业规划和今后的人生发展规划,请问:你如何看待这方面的问题?

问题分析　规划是结合自己当前的状况做出的,但是在大学学习期间,由于我们每个人付出的努力不一样,我们每个人的学习状况、把握机遇的能力不一样,将导致我们今后实现的发展结果与现在的规划有很多不同。可以说,我们的成长过程充满"变数"。

引例 5.2 【骰子点数分析】在玩游戏时,我们同时掷两颗骰子,计算其点数和,可能会出现哪些结果? 这些结果与每颗骰子的点数之间存在什么样的关系?

问题分析　掷两颗骰子,其点数和共有 2、3、…、12 等 11 种可能结果,这 11 种结果由两颗骰子的点数组合而成,为了研究两颗骰子的点数组合情况,必须分析这些结果之间的相互关系。

在数学中,将类似于引例5.1中的这样充满"变数"的问题称为不确定性问题,这类现象称为**不确定性现象(Uncertainty Phenomenon)**。为了研究这些不确实性现象,我们往往需要做试验来找寻其中的规律,这种为了研究不确定性现象进行的试验称为**随机试验(Randomized Trial)**。一般随机试验满足三个条件:试验可以在相同情形下重复进行;试验的所有可能结果明确且不唯一;每次试验都会而且只会出现可能结果中的某一个,但结果出现前,我们并不能肯定这次试验会出现这些结果中的哪一个结果。

为了表述和研究方便,我们通常称随机试验中的每一个可能结果为基本事件或样本点,称由若干个基本事件组合成的事件为复杂(复合)事件。由于它们都带有随机性,所以我们都统称为随机事件或简称为事件,事件通常用大写字母 A、B、…表示。

如果若干个基本事件组合成的复杂事件在每次试验中都必然发生,我们称这类复杂事件为**必然事件(Certain Event)**,用 Ω 表示;相反,若某个事件在每次试验中都一定不会发生,则我们称之为**不可能事件(Impossible Event)**,用 $\varnothing$ 表示。

如引例5.2遇到的问题,有时在研究随机问题时,可能要进一步研究其结果之间的相互关系,甚至要对不同的结果进行必要的计算。事件之间的常见关系和计算主要有包含关系、相等关系、和事件、积事件、差事件等。

如果事件 A 发生必导致事件 B 发生,则称事件 B 包含事件 A,记为 $A \subset B$,如图5.1(a)所示;若 $A \subset B$ 且 $B \subset A$,则称事件 $A = B$。

若事件 A 与事件 B 至少有一个发生,则称为事件 A 与 B 的**和事件**,记为 $A \cup B$ 或 $A + B$。如图5.1(b)所示。

若事件 A 和事件 B 同时发生,则称为事件 A 与 B 的**积事件**,记为 $A \cap B$ 或 AB。如图5.1(c)所示。

若事件 B 发生且事件 A 不发生,则称为事件 B 与 A 的**差事件**,记为 $B - A$。如图5.1(d)所示。有 $B - A = B - AB$。

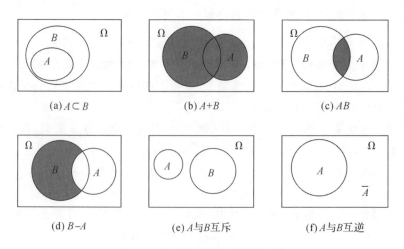

(a)$A \subset B$　　　(b)$A+B$　　　(c)AB

(d)$B-A$　　　(e)A 与 B 互斥　　　(f)A 与 B 互逆

图5.1　事件间的关系与运算示意

若事件 A 与事件 B 不能同时发生,称事件 A 与 B 为**互斥(互不相容)事件**,如图 5.1(e)所示。有 $AB=\varnothing$,$A+B=\Omega$。

若事件 A 与 B 有且只能有一个发生,称事件 A 与 B 为**互逆(对立)事件**,也把事件 B 称为事件 A 的**逆事件**,如图 5.1(f)所示。有 $AB=\varnothing$,$A+B=\Omega$。

若事件 A_1、A_2、$\cdots$、A_n 两两互斥,且和事件 $A_1+A_2+\cdots+A_n=\Omega$,则称 A_1、A_2、$\cdots$、A_n 是样本空间的一个**剖分**,如图 5.2 所示。

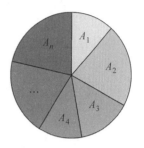

案例分析

案例 5.1 【**股票价格走向**】从事股票投资的人都知道,持有或抛售某只股票应建立在数据分析的基础上,但数据只能告诉我们该只股票的大致趋势,不可能是确定的。如果让你去研究预测某只股票,其实际情况与你的分析预测相比,可能会出现哪些结果呢?

图 5.2　剖分示意

解 由于这是一随机问题,该只股票的实际走向可能出现上涨、持平、下跌,和我们分析预测的结果相比,可能相同,也可能相反,但可能性却有所不同。

案例 5.2 【**产品销售分析**】某车间流水线的产品质量一直保持非常稳定的高水平,请你预测该流水线明天生产的产品的质量状况。

解 虽然该流水线过去生产的产品质量一直很高,但这并不能肯定它明天生产的产品质量就一定很高,这同样是一个随机问题,它可能继续保持高水平,也可能质量略有下降甚至大幅下降,不过每种结果出现的可能性也各不相同。

案例 5.3 【**彩票问题**】某球迷连续三次购买足球彩票,每次一张,用 A、B、C 分别表示第一、二、三次所买的彩票中奖事件,试用 A、B、C 及其运算表示下列事件:

(1)第三次未中奖;

(2)第一次、第二次都未中奖,第三次中奖;

(3)至少有一次中奖;

(4)恰好有一次中奖;

(5)至多中奖两次。

解 (1)$\bar{C}$;　　　　(2)$\overline{A}\,\overline{B}C$;　　　　(3)$A+B+C$;

(4)$A\overline{B}\,\overline{C}+\overline{A}B\overline{C}+\overline{A}\,\overline{B}C$;　　　　(5)$\overline{A}+\overline{B}+\overline{C}$。

2. 古典概率问题

引例 5.3 【**概率描述**】在日常生活中,我们经常会听到类似描述:某只股票明天价格下降的可能性很大;我有 90% 的把握做成这件事;产品的合格率达到 98% 等。这些描述的共性是什么? 我们如何描述这些现象?

问题分析 这些描述的现象实际上就是我们前面所介绍的、现实中经常会碰到的不确定性问题,这类问题在具体结果出来前,我们无法确定它是否一定发生,因此只能描述"可能性"。在数学中,描述某一不确实性问题的事件发生的可能性大小,定义为概率。

随机事件发生的可能性大小的数量描述称为随机事件 A 的**概率(Probability)**,记为

$P(A)$。例如,我们在产品抽检过程中,若已知 100 件产品中共有 97 件为合格产品,3 件为不合格产品,从中任意抽取一件检验它是否为合格品,则它为合格品的概率(即可能性大小)为 97%,它为不合格品的概率为 3%。

在工作和生活中,我们遇到的概率问题经常具有如下特点:

(1)问题的所有基本事件数是有限的;

(2)每个基本事件在每次试验中出现的可能性相同。

具有这类特点的概率问题,我们称之为**古典概型(Classical Probability)**。古典概型中事件的概率计算公式如下:

$$P(A) = \frac{m_A}{n}$$

其中,m_A 表示事件 A 中包含的基本事件数,n 表示问题中基本事件总数。例如,从 1、2、3、4 四个数中任意抽出三个数,组成一个没有重复数字的三位数,若要求其中为三位偶数概率,则满足三位偶数这一条件的事件数 $m_A = C_2^1 \times A_3^3 = 12$,而没有重复数字的三位数包含的事件数 $n = A_4^3 = 24$,所以 $P(A) = \frac{12}{24} = \frac{1}{2}$。

仅用古典概型计算公式,可以解决一些简单的概率计算问题,但遇到比较复杂的概率问题,则需要充分利用事件的关系和运算才能准确计算事件的概率。以下几个概率公式是我们在工作和生活经常要用到的。

(1)对于不可能事件 $\varnothing$,则有 $P(\varnothing) = 0$,对于必然事件 Ω,则有 $P(\Omega) = 1$;

(2)对于两个任意事件 A、B,则有 $P(A+B) = P(A) + P(B) - P(AB)$;

特别地,若事件 A、B 为互斥事件,则有 $P(A+B) = P(A) + P(B)$;

若事件 A、B 为互逆(对立)事件,则有 $P(A) + P(B) = 1$ 或 $P(A) = 1 - P(B)$;

若事件 A_1、A_2、$\cdots$、A_n 是样本空间的一个剖分,有

$$P(B) = P(BA_1) + P(BA_2) + \cdots + P(BA_n)$$

(3)对于两个任意事件 A、B,则有 $P(A-B) = P(A) - P(AB)$;

特别地,若事件 A、B 为互斥事件,则有 $P(A-B) = P(A)$;

若事件 $B \subset A$,则有 $P(A-B) = P(A) - P(B)$;若事件 $A \subset B$,则有 $P(A-B) = 0$。

案例分析

案例 5.4 【技术开发联合问题】在工作中,我们每个人从事一项工作时,可能会感觉到势单力薄,甚至力不从心,大家从下面的问题可以看到合作的重要性。

技术开发
联合问题

如果甲单独开发某项新技术,成功的概率为 0.8;乙单独开发这项技术,成功的概率为 0.85;两人同时开发时,都成功的概率为 0.68。公司将开发任务交给甲、乙两人的话,该新技术开发成功的概率有多高?

解 设 A 表示"甲开发成功",B 表示"乙开发成功",根据题意有

$$P(A) = 0.8, P(B) = 0.85, P(AB) = 0.68$$

新技术开发成功意味着只要甲成功或乙成功开发就可以了,即 $P(A+B)$ 就意味开发成

功,所以

$$P(A+B)=P(A)+P(B)-P(AB)=0.8+0.85-0.68=0.97$$

即新技术开发工作在两个人合作的前提下,成功的概率大大提高,这也从定量分析的角度印证了团队合作的重要性。

在产品出厂前,都要通过检验员的抽检,验证产品的合格率,没有达到出厂要求时,是绝对不允许出厂的,否则可能因为客户检验不过关而给企业带来重大经济损失。

案例5.5 【产品质量验证问题】某批次100件产品中有96件正品、3件次品。为了检验,往往从所有产品中任意抽取几件检验其是否为正品,若现按以下方式从中任抽取3件:(1)无放回地抽取;(2)有放回地抽取。试问:抽取的3件产品中至少有1件次品的概率有多高?

产品质量验证
问题

解 设 A 表示"抽取的3件产品中有次品",则

(1)无放回地抽取时,直接计算比较麻烦,可以先计算事件 $\overline{A}$ "抽取的3件产品中没有次品"的概率:

$$P(\overline{A})=\frac{C_{97}^3}{C_{100}^3}=\frac{97\times96\times95}{100\times99\times98}\approx0.911812$$

所以

$$P(A)=1-P(\overline{A})\approx0.088188$$

(2)有放回地抽取时,类似地,先计算 $\overline{A}$ "抽取的3件产品中没有次品"的概率:

$$P(\overline{A})=\frac{(C_{97}^1)^3}{(C_{100}^1)^3}=\frac{97\times97\times97}{100\times100\times100}=0.912673$$

所以

$$P(A)=1-P(\overline{A})=0.087327$$

从中可以发现,无论按哪种方式抽检产品,其中能抽到次品的概率都是非常低的。这也告诉我们,如果对方告诉我们其产品的合格率很高,但假如我们抽检几次都抽到次品,那对方的话就值得怀疑了!

二 全概率和逆概率问题

1. 条件概率问题

引例5.4 【抽奖问题分析】公司在迎新年聚餐时,为了活跃气氛往往要开展一些抽奖活动,如果设置一等奖1名,二等奖5名,三等奖若干名,那么我们在抽奖时,应不应该抢着去抽奖,以防一等奖被人抽走了?抽奖的先后顺序对抽中一等奖的概率有影响吗?

问题分析 如果我们是第二个抽奖的人,抽中的概率相比于第一个人会有什么变化呢?易知,第一个人中奖的概率是总奖券张数分之一;第二个人去抽时,有两种情况出现,若第一个人抽走了一等奖,则他抽中一等奖的概率为0,若第一个人没有抽走一等奖,那他抽中一等奖的概率比第一个人大,为总奖券张数减1分之一。综合两种情况,第二个人抽中一等奖的概率应如何算?如果第二个人抽中一等奖的概率能计算出来,类似地,第二、三……个人抽中一等奖的概率都能计算出来,从而可以比较不同抽奖顺序的中奖率变化情况。

为了分析计算类似于上述问题,我们引入几个相关概念。

在已知某一事件 A 已发生的前提下，求事件 B 发生概率问题，称为在条件 A 下事件 B 发生的概率，简称为**条件概率**（Conditional Probability），记为 $P(B|A)$。

注意　条件概率 $P(B|A)$ 本质上是求事件 B 的概率，只是它是在事件 A 已发生的前提下考虑问题，而非求事件 A、事件 B 同时发生的概率，或求事件 A 的概率。

那么，如何求条件概率 $P(B|A)$ 呢？

我们看一个简单的问题：假设某次活动中，抽奖箱里有 10 张奖券，其中一等奖 2 张，二等奖 3 张，三等奖 5 张，规定每个人可以抽两次，每次抽一张，抽到的奖券不再放回箱内。若某个人抽取的第一张奖券为一等奖，试分析他抽取的第二张奖券也是一等奖的概率。

若记 A 为第一次抽取到一等奖，B 为第二次抽取到一等奖，则

$$P(B|A)=\frac{1}{9}$$

为了找到条件概率 $P(B|A)$ 的公式，我们进一步分析计算第一次抽取一等奖的概率和第一次、第二次同时抽取到一等奖的概率

$$P(A)=\frac{1}{5},\quad P(AB)=\frac{C_2^1\times C_1^1}{C_{10}^1\times C_9^1}=\frac{1}{45}$$

分析 $P(B|A)$ 与 $P(A)$、$P(AB)$ 的关系，发现

$$P(B|A)=\frac{P(AB)}{P(A)}$$

这就是**条件概率计算公式**（Conditional Probability Formula）。

若将条件概率计算公式变形，可以得到

$$P(AB)=P(A)P(B|A)$$

我们称之为**乘法公式**（Multiplication Formula）。

案例分析

产品抽检分析

案例 5.6　【**产品抽检分析**】某集团公司是生产汽车零配件的知名企业，它有两条生产线加工同一种零件，如表 5.1 所示。

表 5.1　生产线的产品质量数据

	正品数	次品数	总计
第一条生产线加工的零件数	35	5	40
第二条生产线加工的零件数	50	10	60
总计	85	15	100

从这 100 个零件中，任取一个零件，求：

（1）已知取出的零件是第一条生产线加工的，取得的零件为正品的概率；

（2）取出的零件是第一条生产线加工的正品零件的概率。

解　设 A 表示"零件是第一条生产线加工的"，B 表示"取得的零件为正品"，则

（1）$P(B|A)=\dfrac{35}{40}=0.875$；

$$(2)P(AB)=P(A)P(B|A)=\frac{40}{100}\times\frac{35}{40}=0.35。$$

案例5.7　【**产品使用年限分析**】据以往的数据分析,某品牌的商品1年内不返修的概率为0.9,3年内不返修的概率为0.75。若你购买了该品牌的商品,使用1年后并没有返修过,试分析你在使用该商品的过程中,3年内都不需要返修的概率。

解　设A表示"该商品1年内不用返修",B表示"该商品3年内不用返修",则

$$P(B|A)=\frac{P(AB)}{P(A)}=\frac{P(B)}{P(A)}=\frac{0.75}{0.9}\approx0.833$$

案例5.8　【**员工的地域分析**】某企业为了分析员工的地域来源,调查发现100名员工中,有男员工80人,女员工20人。来自于A地区的员工有20人,其中男员工12人,女员工8人。公司从中选拔一名员工开展某项活动,已知此人是男员工,试分析它来源于A地区的概率。

解　设A表示"员工来源于A地区";B表示"员工为男员工",则

$$P(A|B)=\frac{P(AB)}{P(B)}=\frac{12}{80}=0.15$$

2. 全概率和逆概率问题

引例5.5　【**产品质量分析**】市场上供应的灯泡中,甲厂产品的市场份额为70%,乙厂产品的市场份额为30%。按产品检验数据知,甲厂灯泡合格率达到95%,乙厂灯泡合格率为80%,试分析市场上总的灯泡合格率。

问题分析　市场上供应的灯泡合格率受甲厂和乙厂灯泡市场份额的影响,同时也受甲、乙两个厂的产品合格率的影响,要分析市场上灯泡总的合格率,这几个方面的因素都要考虑。为了更直观地分析市场上灯泡合格率情况,可以结合图5.3分析,市场上合格灯泡来源于甲厂的合格灯泡和来源于乙厂的合格灯泡,只要计算出这些合格灯泡数占总的灯泡数的百分比,就可以算出市场上灯泡总的合格率。

若设A_1表示"甲厂灯泡",A_2表示"乙厂灯泡";B表示"合格灯泡",结合图5.3知:

$$\begin{aligned}P(B)&=P(A_1B+A_2B)\\&=P(A_1B)+P(A_2B)\\&=P(A_1)P(B|A_1)+P(A_2)P(B|A_2)\end{aligned}$$

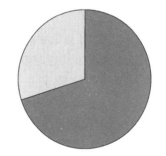

然后利用前面的知识就可以解决这一问题。这也是解决这类问题的基本思想方法。

一般地,如果把事件B看作某一试验的结果,事件A_1、A_2、$\cdots$、A_n是导致事件B发生的"原因",且事件A_1、A_2、$\cdots$、A_n是一个样本空间的剖分,则在计算事件B的概率时,要对导

图5.3　市场灯泡合格率示意图

致事件B发生的各种原因逐一分析。只要知道各种原因发生条件下事件B发生的概率,则事件B的概率可以按如下公式计算:

$$\begin{aligned}P(B)&=P(A_1B+A_2B+\cdots+A_nB)\\&=P(A_1)P(B|A_1)+P(A_2)P(B|A_2)+\cdots+P(A_n)P(B|A_n)\\&=\sum_{i=1}^{n}P(A_i)P(B|A_i)\end{aligned}$$

该计算公式称为**全概率公式**(Complete Probabilistic Formula)。

全概率公式解决了在多种"原因"作用下,如何分析计算某种结果的概率问题;在企业生产管理过程中,有时还会遇到出现了某种结果,需要反向追究不同"原因"导致该结果出现的概率大小问题。这时需要利用贝叶斯公式(逆概率公式)解决相关问题。

如果事件 B_1、B_2、$\cdots$、B_n 是导致事件 A 发生的"原因",且事件 B_1、B_2、$\cdots$、B_n 是一个样本空间的剖分,若该结果 A 已经发生,则其是由某一个原因 $B_i(i=1,2,\cdots,n)$ 所引起的概率为

$$P(B_i \mid A) = \frac{P(B_i)P(A \mid B_i)}{\sum\limits_{j=1}^{n} P(B_j)P(A \mid B_j)}$$

此公式称为贝叶斯公式(逆概率公式)(Bayes Formula)。

案例分析

案例 5.9 **【意外事故概率】**某保险公司从保险的角度认为,人可分为两类,第一类是容易发生意外的人,另一类是比较谨慎的人。据该公司统计,易发生意外的人在固定的一年内的某个时刻出一次事故的概率为 0.4,而较谨慎的人的概率为 0.2。若假定第一类人占 30%,则一个新保险客户在他购买保险单后一年内可能发生一次意外事故的概率有多高?

意外事故概率

解 设 A_1 表示"新客户属于第一类",A_2 表示"新客户属于第二类";B 表示"新客户在一年期间出现一次意外",则利用全概率公式知

$$P(B) = P(A_1)P(B \mid A_1) + P(A_2)P(B \mid A_2)$$
$$= 0.4 \times 0.3 + 0.2 \times 0.7 = 0.26$$

即该保险公司在没有了解新投保客户是哪一类人的前提下,该新客户在他购买保险单后一年内可能发生一次意外事故的概率有 26%。这是保险公司核定保费的一个重要决策依据。

案例 5.10 **【面试中的概率问题】**甲、乙两人毕业后去同一家公司参加应聘面试,考官要求每个进入面试室的应聘者从抽签箱中任抽一个面试题回答问题(抽后不放回,防止漏题)。已知面试箱中共有 10 个考签,其中 4 个难签,若甲先面试然后乙面试,试分析甲、乙两人谁抽到难签的概率高?

解 设 A 表示"甲抽到难签",B 表示"乙抽到难签",则易知

$$P(A) = \frac{4}{10}$$

由于乙是第二个抽签,他抽到难签还是比较容易的签受甲抽到的签的影响,因此

$$P(B) = P(AB + \overline{A}B)$$
$$= P(A)P(B|A) + P(\overline{A})P(B|\overline{A})$$
$$= \frac{4}{10} \times \frac{3}{9} + \frac{6}{10} \times \frac{4}{9} = \frac{4}{10}$$

所以,从理论角度说,谁先面试谁后面试,抽到难签的概率是相等的,所以面试是公平的。

案例 5.11 **【商品购买风险】**商店论箱出售玻璃杯,每箱 20 只,其中每箱含 0、1、2 只次

品的概率分别为 0.8、0.1、0.1。某顾客选中一箱,从中任选 4 只检查,结果都是好的,便买下了这一箱。问:这一箱含有一个次品的概率是多少?

解　设 A 表示"从一箱中任取 4 只检查,结果都是好的";B_0、B_1、B_2 分别表示"每箱含 0、1、2 只次品",则

$$P(B_0)=0.8, \quad P(B_1)=0.1, \quad P(B_2)=0.1,$$

$$P(A|B_0)=1, \quad P(A|B_1)=\frac{C_{19}^4}{C_{20}^4}=\frac{4}{5}, \quad P(A|B_2)=\frac{C_{18}^4}{C_{20}^4}=\frac{12}{19}$$

利用贝叶斯公式知

$$P(B_1 \mid A) = \frac{P(B_1)P(A \mid B_1)}{\sum\limits_{i=0}^{2} P(B_i)P(A \mid B_i)}$$

$$= \frac{0.1 \times \dfrac{4}{5}}{0.8 \times 1 + 0.1 \times \dfrac{4}{5} + 0.1 \times \dfrac{12}{19}} \approx 0.0848$$

这表明,虽然顾客抽检了,但仍有 8.48% 的风险购买到含有一个次品的一箱玻璃杯。

案例 5.12　**【买旧车的学问】**国外的旧车市场很多,出国留学或访问的人有时花很少的钱就可以买一辆相当不错的车,开上几年也没问题。但运气不好时,开不了几天就这儿坏那儿坏的,修车的钱是买车钱的好几倍,经常出毛病带来的烦恼就更别提了。

为了帮助买旧车的人了解各种旧车的质量和性能,国外出版了一种专门介绍各品牌旧车以及各年代不同车型各主要部件质量数据的旧车杂志。一个想买某品牌种型号旧车的人,从旧车杂志上发现这种旧车平均有 30% 的传动装置有质量问题。除了从旧车杂志上寻找有关旧车质量的信息外,在旧车市场上买旧车时还需要有懂车的内行来帮忙。比较常见的方法是花一点钱请个汽车修理工帮助开几圈,请他帮助判断一下传动装置和其他部件的质量。当然,尽管汽车修理工很有经验,也难免有判断不准的时候。假定从过去的记录知道某个修理工对于传动装置有问题的车,其中 90% 他可以判断出有问题,另有 10% 他发现不了其中的问题。对于传动装置没问题的车,他的判断也差不多同样出色,80% 的车他会判断没问题,另 20% 他会认为有问题,即发生判断的错误。根据这些已知信息请你帮助买主计算如下的问题:

(1)若买主不雇用修理工,他买到一辆传动装置有问题的车的概率是多少?

(2)若买主花钱雇修理工帮他挑选和判断,当修理工说该车"传动装置有问题"时该车传动装置真有问题的概率是多少?

(3)当修理工说该车"传动装置没问题"时而该车传动装置真有问题的概率是多少?

解　设 A_1 表示"买到的旧车传动装置实际有问题",A_2 表示"买到的旧车传动装置实际没问题";B_1 表示"修理工判断'有问题'",B_2 表示"修理工判断'没问题'",则:

(1)根据题意知,只利用旧车杂志信息,有 30% 的可能性买到一辆有传动装置问题的旧车,即

$$P(A_1)=0.3$$

(2)根据题意知,$P(A_1)=0.3$,$P(A_2)=0.7$,$P(B_1 \mid A_1)=0.9$,$P(B_1 \mid A_2)=0.2$,$P(B_2 \mid A_1)=0.1$,$P(B_2 \mid A_2)=0.8$,则利用贝叶斯公式知

$$P(A_1 \mid B_1) = \frac{P(A_1)P(B_1 \mid A_1)}{P(A_1)P(B_1 \mid A_1) + P(A_2)P(B_1 \mid A_2)}$$

$$= \frac{0.3 \times 0.9}{0.3 \times 0.9 + 0.7 \times 0.2}$$

$$= 0.66$$

这个结果表明,当修理工判断某辆车的传动装置"有问题"时,实际有问题的概率为 0.66,即修理工的判断有问题使得真有问题的概率由 0.30 增长到 0.66。

(3)类似地,根据贝叶斯公式,有

$$P(A_1 \mid B_2) = \frac{P(A_1)P(B_2 \mid A_1)}{P(A_1)P(B_2 \mid A_1) + P(A_2)P(B_2 \mid A_2)}$$

$$= \frac{0.1 \times 0.3}{0.1 \times 0.3 + 0.7 \times 0.8}$$

$$= 0.05$$

这个结果表明,当修理工判断某辆车的传动装置"没问题"时,实际有问题的概率为 0.05,即修理工的判断没问题而实际上有问题的概率由 0.3 下降到 0.05。

这是一个生活中很常见的问题。如果买主没有请修理工,他买到的旧车有质量问题的概率高达 0.3,但是如果请修理工帮忙试车的话,买到的旧车有质量问题的概率却可以降到 0.05。这样不仅为买主省下较多修车的钱,还帮助买主避免了日后的很多麻烦。

三　事件的独立性和独立试验序列概型

引例 5.6　**【抽球问题】**一个不透明的袋子里装有 6 红 4 白 10 只外形完全相同的乒乓球,从中每次摸一个球,观察颜色后放回袋子中,试分析第一次摸到红球的前提下,第二次摸到白球的概率。

问题分析　由于第一次摸到红球观察其颜色后放回了袋子中,所以第二次去摸球时,第一次摸到红球对其不产生任何影响,此时袋子里还是 6 红 4 白 10 只乒乓球,所以第二次摸到红球的概率还是 0.6。类似于这样前一事件发生与否对后一事件不产生影响时,称后一事件对前一事件是独立的。这种现象在现实工作和生活中也经常会碰到。

如果事件 A 的发生不影响事件 B 的概率,即 $P(B \mid A) = P(B)$,则称事件 B 对事件 A 是**独立事件(Independent Event)**。

因为乘法公式为

$$P(AB) = P(A)P(B \mid A)$$

由此可得

$$P(AB) = P(A)P(B)$$

假设 n 次试验是重复的且又相互独立,且每次试验只有 A、$\overline{A}$ 两种结果。若每次试验中事件 A 出现的概率中为 p,则在 n 次重复独立试验中,事件 A 恰出现 k 次的概率为

$$P_n(k) = C_n^k p^k (1-p)^{n-k}$$

这个公式称为**二项概型**或 n **重伯努利试验概型(Bernoulli Probability Model)**。

🔗 **案例分析**

案例 5.13 【**射击实验**】甲、乙、丙三人在不同地点同时向同一目标进行一次射击,设他们的命中率分别为 0.6、0.7、0.8,计算下列事件的概率:(1)恰有一人击中目标;(2)至少有一人击中目标;(3)恰有两人击中目标。

解 设 A_i 表示"恰有人击中目标($i=1,2,3$)";A 表示"甲击中目标",B 表示"乙击中目标",C 表示"丙击中目标"。

由题意,A_0、A_1、A_2、A_3 构成一个样本空间的剖分,且 A、B、C 相互独立。有
$$P(A)=0.6, P(B)=0.7, P(C)=0.8$$
$$(1) P(A_1) = P(A\overline{BC}) + P(\overline{A}B\overline{C}) + P(\overline{AB}C)$$
$$= P(A)P(\overline{B})P(\overline{C}) + P(\overline{A})P(B)P(\overline{C}) + P(\overline{A})P(\overline{B})P(C)$$
$$= 0.6 \times 0.3 \times 0.2 + 0.4 \times 0.7 \times 0.2 + 0.4 \times 0.3 \times 0.8$$
$$= 0.188$$
$$(2) P(A_1+A_2+A_3) = 1 - P(A_0) = 1 - P(\overline{ABC}) = 1 - 0.024 = 0.976$$
$$(3) P(A_3) = P(ABC) = P(A)P(B)P(C) = 0.036$$
$$P(A_2) = 1 - P(A_0) - P(A_1) - P(A_3)$$
$$= 1 - 0.024 - 0.0188 - 0.336 = 0.452$$

案例 5.14 【**产品抽检**】某公司生产的一批产品中,从统计数据分析,次品率为 10%,为了检验该批产品的次品率,进行重复抽样检查,共取五件样品。试分析:

(1)这五件中恰好有三件次品的概率;

(2)这五件中至多有三件次品的概率。

产品抽检

解 设 A_i 表示"这五件中恰好有 i 件次品",$i=0,1,2,3$,$n=5$,$p=0.1$。

$(1) P(A_3) = P_5(3) = C_5^3 \times 0.1^3 \times (1-0.1)^2 \approx 0.0081$

$(2) P(A_0+A_1+A_2+A_3) = P_5(0) + P_5(1) + P_5(2) + P_5(3)$
$$= 0.9^5 + 5 \times 0.1 \times 0.9^4 + \frac{5 \times 4}{2} \times (0.1)^2 \times 0.9^3 + \frac{5 \times 4 \times 3}{2 \times 3} \times (0.1)^3 \times 0.9^2$$
$$\approx 0.99954$$

案例 5.15 【**产品抽检**】已知某公司生产的产品一等品率为 0.6,检查 10 件,求至少有两件一等品的概率。

解 设 A 表示"10 件中至少有两件一等品",$n=10$,$p=0.6$。
$$P(A) = P_{10}(k \geq 2) = \sum_{n=2}^{10} P_{10}(k)$$
$$= 1 - P_{10}(0) - P_{10}(1)$$
$$= 1 - (0.4)^{10} - 10 \times (0.6) \times (0.4)^9$$
$$\approx 0.998$$

即至少有两件一等品的概率达 99.8%。

想一想　练一练(一)

1. 从一批产品中每次取出一个产品进行检验,连续地抽取三次,事件 A_i 表示第 i 次取到合格品 $(i=0,1,2,3)$,试用事件的运算表示下列事件:

(1)三次都取到合格品;(2)恰好有两次取到合格品;(3)最多有一次取到合格品。

小测试

2. 一批产品中,一、二、三等品率分别为 0.8、0.16、0.04,若规定一、二等品为合格品,求产品的合格率。

3. 为了防止意外,在矿内同时设有报警系统 A 和 B,每种系统单独使用时,其有效的概率系统 A 为 0.92,系统 B 为 0.93,在 A 失灵的条件下,B 有效的概率为 0.85,求:

(1)发生意外时,这两个报警系统至少有一个有效的概率;

(2)B 失灵的条件下,A 有效的概率。

4. 市场上有甲、乙、丙三家工厂生产的同一品牌产品,已知三家工厂的市场占有率分别为 25%、25%、50%,且三家工厂的次品率分别为 2%、1%、3%,试求市场上该品牌产品的次品率。

5. 某保险公司把被保险人分成"谨慎型""普通型"和"冲动型",他们在被保险人中依次占 20%、50%、30%。统计资料显示,上述三种人在一年内发生事故的概率分别为 0.05、0.15、0.3,假设这三种人的划分互不交叉,随机抽取一人,其在一年内发生事故的概率是多少?

6. 某地区肝癌的发病率为 0.0004,用甲胎蛋白法进行普查。医学研究表明,化验结果是存在错误的。已知患有肝癌的人其化验结果 99% 呈阳性(有病),而没有患肝癌的人其化验结果 99.9% 呈阴性(无病)。现某人的检查结果呈阳性,问他真患肝癌的概率是多少?

7. 有朋自远方来,他坐火车、坐船、坐汽车、坐飞机的概率分别是 0.3、0.2、0.1 和 0.4,而他坐火车、坐船、坐汽车、坐飞机迟到的概率分别是 0.25、0.3、0.1、0,实际上他是迟到了,推测他坐哪种交通工具来的可能性大。

8. 某厂生产的产品次品率为 0.1%,但是没有适当的仪器进行检验,有人声称发明一种仪器可以用来检验,误判的概率仅为 5%。试问:厂长能否采用该人所发明的仪器?

9. 袋中有 6 个正品、4 个次品,连续 2 次从袋中抽取产品,第一次抽出 1 个产品观察后放回,第二次再抽出 1 个产品,求:

(1)第 1 次抽出产品是正品的条件下,第 2 次抽得正品的概率;

(2)第 2 次抽得正品的概率。

10.50 件产品中有 45 件合格品、5 件不合格品,从中任取 2 件,求其中的次品至多有一件的概率。

第二节　决策过程中的随机变量

子任务导入

人身意外保险是保险公司的常规险种,某保险公司决定针对某一年龄段人群推出一年期的人身意外险。

公司希望你完成以下任务:根据前期数据分析,确定保险费用和保险赔付额度,能保证保险公司新推出的这一险种不亏本;在确定该险种的保险费用和保险赔付额度的前提下,分析这一新险种能给公司带来收益的概率。

请谈谈你的想法。

子任务分析

要完成公司交给我们的任务,我们首先要从公司收集的数据中了解这一年龄段人群发生意外的概率有多高;然后要了解不同保险费用、不同赔付额度下投保人群数量的变化情况,即新险种的吸引力如何;最后分析计算在前期获取数据条件下,公司收益为零的概率、公司的期望收益等。

根据以上分析,完成以上工作任务,从数学的角度需要以下几方面的知识和能力:

1. 数据的分析处理能力,这一能力我们通过第一章的学习应已基本具备;

2. 随机变量的分布列或概率密度函数及随机变量的分布函数;

3. 计算某种随机变量在指定区域内发生的概率及数学结果的解释能力。

从子任务分析情况看,解决该问题必须具备随机变量分布及随机变量的分布函数等方面的知识。

数学知识链接

在企业的金融活动中,由于内外部情境中存在很多不可预测的因素,因此企业的金融活动中无处不存在风险,只是有的活动风险比较小,有的风险比较大。

如果要对这些有风险的金融活动做出科学决策,从数学的角度进行定量分析与计算是必不可少的!数学中的随机变量及其分布,以及随机变量的数字特征能帮助我们提高这方面的能力。

一　随机变量及分布函数

1. 随机变量的概念

引例5.7　【人员配备问题】随着企业自动化程度的不断提高,设备需要人工操控的时间越来越少,但当设备发生故障时,维护人员必须能及时到位,才能保证产品质量。如何根据

设备数量、设备故障率等条件合理配备人员是涉及企业成本控制的重要环节。

例如,某企业有某种生产设备 300 台,每台设备的工作相互独立,每台设备发生故障的概率根据以往的经验约为 0.01,设备故障通常情况下一个维护人员就能解决。企业要求设备发生故障时,不能及时维修的概率要小于 0.01。请问:该企业至少需要配备多少名维护员工比较合适?

问题分析 要了解维护人员的最小人数,必须了解在同一时间内同时发生故障的设备台数的可能分别有多大,即要全局性了解设备故障台数从 0 到 300 台时对应的概率。

根据前面介绍的 n 重伯努利试验概型(二项概型)公式

$$P_n(k) = C_n^k p^k (1-p)^{n-k}$$

同一时间同时有 0 台设备发生故障的概率为 $P_{300}(0) = C_{300}^0 (0.01)^0 (0.09)^{300}$

同一时间同时有 1 台设备发生故障的概率为 $P_{300}(1) = C_{300}^1 (0.01)^1 (0.09)^{299}$

……

在讨论这一问题的过程中,不断发生变化的是同一个量——故障设备的台数,那么能不能引入函数甚至微积分的概念和知识来解决类似的概率问题呢?答案是肯定的,下面我们将重点介绍如何利用变量讨论随机问题,这类变量我们称之为随机变量。

随机试验的结果可以用一个变量 X 来表示,这个变量 X 的取值随着试验结果的不同而发生变化,变量 X 称为**随机变量**(Random Variable)。随机变量常用大写英文字母 X、Y、…或希腊字母 ξ、η、…表示。如掷骰子试验中,可以将骰子点数用随机变量 X 表示,并且用 $X=1$ 表示骰子的 1 点朝上,用 $X=2$ 表示骰子的 2 点朝上……

类似于引例 5.7,若随机变量的取值能够一一列出(有限个或无限个),这类随机变量称为**离散型随机变量**(Discrete Random Variable)。

若随机变量的取值不能一一列出,而是充满某一实数区间,在该区间内连续取任何实数值,这类随机变量称为**连续型随机变量**(Continuous Random Variable)。

在经济领域或日常生活中有许多需要人们去研究的随机变量,如在国际金融市场上各种货币相互之间的兑换汇率、某种证券在证券市场当日的收市价和成交量、集市上某种商品的价格、某个车站等车的人数等都是随机变量。随机变量架起了随机现象与其他数学知识间的桥梁,是研究随机现象过程中方法论的飞跃,是概率论发展史上的重大事件。

2. 离散型随机变量的分布列

引例 5.8 【博彩中的奥秘】街头博彩者设置了一个游戏,他将 6 只白球和 6 只红球放入一只不透明的箱子。规定参加博彩的人每次交 1 元的手续费,每次要求一次性摸出 5 只球,中奖规定如表 5.2 所示。

表 5.2　博彩中奖规定

摸球结果	中奖发放奖品规定
5 只白球	1 顶帽子(价值 20 元)
恰有 4 只白球	1 张贺卡(价值 2 元)
恰有 3 只白球	1 份纪念品(价值 0.5 元)
其他情况	同乐一次(无任何奖品)

试分析参加博彩者摸到不同只黑球的概率。

问题分析　参加博彩者摸 5 只球,共有摸到 5 只白球,4 只白球、1 只红球,……,5 只红球等 6 种情况,这是离散型随机变量,因此可以一一分析并列举其中不同等级奖项的概率。

若记摸到的白球数为随机变量 X,则 $X=5$ 表示摸到 5 只白球;$X=4$ 表示摸到 4 只白球……,则

$$P(X=5)=\frac{C_6^5}{C_{12}^5}=\frac{1}{132} \qquad P(X=4)=\frac{C_6^4 C_6^1}{C_{12}^5}=\frac{15}{132}$$

$$P(X=3)=\frac{C_6^3 C_6^2}{C_{12}^5}=\frac{50}{132} \qquad P(X=2)=\frac{C_6^2 C_6^3}{C_{12}^5}=\frac{50}{132}$$

$$P(X=1)=\frac{C_6^1 C_6^4}{C_{12}^5}=\frac{15}{132} \qquad P(X=0)=\frac{C_6^0 C_6^5}{C_{12}^5}=\frac{1}{132}$$

这一结果可用表格形式表示为如表 5.3 所示。

表 5.3　博彩者摸球结果及对应的概率

白球数 X	5	4	3	2	1	0
概率 P	$\frac{1}{132}$	$\frac{15}{132}$	$\frac{50}{132}$	$\frac{50}{132}$	$\frac{15}{132}$	$\frac{1}{132}$

像这样将离散型随机变量的取值结果及所对应的概率一一列举出来的方法(表格),称为离散型随机变量的分布列。

一般地,若离散型随机变量 ξ 所取的数值用 x_i 表示,对应的概率为 $p_i(i=1,2,3\cdots)$,则称等式

$$P(\xi = x_i) = p_i$$

或表格(见表 5.4)

表 5.4　离散型随机变量的取值及对应的概率

ξ	x_1	x_2	x_3	$\cdots$	x_i	$\cdots$
P	p_1	p_2	p_3	$\cdots$	p_i	$\cdots$

为 ξ 的**分布列(概率分布)**(**Geometric Distribution**)。

注意　离散型随机变量 ξ 的分布列中所有的 p_i 都满足 $0\leqslant p_i\leqslant 1$,且 $\sum\limits_{i=1} p_i = 1$。

离散型随机变量的分布列直观通俗,在生活和工作中都有很多现实应用。

案例分析

案例 5.16　【种族歧视问题】在美国某一刑事案件中,被告是一个非裔美国人,在被告居住的社区中,50% 的居民都是黑人,但 12 名陪审团中根本没有黑人列席,请你分析这意味着是种族歧视还是偶然事件?

解　要分析该事件是种族歧视还是偶然事件,可以分别计算正常情况下 12 名陪审员中全是白人的概率,有 1 名黑人的概率……

由于在选择陪审员的过程中,每个陪审员的确定都是相互独立的,选 12 名陪审员就相当于重复试验(选陪审员)12 次;且每次选择陪审员时,选中黑人的概率都是 50%,选中白人的概率也是 50%,因此该事件的概率可以用重伯努利试验概型计算。

若记陪审团中黑人人数为随机变量 ξ,则 ξ 取值分别为 0、1、2、⋯、12,其对应的概率分别为

$$P(\xi=0)=0.002;P(\xi=1)=0.0029;P(\xi=2)=0.0161;$$

$$\cdots\cdots$$

$$P(\xi=10)=0.0161;P(\xi=11)=0.0029;P(\xi=12)=0.0002;$$

具体列表如表 5.5 所示。

表 5.5　陪审团黑人数的变化及对应的概率

ξ	0	1	2	3	4	5	6
P	0.0002	0.0029	0.0161	0.0537	0.1208	0.1934	0.2256

ξ	7	8	9	10	11	12
P	0.1934	0.1208	0.0537	0.0161	0.0029	0.0002

从分布列中可以看到,若不存在种族歧视,陪审团中黑人数为 0 的概率仅为 0.0002,这是一个概率很小的随机事件。根据小概率事件在一次试验中不可能发生的原理知,12 名陪

审团中没有黑人列席情况不会出现,然而这里出现了,这说明确实存在种族歧视现象。若要进一步讨论在什么情况可以认定为有种族歧视或没有种族歧视,数学中的假设检验能告诉我们,有兴趣的话我们可以进一步去学习。

本案例和引例涉及的问题都属于 n 重伯努利试验概型问题,一般地,n 重伯努利试验概型中,若每次试验中事件 A 发生概率均为 P,则称事件 A 发生的次数 X 服从参数 n、P 的二项分布(**Binomial Distribution**),简记为 $X \sim B(n,p)$,且

$$P(X=k)=C_n^k p^k (1-p)^{n-k}$$

案例 5.17 【四级通过率问题】大学英语四级考试是全面检验学生英语水平的一种考试,具有一定的难度。这种考试一般包括听力、语法结构、阅读理解、综合填空、写作等。除写作 15 分外,其余 85 道题均为单向选择题,每道题附有 A、B、C、D 四个选项。这种考试方法使个别学生产生碰运气的侥幸心理。那么,仅靠运气他通过考试的概率有多大?

解　若按及格为 60 分计算,假定英语写作 15 分可以拿到 9 分,则 85 道选择题必须答对 51 道题以上。假定每道题的选择是相互独立的,这可以看成 85 重伯努利试验。记答对题的道数为随机变量 X,则 $X \sim B(85, 0.25)$,因此其分布列为

$$P(X=k)=C_{85}^k (0.25)^k (0.75)^{85-k}, k=0,1,2,\cdots,85$$

若要及格,必须保证 $X \geqslant 51$,其概率为

$$P(X \geqslant 51) = \sum_{i=51}^{85} C_{85}^i (0.25)^i (0.75)^{85-i} \approx 8.75 \times 10^{-12} \approx 0$$

这个概率几乎为零,相当于在 1000 亿个碰运气的考生中,仅有 8.74 人能通过英语四级考试,而全球只有 60 多亿人口,所以可以认为靠运气就通过英语四级考试几乎不可能。

从案例 5.16、5.17 中可以看到,对于服从于二项分布的问题,当 n 很大时,计算很麻烦,必须寻求近似方法计算。1837 年法国数学家泊松引入了泊松分布,可以作为二项分布的近似计算。当我们碰到的随机事件发生在由连续的时间、长度和空间等构成的变化的、随机的区间上时,都可以利用泊松分布解决。

设随机变量 X 所有可能取值为 0、1、2、$\cdots$,且概率分布为

$$P(X=k)=e^{-\lambda} \frac{\lambda^k}{k!}, k=0,1,2,\cdots$$

其中 $\lambda > 0$ 是常数,则称随机变量 X 服从于参数 λ 的**泊松分布**(**Poisson Distribution**),简记为 $X \sim P(\lambda)$。若 $X \sim B(n,p)$,当 n 很大,p 很小时,$C_n^k p^k (1-p)^{n-k} \approx e^{-\lambda} \frac{\lambda^k}{k!}$,其中 $\lambda = np$。泊松分布的概率计算可以查书后的附表。

案例 5.18 【企业人员配备优化方案】为保证设备正常工作,需要配备适量的维修人员。某企业共有同类型设备 80 台,各台工作相互独立,发生故障的概率都是 0.01,且一台设备的故障可由一个人处理。若有两种配备维修工人的方法:一种方法由一人负责 20 台,须配备 4 个维修人员;另一种方法是由三个维修人员共同维护 80 台。作为管理者,在保证正常生产的前提下,应该选择哪种配备工人的方案?

解　若设 X 为"一人维护的 20 台设备同时发生故障的台数",则 $X \sim B(20, 0.01)$,由于这里 n 比较大,p 很小,所以可以近似用泊松分布计算,其中 $\lambda \approx 20 \times 0.01 = 0.2$。

此时 20 台设备发生故障而不能及时处理的概率为

$$P(X \geqslant 2) = 1 - P(X \leqslant 1)$$
$$= 1 - \sum_{k=0}^{1} e^{-0.2} \frac{(0.2)^k}{k!} \approx 0.0175$$

类似地,设 Y 为"三人共同维护的 80 台设备同时发生故障的台数",则 $Y \sim B(80, 0.01)$,也可以近似用泊松分布计算,其中 $\lambda \approx 80 \times 0.01 = 0.8$。

此时 80 台设备发生故障而不能及时处理的概率为

$$P(X \geqslant 4) = 1 - P(X \leqslant 3) = 1 - \sum_{k=0}^{3} e^{-0.8} \frac{(0.8)^k}{k!} \approx 0.009$$

所以,三人合作更好。这说明企业在减员增效、合理定岗定编时,概率能起重要的作用。

案例 5.19 【现金准备问题】某证券公司营业部开有 1000 个资金账户,每户资金 10 万元。假设每日每个资金账户到营业部提取资金的 20% 的现金的概率为 0.004,请你帮该证券公司营业部分析每天至少要准备多少现金,才能以 95% 以上的概率满足客户提款的需求。

解 设 X 为"每日提取现金的账户数",则 $X \sim B(1000, 0.004)$,于是每日提取现金的总数为 $2X$ 万元(每个账户金额为 10 万元,提取 20% 即为 2 万元,现有 X 个账户,共提取 $2X$ 万元)。又设营业部准备的现金数为 x 万元,则最小的 x 应满足

$$P(2X \leqslant x) \geqslant 0.95, \text{即 } P\left(X \leqslant \frac{x}{2}\right) \geqslant 0.95$$

$$P\left(X \leqslant \frac{x}{2}\right) = \sum_{k=0}^{\frac{x}{2}} C_{1000}^{k} (0.004)^k (0.996)^{1000-k} \geqslant 0.95$$

若近似用泊松分布计算,其中 $\lambda \approx 1000 \times 0.004 = 4$,则

$$P\left(X \leqslant \frac{x}{2}\right) \approx \sum_{k=0}^{\frac{x}{2}} \frac{4^k e^{-4}}{k!} \geqslant 0.95$$

即

$$1 - \sum_{k=0}^{\frac{x}{2}} \frac{4^k e^{-4}}{k!} = \sum_{k=\frac{x}{2}+1}^{\infty} \frac{4^k e^{-4}}{k!} < 0.05$$

查泊松分布表,得 $\frac{x}{2} + 1 \geqslant 9$,于是 $x \geqslant 16$,即证券公司营业部每日至少准备 16 万元才能基本满足客户需求。

3. 分布函数

引例 5.9 【博彩中的奥秘】在引例 5.8 中,试进一步分析街头参加博彩者的中奖概率。

问题分析 在引例 5.8 中,已分析了参加博彩都摸到 0~5 只黑球等 6 种情况的概率,但这 6 种情况中只有 3 种情况可以获奖,而 3 种获奖情况中又只有两种获奖情况超过参加博彩者的投入。若记参加博彩者获奖收入为随机变量 η,η 的取值分别为 20、2、0.5、-1,其结果及对应的概率如表 5.6 所示。

表 5.6 博彩者获奖结果及对应的概率

白球数 X	20	2	0.5	-1
概率	$\frac{1}{132}$	$\frac{15}{132}$	$\frac{50}{132}$	$\frac{66}{132}$

从这里可以清晰地看到,参加博彩者亏的概率达 $\frac{116}{132}$,而赚钱的概率只有 $\frac{16}{132}$,由此大家可以了解为什么说参加博彩(赌博)永远都是亏的原因了。

在这个问题中,我们需要分析随机变量在某个范围内的概率,才能清晰地看到参加博彩者获得不同收入的概率。可见,分析随机变量在指定区间内的概率也是常见的问题之一。

数学中,称随机变量 $\xi \leqslant x$(x 为任意实数)的概率 $P(\xi \leqslant x)$ 为随机变量 ξ 的**概率分布函数**,简称为**分布函数**(**Distribution Function**),记为 $F(x)$。即 $F(x) = P(\xi \leqslant x)$。

根据离散型随机变量 ξ 的特点和分布函数的定义,其分布函数为 $F(x) = \sum_{x_i \leqslant x} P(x = x_i)$。

案例分析

案例 5.20 【产品利润分析】某鲜货零售商分析以往销售数据知,进货后第一、二、三天售出的概率分别为 50%、30% 和 20%,每千克产品获得的利润分别为 30 元、10 元、−1 元。求每千克产品获得利润 ξ 的分布列和分布函数。

产品利润分析

解 根据题意得,随机变量 ξ 的分布列如表 5.7 所示。

表 5.7 每千克产品获得利润的分布列

ξ	−1	10	30
P	0.2	0.3	0.5

每千克产品获得利润 ξ 的概率分布函数为

$$F(x) = \begin{cases} 0 & x < 1 \\ 0.2 & -1 \leqslant x < 10 \\ 0.5 & 10 \leqslant x < 30 \\ 1 & x \geqslant 30 \end{cases}$$

案例 5.21 【产品次品数分析】某企业零件加工过程中,出现次品的概率为 0.05。

(1)试求在每次抽取的 5 个零件中出现次品数的分布列和分布函数;(2)若你购买该产品 5 只,试分析次品数不超一个的概率。

解 (1)根据题意,随机变量 $X \sim B(5, 0.05)$,X 的概率分布列为

$$P(X = k) = C_5^k (0.05)^k (1 - 0.05)^{5-k} \quad (k = 0, 1, 2, 3, 4, 5)$$

具体地,X 的概率分布列如表 5.8 所示。

表 5.8 产品次品数的分布列

X	0	1	2	3	4	5
P	0.774	0.204	0.021	0.001	0	0

由上述的分布列可得次品数 X 的分布函数为

$$F(x) = \begin{cases} 0 & x < 0 \\ 0.774 & 0 \leqslant x < 1 \\ 0.978 & 1 \leqslant x < 2 \\ 0.999 & 2 \leqslant x < 3 \\ 1 & x \geqslant 3 \end{cases}$$

（2）次品数 X 不超一个，即 $X \leqslant 1$，所以

$$F(1) = P(X \leqslant 1) = P(X=0) + P(X=1) = 0.978。$$

一般地，$P(x_i < X \leqslant x_j) = F(x_j) - F(x_i)$

二　连续型随机变量

1. 概率密度函数的概念

引例5.10　【候车时间问题】在等公交车的过程中，有时由于赶时间，很焦急地想知道下一班车还有多长时间才能到站。而站台信息往往告诉我们的信息是首班车、末班车时间及车辆的间隔时间。那么我们能利用概率分析自己的候车时间吗？

例如，我们从站台信息表中了解到自己将要乘坐的巴士，从早上5:30起，每15分钟有一班车经过，即5:30,5:45,6:00,6:15,6:30等时刻有汽车从该站出发。如果你在7:00到7:30之间到达此站，试分析自己候车的时间不到5分钟的可能性有多大？

问题分析　在这一问题中，若记候车时间为随机变量 ξ，由于自己赶到公交站台的时间是随机的，所以候车时间 ξ 为在 $[0,15]$ 区间的任意一时刻，也就是说 ξ 是一个连续型随机变量。根据前面的知识知，连续型随机变量取值有无穷多个，且随机变量所有取值的概率和为1，所以连续型随机变量在每个（取值）点上的概率为0，这说明连续型随机变量的概率分布不适合类似于离散型随机变量那样用分布列来描述，这时怎么办呢？

在数学中，连续型随机变量 ξ 的分布函数 $F(x)$ 为

$$F(x) = \int_{-\infty}^{x} f(t)\,\mathrm{d}t$$

其中 $f(x) \geqslant 0$，称 $f(x)$ 为随机变量 ξ 的**分布密度函数（Distribution Density Function）**。

密度函数具有最基本的性质：$\int_{-\infty}^{+\infty} f(x)\,\mathrm{d}x = 1$。而且利用积分的知识还可以证明

$$f(x) = F'(x); P(a \leqslant x \leqslant b) = \int_{a}^{b} f(x)\,\mathrm{d}x = F(b) - F(a)$$

2. 常见的连续型随机变量

引例5.11　【预测录取分数线】考试作为当今社会选拔人才的有效途径，正被广泛采用。每次考试过后，大家最关心的问题是：自己能否达到最低录取线？能否被录取？

问题分析　从考生的考试分数看，它是一个随机变量；考生的考试分数总体呈现某一个分数段人

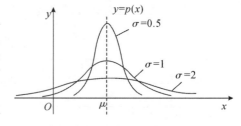

图5.4　考生考试分数分布特点

数相对集中,低数和高分相对较少,离平均分越远,人数越少的特点;从分布函数的图形看,如图 5.4 所示,其类似于一种"纺锤形"。

具有以上特点的随机变量 ξ,数学中称之为 ξ 服从参数 μ、σ^2 的 **正态分布(Normal Distribution)**,记作 $\xi \sim N(\mu, \sigma^2)$。

服从正态分布的随机变量 ξ 的概率密度为

$$f(x) = \frac{1}{\sqrt{2\pi}\sigma} e^{\frac{(x-\mu)^2}{2\sigma^2}} \quad (-\infty < x < \infty)$$

图 5.4 分别绘出了 μ 相同时,$\sigma = 0.5$,$\sigma = 1$,$\sigma = 2$ 的三条服从正态分布的随机变量 ξ 的概率密度曲线. 可以看出正态曲线具有以下特征:

(1)曲线位于 x 轴上方,对称于直线 $x = \mu$。

(2)当 $x = \mu$ 时,曲线达到最高点,$f(x)$ 取最大值 $\frac{1}{\sqrt{2\pi}\sigma}$;当 $x \rightarrow +\infty$ 时,曲线以 x 轴为渐近线趋于零。整条曲线为中间高、两边低的对称图形。

(3)固定 σ,改变 μ 的值,则曲线沿 x 轴平移,几何形状不变;固定 μ,改变 σ 的值,σ 越小,曲线越陡峭,σ 越大曲线越平缓。可见,正态分布的参数 μ 确定曲线的中心位置,σ 确定曲线的形状,σ 越大,表示随机变量取值越分散,σ 越小,表示随机变量取值越集中于 μ 附近。

(4)标准正态分布

如果 $\mu = 0$,$\sigma = 1$,即 $N(0,1)$ 称为标准正态分布,它的概率密度函数 $\varphi_0(x)$ 为

$$\varphi_0(x) = \frac{1}{\sqrt{2\pi}} e^{\frac{x^2}{2}} \quad (-\infty < x < \infty)$$

(5)若正态分布 $N(\mu, \sigma^2)$ 的分布函数为 $F(x)$,则可以通过以下公式转化为标准正态分布 $N(0,1)$ 的分布函数 $\Phi(x)$ 形式:

$$F(x) = \Phi\left(\frac{x-\mu}{\sigma}\right)$$

而且,在标准正态分布下,当 $x > 0$ 时,$\Phi(-x) = 1 - \Phi(x)$。

🔗 **案例分析**

案例 5.22 【**候车问题**】设公共汽车每隔 5 分钟一班,乘客到站时间是随机的,等车时间服从区间 $[0,5]$ 上的均匀分布,求乘客等车时间不超过 3 分钟的概率。

解 ξ 表示等车时间,$\xi \sim U[0,5]$,于是 ξ 的概率密度为

$$\varphi(x) = \begin{cases} \dfrac{1}{5} & 0 < x < 5 \\ 0 & x \leqslant 0 \text{ 或 } x \geqslant 5 \end{cases}$$

于是乘客等车时间不超过 3 分钟的概率为

$$P(0 < \xi \leqslant 3) = \int_0^3 \frac{1}{5} dx = \frac{3}{5}$$

这类问题的典型特点是,随机变量 ξ 在某个区间 $[a,b]$ 内"均匀"出现,即在每处出现的概率相等,我们称这类连续型随机变量服从于 **均匀分布(Adequate Distribution)**,记为 $\xi \sim$

$U[a,b]$，其密度函数为

$$\varphi(x)=\begin{cases} \dfrac{1}{b-a} & a<x<b \\ 0 & x\leqslant a \text{ 或 } x\geqslant b \end{cases}$$

案例 5.23 【**产品保修期规定的奥妙**】设某厂生产的某种电子产品的寿命服从平均寿命为 8 年、寿命标准差为 2 年的正态分布。若你买了一款该电子：(1)该产品的寿命小于 5 年的概率有多高？(2)寿命大于 10 年的概率有多高？(3)为了提高产品竞争能力，厂方需要向用户做出该产品在一定使用期限内出现质量问题可以免费更换甚至退货的承诺，该厂希望将免费更换或退货率控制在 1% 以内，问：这个保换(退货)年限最长定为几年合适？

解 设该厂电子产品的使用寿命为 X，根据电子产品质量分布特点及题意知，$X\sim N(8,2^2)$，有

产品保修期
规定的奥妙

(1) $P(X\leqslant 5)=F(5)=\varPhi\left(\dfrac{5-8}{2}\right)=\varPhi(-1.5)=1-\varPhi(1.5)$

查附表"标准正态分布表"，得

$$P(X\leqslant 5)=0.0668$$

这说明，该产品的寿命小于 5 年的概率为 0.0668。

(2) $P(X>10)=1-P(X\leqslant 10)=1-\varPhi\left(\dfrac{10-8}{2}\right)=1-\varPhi(1)$

查附表"标准正态分布表"，得

$$P(X>10)=0.1587$$

这说明，该产品的寿命大于 10 年的概率为 0.1587。

(3)设保换(退货)年限最多定为 x 年，根据题意，须有

$$P(X\leqslant x)=F(x)=\varPhi\left(\dfrac{x-8}{2}\right)\leqslant 0.01$$

解得

$$1-\varPhi\left(\dfrac{x-8}{2}\right)>0.99$$

即

$$\varPhi\left(\dfrac{8-x}{2}\right)>0.99$$

查附表"标准正态分布表"，得

$$\dfrac{8-x}{2}>2.33$$

即

$$x<3.34$$

这说明，将该产品承诺的免费更换或退货率控制在 1% 以内，保换(退货)年限最长定为 3 年合适。

案例 5.24 【**考试录取问题**】某公司准备通过考试招工 300 人，其中 280 名正式员工，20 名临时工，实际报考人数为 1657 名，考试满分为 400 分。考后不久，通过当地新闻媒体得到如下信息：考试平均成绩为 166 分，360 分以上的高分考生 31 名。若你是考生，查询成绩为 256 分，问：你能否被录取？若录取，能否录取为正式员工？

解　一般地,考试成绩服从正态分布。若设考生成绩为 X,则 $X \sim N(166, \sigma^2)$,即

$$\frac{x-166}{\sigma} \sim N(0,1)$$

根据题意可知　　　　$P(X > 360) = P\left(\frac{X-166}{\sigma} > \frac{360-166}{\sigma}\right) = \frac{31}{1657}$

因此有　　　　　　　$P(X \leqslant 360) = 1 - \frac{31}{1657} = \frac{1626}{1657} \approx 0.981$

查附表"标准正态分布表",得

$$\frac{360-166}{\sigma} = 2.08$$

即　　　　　　　　　　　　　　　　　$\sigma \approx 93$

所以　　　　　　　　　　　　　$X \sim N(166, 93^2)$

设最低分数线为 k,则

$$P(X > k) = P\left(\frac{X-166}{93} > \frac{k-166}{93}\right) = \frac{300}{1657}$$

即

$$P(X \leqslant k) = \Phi\left(\frac{k-166}{93}\right) = 1 - \frac{300}{1657} \approx 0.819$$

查附表"标准正态分布表",得

$$\frac{k-166}{93} = 0.91$$

即

$$k \approx 251$$

所以最低分数约为 251 分,你有 256 分,那么一定有

$$P(X \leqslant 256) = \Phi\left(\frac{256-166}{93}\right) = 0.831$$

即

$$P(X > 256) = 0.169$$

说明所有的考生中,大约有 $1657 \times 0.169 \approx 282$ 名考生的成绩不超过 256 分,你的排名为 283 名。因此,你能被录取,但是排名在 280 名之后,所以不能录取为正式员工。

案例 5.25 【保险公司保费和赔付的关系】某保险公司有 3000 个同龄人参加人寿保险,每人在每年的头一天交付保险费 10 元。已知这一年龄人的年死亡率为 0.2%,死亡时其家属可向保险公司领取 1500 元,试分析:(1)保险公司一年中获利不少于 15000 元的概率;(2)保险公司亏本的概率。

解　设随机变量 X 表示 3000 个参加保险的人在一年中的死亡人数,则

$$X \sim B(3000, 0.2\%); np = 3000 \times 0.2\% = 6; npq = 6 \times 99.8\% = 5.988$$

其中,当随机变量 $X \sim B(n,p)$,且 n 比较大时,二项分布可近似用正态分布表示,而且 $\mu \approx np, \sigma^2 \approx npq$,因此本问题中的随机变量 $X \sim N(6, 5.988)$。

(1)保险公司一年获利不少于 15000 元,即有 $3000 \times 10 - 1500X \geqslant 15000$,所以

$$P(3000 - 1500X \geqslant 15000) = P(0 \leqslant X \leqslant 10)$$

$$\approx \Phi\left(\frac{10-6}{\sqrt{5.988}}\right) - \Phi\left(\frac{0-6}{\sqrt{5.988}}\right) \approx 0.9414$$

即保险公司一年获利不少于 15000 元的概率为 94.14％。

（2）保险公司亏本，说明 $1500X > 30000$，所以

$$P(1500X > 30000) = P(X > 20) = 1 - P(0 \leqslant X \leqslant 20)$$

$$= 1 - \left[\Phi\left(\frac{20-6}{\sqrt{5.988}}\right) - \Phi\left(\frac{0-6}{\sqrt{5.988}}\right) \right]$$

$$= 1 - \left[\Phi(5.714) - \Phi(-2.449) \right]$$

$$\approx 0.0071$$

即保险公司亏本的概率仅为 0.71％。这是一个概率很小的事件，故可认为保险公司基本不会亏本。

想一想　练一练（二）

1. 一批产品的废品率为 5％，从中任意抽取一个进行检验，用随机变量 ξ 来描述废品出现的情况并写出 ξ 的分布列。

2. 产品有一、二、三等品和废品 4 种，其中一、二、三等品和废品率分别达到 60％、10％、20％ 和 10％，任取一个产品检验其质量，用随机变量 ξ 表示检验结果并写出概率分布列。

小测试

3. 根据报案记录，某地区平均每小时发生行凶抢劫案 0.05 起。经验告诉我们，援助中心员工帮助一名受害者大约要花费 4 小时，则在这段时间里，若发生两起该案，就无法帮助第二个受害者。援助中心主任想把救援中心做出反应的时间减少到最低限度。作为管理者如何用这些信息？援助中心需要设置多少员工？

（提示：每 4 小时发生抢劫案件数 $\lambda = 0.05 \times 4 = 0.2$ 起，说明 4 小时内受害者人数 $X \sim P(0.2)$）。

4. 设共有 300 台设备，每台独立工作，发生故障的概率均约为 0.01。通常情况下，一台故障设备可由一个人处理。要保证设备发生故障时不能维修的概率小于 0.01，问：至少要配备多少名维修人员？

5. 设 $X \sim N(0.5, 2^2)$，(1) 求 $P(-0.5 < X < 1.5)$，$P(|X+0.5| < 2)$；(2) 求常数 a，使 $P(X > a) = 0.8944$。

6. 设一批零件的长度 $X \sim N(20, 2^2)$，现从这批零件中任取一件，分析其长度和标准件的误差不超过 0.3 的概率。

第三节　决策风险的概率分析

📄 子任务导入

理财是我们生活中最常见的活动之一，当我们有了一定的存款后，都希望通过合理的理财获得更多的收益，但理财都有一定风险，我们应如何在分析每种理财方式风险的基础上做出科学的决策呢？

如果你手上有一笔钱,想进行为期一年的投资,别人建议三种投资方案:一是购买股票;二是买理财产品;三是存入银行获取利息。这三种方式各有利弊。买股票的收益取决于经济形势,若经济形势好估计可获利 4 万元,形势一般估计可获利 1 万元,形势不好要损失 2 万元;如果买理财产品,和股票类似,经济形势好估计可获利 2.5 万元,经济形势一般可获利 0.8 万元,经济形势不好损失 1.5 万元;如果选择存入银行,年利率为 7％。

根据国家宏观政策和世界经济环境分析,明年经济形势好、一般、不好的概率分别为 30％、50％、20％。

根据以上信息,你如何决策你的理财方式?

请谈谈你的想法。

子任务分析

理财方式不同,获得的收益也各不相同,往往收益的高低与风险的高低成正比;我们是该冒更大的风险投资获较多收益,还是安稳地将钱存入银行获得较少的收益呢? 这时我们需要分析每一种理财方式获得不同收益的可能性(概率),然后综合各种情况看平均收益有多高。因此,我们要做出这类风险决策,必须具备:

(1)概率统计的分析与计算能力;

(2)各种收益可能性下平均收益分析能力;

(3)期望收益最大或期望风险最小决断能力。

从子任务分析情况看,解决相关问题必须具备随机变量的概率分析、随机变量的数字特征以及决策树等数学知识。

✏️ 数学知识链接

前面我们通过研究随机变量的分布情况,对随机变量进行了全貌分析,但有时我们还希望了解这些随机变量的综合指标。如在投资决策时,投资者希望了解投资的期望收益有多高,以及实际结果和投资者的期望收益偏离程度的高低(投资风险的高低)。要完整地做投资决策,除了相关的专业知识外,数学中的期望、方差以及决策树等在定量分析过程中,能告诉我们更多信息,有助于问题的科学决策。

一 数学期望

引例 5.12 【期望收益问题】某公司考虑一项投资计划,该计划在市场状况良好时,能获利 100 万元;市场情况一般时,获利 30 万元;市场情况较差时,该项投资将亏损 50 万元。从现在的情况分析,明年市场趋好的可能性达 50%,和今年差不多(一般)的可能性 30%,市场状况进一步下滑(较差)的可能性为 20%,根据这些信息,你能帮该公司分析它的平均收益能达到多高吗?

问题分析 假设 X 表示该公司的投资收益情况,则 X 是一个随机变量,它的分布列如表 5.9 所示。

表 5.9 投资收益情况分析表

X	100	30	-50
P	0.5	0.3	0.2

由于明年的市场行情是随机变量,而且不同行情的可能性也不相同,所以分析该项投资的平均收益时,不能简单地计算数据的算术平均值。因此可以借鉴加权平均数的思想,该项投资平均收益为

$$\overline{X}=100\times0.5+30\times0.3+(-50)\times0.2=49(万元)$$

在数学中,类似于引例 5.12,在不同重复试验中,随机变量反映出来的平均值,称为随机变量的数学期望。

一般地,若离散型随机变量 X 的概率分布列为 $P(X=x_i)=p_i$,其中 x_i 表示随机变量 X 的取值,p_i 表示随机变量 X 不同取值下对应的概率,则称

$$E(X) = EX = \sum_{i=1}^{n} x_i p_i$$

为离散型随机变量 X 的**数学期望**(Mathematical Expectation),简称**期望**。

类似地,设连续型随机变量 ξ 有分布密度函数 $f(x)$,若积分 $\int_{-\infty}^{+\infty} xf(x)\mathrm{d}x$ 存在(积分为常数),则称 $E\xi = \int_{-\infty}^{+\infty} xf(x)\mathrm{d}x$ 为连续型随机变量 ξ 的**数学期望**(Mathematical Expectation)。

数学期望具有以下的结论:

（1）设 C 为常数，则有 $EC=C$；

（2）对任意常数 a、b，有 $E(a\xi+b)=aE\xi+b$；

（3）设 ξ、η 为任意两个随机变量，则有 $E(\xi\pm\eta)=E\xi\pm E\eta$。

案例分析

案例 5.26　【产品平均价】 某私营水龙头生产企业对一批将要出售的水龙头进行估价，由产品检验知，其中有一等品、二等品、三等品、等外品及废品 5 种，相应的概率分别为 0.7、0.1、0.1、0.06 及 0.04。若它们对应的产值分别为 6 元、5.4 元、5 元、4 元及 −0.5 元，求产品的平均出厂价值。

解　设产品值为 X，则 X 是一个离散型随机变量，它的分布列如表 5.10 所示。

表 5.10　水龙头出厂价值表

X	−0.5	4	5	5.4	6
P	0.04	0.06	0.1	0.1	0.7

则随机变量 X 的数学期望为

$$EX=6\times0.7+5.4\times0.1+5\times0.1+4\times0.06+(-0.5)\times0.04=5.46$$

即产品的平均出厂价值为 5.46 元。

案例 5.27　【经济方案决策】 在商业活动中，偷税漏税可非法获益而造成国家财政损失。国家为了防止税收流失，通常对偷税者除要求补交税款外还要处以偷税额 n 倍的罚款。统计发现偷漏税者被查出的概率为 0.2，这时罚款额度 n 至少多大才能起到惩罚作用？

解　假设偷税额为 x，偷税时商家的受益数为随机变量 ξ，则 ξ 的数学期望为

$$E(\xi)=x\times0.8-x\times0.2-0.2nx=0.2x(3-n)$$

要使处罚有效，必须使 $E(\xi)<0$

则　　　　　　　　　　　　　　　　$3-n<3$

即　　　　　　　　　　　　　　　　$n>3$

故一旦查出至少应处以 3 倍以上的罚款，才能起到防止偷税漏税现象发生的作用。

案例 5.28　【投资决策问题】 某人用 10 万元进行为期一年的投资，有两种投资方案：一是购买股票，二是存入银行获取利息。买股票的收益取决于经济形势，若经济形势好可获利 4 万元，形势中等可获利 1 万元，形势不好要损失 2 万元。如果存入银行，假设利率为 8%，可得利息 8000 元，又设经济形势好、中、差的概率分别为 30%、50%、20%。试问：应选择哪一种方案可使投资的效益较大？

解　由题设可知，在经济形势好和中等的情况下，购买股票是合算的；但如果经济形势不好，那么采取存银行的方案合算。然而现实是不知道哪种情况会出现，因此要比较两种投资方案获利的期望大小。

购买股票的获利情况为随机变量 X，则它的分布列如表 5.11 所示。

表 5.11　投资收益情况分析表

X	4	1	-2
P	0.3	0.5	0.2

所以随机变量 X 的期望为

$$EX = 4 \times 0.3 + 1 \times 0.5 + (-2) \times 0.2 = 1.3(万元)$$

而存入银行,他获利情况设为 Y,则变量 Y 的期望为

$$EY = 0.8(万元)$$

因为 $EX > EY$,所以购买股票的期望收益比存入银行的期望收益大,应采用购买股票的方案。

案例 5.29 【维修方案决策】某家电企业经调查预计明年向某地销售 3000 台洗衣机,计划与当地的一家维修部签订保修合同,委托维修部承包维修业务,保修期一年。该企业与维修部对这批产品的保修有以下两个方案选择:

方案 1:维修次数不限,一次性支付总维修费 2000 元;

方案 2:维修次数少于 300 次,支付维修费 1000 元;若超过,每增加一次加付维修费 5 元。

另根据过去的经验及产品的质量情况估计,今后一年内洗衣机可能出现维修的次数及发生的概率如表 5.12 所示。

表 5.12　投资收益情况分析表

维修次数 X	300	400	500	600	700
P	0.5	0.25	0.15	0.07	0.03

解　若选择方案 1,企业将支出维修费 2000 元。

若选择方案 2,则企业支出维修费 X 的期望为

$$EX = 1000 \times 0.5 + 1500 \times 0.25 + 2000 \times 0.15 + 2500 \times 0.07 + 3000 \times 0.03 = 1440(元)$$

可见方案 2 优于方案 1,故该企业应与维修公司签订方案 2 的保修合同。

案例 5.30 【商品销售量期望】国际市场上对我国某种商品的年需求量是一个随机变量 ξ(单位:吨),服从区间 $[a,b]$ 上的均匀分布,试分析我国该商品在国际市场上年销售量的期望。

解　因为 $\xi \sim [a,b]$,所以 ξ 的概率密度为

$$\varphi(x) = \begin{cases} \dfrac{1}{b-a} & a < x < b \\ 0 & x \leqslant a \text{ 或 } x \geqslant b \end{cases}$$

根据连续型随机变量的期望计算公式知

$$E\xi = \int_a^b x \cdot \frac{1}{b-a} \mathrm{d}x = \frac{a+b}{2}$$

即我国该商品在国际市场上年销售量的期望为 $\dfrac{a+b}{2}$。

案例 5.31 【设备平均荷载】由于电力资源紧张,某汽车零件加工企业欲购置发电机,为

此,先对本厂的电气负荷进行测试。设某电气设备在某时段最大负荷的时间 ξ(单位:min)是一个随机变量,其分布密度为

$$f(x) = \begin{cases} \dfrac{1}{1500^2}x & 0 \leqslant x \leqslant 1500 \\[2mm] -\dfrac{1}{1500^2}(x-3000) & 1500 < x \leqslant 3000 \\[2mm] 0 & \text{其他} \end{cases}$$

试求最大负荷的平均时间。

解 最大负荷的平均时间即为 ξ 的数学期望

$$\begin{aligned} E\xi &= \int_{-\infty}^{+\infty} xf(x)\mathrm{d}x \\ &= \int_0^{1500} x \cdot \frac{1}{1500^2}x\mathrm{d}x + \int_{1500}^{3000} x \cdot \left[-\frac{1}{1500^2}(x-3000)\right]\mathrm{d}x \\ &= 1500(\text{min}) \end{aligned}$$

即最大负荷的平均时间为 1500min。

二 方差

引例 5.13 【投资决策风险分析】某公司有两个投资方案,每种方案的投资收益(单位:万元)是随机变量,分别用 ξ_1、ξ_2 表示,其分布列如表 5.13 所示。

表 5.13 投资收益情况分析表

ξ_1	100	200	300	ξ_2	160	200	210
P	0.3	0.5	0.2	P	0.3	0.5	0.2

由于资金有限,该公司只能选择一种方案进行投资,请你帮该公司做出投资决策方案。

问题分析 这类问题中,按前面的思路去解决的话,首先考虑分析这两种投资方案的期望,但计算发现

$$E(\xi_1) = 100 \times 0.3 + 200 \times 0.5 + 300 \times 0.2 = 190(\text{万元})$$
$$E(\xi_2) = 160 \times 0.3 + 200 \times 0.5 + 210 \times 0.2 = 190(\text{万元})$$

两个投资方案的期望收益相等。此时,无法通过投资收益的期望值做出选择。进一步比较发现,第一方案的投资结果比第二种方案更为分散(投资的各种可能结果与期望值的偏差更大),即第一种方案的投资收益的不确定性更大。对公司而言,投资收益的不确定性代表风险,是应该避免的。故公司选择风险相对较小的第二种方案。

类似于引例 5.13,仅知道随机变量的期望不能完全满足分析实际问题的需要,还要根据实际情况研究随机变量的值与期望的偏离程度,这就是我们前面已提到过的方差的概念。

设 ξ 是一个随机变量,如果 $E(\xi-E\xi)^2$ 存在,则称 $E(\xi-E\xi)^2$ 为随机变量 ξ 的**方差(Variance)**,记作 $D\xi$ 或 σ^2,即 $D\xi = E(\xi-E\xi)^2$;$\sigma = \sqrt{D\xi}$ 称为 ξ 的**标准差(Standard Deviation)**。

如果 ξ 为离散型随机变量,$P(\xi=i)=p_i (i=1,2,\cdots,n)$,则有

$$D\xi = \sum_{i=1}^{n}(x_i - E(\xi))^2 p_i$$

如果 ξ 为连续型随机变量，$f(x)$ 为其分布密度，则有

$$D\xi = \int_{-\infty}^{+\infty} [x - E(\xi)]^2 f(x)\mathrm{d}x$$

方差具有以下结论：

(1) $D(c) = 0$（c 为常数）；

(2) $D(c\xi) = c^2 D(\xi)$；

(3) 两个相互独立的随机变量 ξ、η，有 $D(\xi + \eta) = D\xi + D\eta$（可推广到有限个相互独立的随机变量的和）；

(4) $D\xi = E\xi^2 - (E\xi)^2$。

案例分析

案例 5.32 【**投资决策风险分析**】试分析引例 5.13 中 $D\xi_1$、$D\xi_2$，以判断哪种投资方案更合适。

解 前面已求出

$$E(\xi_1) = 100 \times 0.3 + 200 \times 0.5 + 300 \times 0.2 = 190（万元）$$
$$E(\xi_2) = 160 \times 0.3 + 200 \times 0.5 + 210 \times 0.2 = 190（万元）$$

小结常见分布的
期望和方差

根据方差的计算公式，知

$$D\xi_1 = (100 - 190)^2 \times 0.3 + (200 - 190)^2 \times 0.5 + (300 - 190)^2 \times 0.2 = 4900$$
$$D\xi_2 = (160 - 190)^2 \times 0.3 + (200 - 190)^2 \times 0.5 + (210 - 190)^2 \times 0.2 = 400$$

由于 $D\xi_1 > D\xi_2$，所以该公司应选择第二种方案进行投资，因为此时风险相对较小。

案例 5.33 【**债券投资风险分析**】某人想投资一种债券，现在可供选择的债券有两种，根据前期资料分析，债券 A 的可能收益率分别为 0%、10%、18% 和 30%，它们的可能性分别为 0.3、0.2、0.4 和 0.1，其预期收益率为 12.2%；债券 B 的可能收益率分别为 5%、8% 和 10%，它们的可能性分别为 0.3、0.4 和 0.3，其预期收益率为 7.7%，试分析投资这两种债券中的哪种风险相对较小。

解 设随机变量 X 表示债券 A 的收益，则它的方差为

$$D(X) = (0\% - 12.2\%)^2 \times 0.3 + (10\% - 12.2\%)^2 \times 0.2 + (18\% - 12.2\%)^2 \times 0.4 + (30\% - 12.2\%)^2 \times 0.1 = 0.9076\%$$

设随机变量 Y 表示债券 B 的收益，则它的方差为

$$D(Y) = (5\% - 7.7\%)^2 \times 0.3 + (8\% - 7.7\%)^2 \times 0.4 + (10\% - 7.7\%)^2 \times 0.3 = 0.03810\%$$

所以债券 A、B 的标准差分别为

$$\sqrt{DX} = 9.5\%；\sqrt{DY} = 1.95\%$$

标准差越小，表明投资的债券风险就越小，因此债券 B 的投资风险小于债券 A。

案例 5.34 【**产品开发决策**】某厂有两种新产品可供开发生产，甲产品销路好的概率为 0.8，销路差的概率为 0.2，销路好时可盈利 2000 万元，销路差时亏损 200 万元；乙产品销路

好的概率为 0.85,销路差的概率为 0.15,销路好时可盈利 1700 万元,销路差时可盈利 100 万元。请你试着帮该厂决策开发生产策略。

解 设随机变量 X 表示甲产品的收益,则它的期望为

$$E(X)=2000\times0.8+(-200)\times0.2=1560(万元)$$

它的方差为

$$D(X)=(2000-1560)^2\times0.8+(-200-1560)^2\times0.2=774400$$

类似地,设随机变量 Y 表示乙产品的收益,则它的期望为

$$E(Y)=1700\times0.85+100\times0.15=1460(万元)$$

它的方差为

$$D(Y)=(1700-1460)^2\times0.85+(100-1460)^2\times0.15=326400$$

因为 $D(X)>D(Y)$,该厂应开发乙产品,其风险相对较小。

想一想　练一练(三)

1. 船队要对下月是否出海做出决策,若出海后是好天,可得收益 5000 元;若出海后天气变坏,将损失 2000 元;若不出海,无论天气好坏都要承担 1000 元的损失费。据预测,下月好天气的概率是 0.6,坏天气的概率是 0.4,问:应如何做出决策(即选择是否出海)?

小测试

2. 据统计 65 岁的人在 10 年内死亡,属于正常死亡的概率为 0.98,因事故死亡的概率为 0.02。保险公司开办老人事故死亡保险,参加者需交纳保险费 100 元。若 10 年内因事故死亡公司赔偿 a 元,应如何定 a,才能使公司期望获益大于 0;若有 1000 人投保,公司期望总获益为多少?

3. 某商场某月开展有奖促销活动,按规定 100000 人次中,一等奖 1 个,奖金 500 元;二等奖 10 个,各奖 100 元;三等奖 100 个,各奖 10 元;四等奖 1000 个,各奖 2 元。某人这个月内在该商场买了 5 次商品,他期望得奖多少元?

4. 某企业需要就是否与一家外企联营做出决策,经过调查做出评估,联营成功的概率为 0.35,若联营成功可增加利润 50 万元/月;若联营失败将损失 20 万元/月;若不联营利润不变。企业该如何决策?

5. 一种股票的未来价格是随机变量,要买股票的人可以通过比较两种股票未来价格的期望和方差来决定购买何种股票,由未来价格的期望值(即期望价格)可以判断未来收益,而方差可以判断投资风险,方差大则风险大。设有甲、乙两种股票,今年的价格都是 10 元,一年后它们的价格及其分布如表 5.15 所示。

表 5.15　股票收益情况分析表

X/元	8	12	15	Y/元	6	8.6	23
P	0.4	0.5	0.1	P	0.3	0.5	0.2

试比较购买这两种股票时的投资风险。

6. 某房地产公司有一笔 5000 万元资金,调研人员经过初步可行性研究提出三种投资方

案。方案 A 为投资一幢写字楼,方案 B 为投资一幢公寓建筑,方案 C 为投资一家饭馆,考虑到风险因素的收益率及概率如表 5.16 所示。

表 5.16　三种投资方案情况分析表

		收益率/%	概率		收益率/%	概率		收益率/%	概率
写字楼	悲观	6	0.25	公寓建筑	10	0.25	饭馆	5	0.25
	一般	19	0.50		15	0.50		20	0.50
	乐观	28	0.25		20	0.25		35	0.25

试估算该房地产公司各种投资方案的预期收益水平,并比较风险大小。

数学知识拓展

指数分布(Exponential distribution)是一种连续概率分布。指数分布可以用来表示独立发生的时间间隔,比如旅客进机场的时间间隔、中文维基百科新条目出现的时间间隔,等等。

许多电子产品的寿命分布一般服从指数分布。有的系统的寿命分布也可用指数分布来近似。它在可靠性研究中是最常用的一种分布形式。指数分布是伽马分布和威布尔分布的特殊情况,产品的失效是偶然失效时,其寿命服从指数分布。

在电子元器件的可靠性研究中,指数分布应用广泛,在日本的工业标准和美国军用标准中,半导体器件的抽验方案都是采用指数分布。

一般地,如果随机变量 ξ 的概率密度为

$$\varphi(x)=\begin{cases} \lambda e^{-\lambda x} & x>0 \\ 0 & x\leqslant 0 \end{cases}$$

其中 $\lambda>0$ 为常数,则称 ε 为服从参数 λ 的**指数分布(Exponential Distribution)**,记作 $\xi\sim E(\lambda)$。

例题分析

例 5.1　假设顾客在某银行窗口等待服务的时间(单位:分钟)ξ 服从参数为 $\lambda=\dfrac{1}{5}$ 的指数分布。若等待时间超过 10 分钟,则他离开。假设他一个月内要来银行 5 次,以 Y 表示一个月内他没有等到服务而离开窗口的次数,求 Y 的分布列及至少有一次没有等到服务的概率 $P(Y\geqslant 1)$。

解　Y 是离散型随机变量,且 $Y\sim B(5,p)$,其中 $p=P(\xi>10)$,ξ 的概率密度为

$$f(x)=\begin{cases} \dfrac{1}{5}e^{-\frac{1}{5}x} & x>0 \\ 0 & x\leqslant 0 \end{cases}$$

故 $p=P(\xi>10)=\displaystyle\int_{10}^{+\infty}\dfrac{1}{5}\cdot e^{-\frac{1}{5}x}\mathrm{d}x=e^{-2}$

Y 的分布列为

$$P(Y=k)=C_5^k(e^{-2})^k(1-e^{-2})^{5-k}, k=0,1,\cdots,5$$
$$P(Y\geqslant 1)=1-P(Y=0)=1-(1-e^{-2})^5=0.5167$$

例 5.2　某型号计算机无故障工作的时间 X(单位:小时)服从参数为 0.01 的指数分布,求它无故障工作 50～150 小时的概率是多少?它的运转时间小于 100 小时的概率是多少?

解　由题意知,计算机无故障工作的时间 X 的密度函数为

$$\varphi(x)=\begin{cases}\dfrac{1}{100}e^{-\frac{1}{100}x} & x\geqslant 0 \\ 0 & x<0\end{cases}$$

于是

$$P(50\leqslant X\leqslant 150)=\frac{1}{100}\int_{50}^{150}e^{-\frac{1}{100}x}\mathrm{d}x=e^{-\frac{1}{2}}-e^{-\frac{3}{2}}\approx 0.384$$

$$P(X\leqslant 100)=\frac{1}{100}\int_0^{100}e^{-\frac{1}{100}x}\mathrm{d}x\approx 0.633$$

想一想　练一练(四)

1. 电子元件的寿命 X(年)服从 $\lambda=3$ 的指数分布。(1)求该电子元件寿命超过 2 年的概率;(2)已知该电子元件已使用了 1.5 年,求它还能使用 2 年的概率为多少?

2. 某仪器装有三只独立工作的同型号电子元件,其寿命(单位:小时)都服从指数分布,概率密度为

$$\varphi(x)=\begin{cases}\dfrac{1}{600}e^{\frac{1}{600}x} & x\geqslant 0 \\ 0 & x<0\end{cases}$$

试求该仪器在使用的最初 200 小时内至少有一只电子元件损坏的概率。

概率的起源

概率论的起源

全书习题参考答案

附　表

1. 泊松分布表 $P(X=k)=\dfrac{\lambda^{k}}{k!}e^{-\lambda}$

k \ λ	0.1	0.2	0.3	0.4	0.5	0.6	0.7	0.8
0	0.904837	0.818731	0.740818	0.670320	0.606531	0.548812	0.496585	0.449329
1	0.090484	0.163746	0.222245	0.268128	0.303265	0.329287	0.347610	0.359463
2	0.004524	0.016375	0.033337	0.053626	0.075816	0.098786	0.121663	0.143785
3	0.000151	0.001092	0.003334	0.007150	0.012636	0.019757	0.028388	0.038343
4	0.000004	0.000055	0.000250	0.000715	0.001580	0.002964	0.004968	0.007669
5		0.000002	0.000015	0.000057	0.000158	0.000356	0.000696	0.001227
6			0.000001	0.000004	0.000013	0.000036	0.000081	0.000164
7					0.000001	0.000003	0.000008	0.000019
8							0.000001	0.000002
9								

k \ λ	0.9	1.0	1.5	2.0	2.5	3.0	3.5	4.0
0	0.406570	0.367879	0.223130	0.135335	0.082085	0.049787	0.030197	0.018316
1	0.365913	0.367879	0.334695	0.270671	0.205212	0.149361	0.105691	0.073263
2	0.164661	0.183940	0.251021	0.270671	0.256516	0.224042	0.184959	0.146525
3	0.049398	0.061313	0.125511	0.180447	0.213763	0.224042	0.215785	0.195367
4	0.011115	0.015328	0.047067	0.090224	0.133602	0.168031	0.188812	0.195367
5	0.002001	0.003066	0.014120	0.036089	0.066801	0.100819	0.132169	0.156293
6	0.000300	0.000511	0.003530	0.012030	0.027834	0.050409	0.077098	0.104196
7	0.000039	0.000073	0.000756	0.003437	0.009941	0.021604	0.038549	0.059540
8	0.000004	0.000009	0.000142	0.000859	0.003106	0.008102	0.016865	0.029770
9		0.000001	0.000024	0.000191	0.000863	0.002701	0.006559	0.013231
10			0.000004	0.000038	0.000216	0.000810	0.002296	0.005292
11				0.000007	0.000049	0.000221	0.000730	0.001925
12				0.000001	0.000010	0.000055	0.000213	0.000642
13					0.000002	0.000013	0.000057	0.000197
14						0.000003	0.000014	0.000056
15						0.000001	0.000003	0.000015
16							0.000001	0.000004
17								0.000001

k \ λ	4.5	5.0	5.5	6.0	6.5	7.0	7.5	8.0
0	0.011109	0.006738	0.004087	0.002479	0.001503	0.000912	0.000553	0.000335
1	0.049990	0.033690	0.022477	0.014873	0.009772	0.006383	0.004148	0.002684
2	0.112479	0.084224	0.061812	0.044618	0.031760	0.022341	0.015555	0.010735
3	0.168718	0.140374	0.113323	0.089235	0.068814	0.052129	0.038889	0.028626
4	0.189808	0.175467	0.155819	0.133853	0.111822	0.091226	0.072916	0.057252
5	0.170827	0.175467	0.171401	0.160623	0.145369	0.127717	0.109375	0.091604
6	0.128120	0.146223	0.157117	0.160623	0.157483	0.149003	0.136718	0.122138
7	0.082363	0.104445	0.123449	0.137677	0.146234	0.149003	0.146484	0.139587
8	0.046329	0.065278	0.084871	0.103258	0.118815	0.130377	0.137329	0.139587
9	0.023165	0.036266	0.051866	0.068838	0.085811	0.101405	0.114440	0.124077
10	0.010424	0.018133	0.028526	0.041303	0.055777	0.070983	0.085830	0.099262
11	0.004264	0.008242	0.014263	0.022529	0.032959	0.045171	0.058521	0.072190
12	0.001599	0.003434	0.006537	0.011264	0.017853	0.026350	0.036575	0.048127
13	0.000554	0.001321	0.002766	0.005199	0.008926	0.014188	0.021101	0.029616
14	0.000178	0.000472	0.001087	0.002228	0.004144	0.007094	0.011304	0.016924
15	0.000053	0.000157	0.000398	0.000891	0.001796	0.003311	0.005652	0.009026
16	0.000015	0.000049	0.000137	0.000334	0.000730	0.001448	0.002649	0.004513
17	0.000004	0.000014	0.000044	0.000118	0.000279	0.000596	0.001169	0.002124
18	0.000001	0.000004	0.000014	0.000039	0.000101	0.000232	0.000487	0.000944
19		0.000001	0.000004	0.000012	0.000034	0.000085	0.000192	0.000397
20			0.000001	0.000004	0.000011	0.000030	0.000072	0.000159
21				0.000001	0.000003	0.000010	0.000026	0.000061
22					0.000001	0.000003	0.000009	0.000022
23						0.000001	0.000003	0.000008
24							0.000001	0.000003
25								0.000001

k \ λ	8.5	9.0	9.5	10	12	15	18	20
0	0.000203	0.000123	0.000075	0.000045	0.000006	0.000000	0.000000	0.000000
1	0.001729	0.001111	0.000711	0.000454	0.000074	0.000005	0.000000	0.000000
2	0.007350	0.004998	0.003378	0.002270	0.000442	0.000034	0.000002	0.000000
3	0.020826	0.014994	0.010696	0.007567	0.001770	0.000172	0.000015	0.000003

续表

k \ λ	8.5	9.0	9.5	10	12	15	18	20
4	0.044255	0.033737	0.025403	0.018917	0.005309	0.000645	0.000067	0.000014
5	0.075233	0.060727	0.048266	0.037833	0.012741	0.001936	0.000240	0.000055
6	0.106581	0.091090	0.076421	0.063055	0.025481	0.004839	0.000719	0.000183
7	0.129419	0.117116	0.103714	0.090079	0.043682	0.010370	0.001850	0.000523
8	0.137508	0.131756	0.123160	0.112599	0.065523	0.019444	0.004163	0.001309
9	0.129869	0.131756	0.130003	0.125110	0.087364	0.032407	0.008325	0.002908
10	0.110388	0.118580	0.123502	0.125110	0.104837	0.048611	0.014985	0.005816
11	0.085300	0.097020	0.106661	0.113736	0.114368	0.066287	0.024521	0.010575
12	0.060421	0.072765	0.084440	0.094780	0.114368	0.082859	0.036782	0.017625
13	0.039506	0.050376	0.061706	0.072908	0.105570	0.095607	0.050929	0.027116
14	0.023986	0.032384	0.041872	0.052077	0.090489	0.102436	0.065480	0.038737
15	0.013592	0.019431	0.026519	0.034718	0.072391	0.102436	0.078576	0.051649
16	0.007221	0.010930	0.015746	0.021699	0.054293	0.096034	0.088397	0.064561
17	0.003610	0.005786	0.008799	0.012764	0.038325	0.084736	0.093597	0.075954
18	0.001705	0.002893	0.004644	0.007091	0.025550	0.070613	0.093597	0.084394
19	0.000763	0.001370	0.002322	0.003732	0.016137	0.055747	0.088671	0.088835
20	0.000324	0.000617	0.001103	0.001866	0.009682	0.041810	0.079804	0.088835
21	0.000131	0.000264	0.000499	0.000889	0.005533	0.029865	0.068403	0.084605
22	0.000051	0.000108	0.000215	0.000404	0.003018	0.020362	0.055966	0.076914
23	0.000019	0.000042	0.000089	0.000176	0.001574	0.013280	0.043800	0.066881
24	0.000007	0.000016	0.000035	0.000073	0.000787	0.008300	0.032850	0.055735
25	0.000002	0.000006	0.000013	0.000029	0.000378	0.004980	0.023652	0.044588
26	0.000001	0.000002	0.000005	0.000011	0.000174	0.002873	0.016374	0.034298
27		0.000001	0.000002	0.000004	0.000078	0.001596	0.010916	0.025406
28			0.000001	0.000001	0.000033	0.000855	0.007018	0.018147
29				0.000001	0.000014	0.000442	0.004356	0.012515
30					0.000005	0.000221	0.002613	0.008344
31					0.000002	0.000107	0.001517	0.005383
32					0.000001	0.000050	0.000854	0.003364
33						0.000023	0.000466	0.002039
34						0.000010	0.000246	0.001199

k \ λ	8.5	9.0	9.5	10	12	15	18	20
35						0.000004	0.000127	0.000685
36						0.000002	0.000063	0.000381
37						0.000001	0.000031	0.000206
38							0.000015	0.000108
39							0.000007	0.000056

2. 正态分布表

$$\Phi(x) = \int_{-\infty}^{x} \frac{1}{\sqrt{2\pi}} e^{\frac{u^2}{2}} du = P(\xi \leqslant x)$$

x	0.00	0.01	0.02	0.03	0.04	0.05	0.06	0.07	0.08	0.09
0.0	0.5000	0.5040	0.5080	0.5120	0.5160	0.5199	0.5239	0.5279	0.5319	0.5359
0.1	0.5398	0.5438	0.5478	0.5517	0.5557	0.5596	0.5636	0.5675	0.5714	0.5753
0.2	0.5793	0.5832	0.5871	0.5910	0.5948	0.5987	0.6026	0.6064	0.6103	0.6141
0.3	0.6179	0.6217	0.6255	0.6293	0.6331	0.6368	0.6406	0.6443	0.6480	0.6517
0.4	0.6554	0.6591	0.6628	0.6664	0.6700	0.6736	0.6772	0.6808	0.6844	0.6879
0.5	0.6915	0.6950	0.6985	0.7019	0.7054	0.7088	0.7123	0.7157	0.7190	0.7224
0.6	0.7257	0.7291	0.7324	0.7357	0.7389	0.7422	0.7454	0.7486	0.7517	0.7549
0.7	0.7580	0.7611	0.7642	0.7673	0.7703	0.7734	0.7764	0.7794	0.7823	0.7582
0.8	0.7881	0.7910	0.7939	0.7967	0.7995	0.8023	0.8051	0.8078	0.8106	0.8133
0.9	0.8159	0.8186	0.8212	0.8238	0.8264	0.8289	0.8315	0.8340	0.8365	0.8389
1.0	0.8413	0.8438	0.8461	0.8485	0.8508	0.8531	0.8554	0.8577	0.8599	0.8621
1.1	0.8643	0.8665	0.8686	0.8708	0.8729	0.8749	0.8770	0.8790	0.8810	0.8830
1.2	0.8849	0.8869	0.8888	0.8907	0.8925	0.8944	0.8962	0.8980	0.8997	0.9015
1.3	0.9032	0.9049	0.9066	0.9082	0.9099	0.9115	0.9131	0.9147	0.9162	0.9177
1.4	0.9192	0.9207	0.9222	0.9236	0.9251	0.9265	0.9278	0.9292	0.9306	0.9319
1.5	0.9332	0.9345	0.9357	0.9370	0.9382	0.9394	0.9406	0.9418	0.9430	0.9441
1.6	0.9452	0.9463	0.9474	0.9484	0.9495	0.9505	0.9515	0.9525	0.9535	0.9545
1.7	0.9554	0.9564	0.9573	0.9582	0.9591	0.9599	0.9608	0.9616	0.9625	0.9633
1.8	0.9641	0.9648	0.9656	0.9664	0.9671	0.9678	0.9686	0.9693	0.9700	0.9706
1.9	0.9713	0.9719	0.9726	0.9732	0.9738	0.9744	0.9750	0.9756	0.9762	0.9767
2.0	0.9772	0.9778	0.9783	0.9788	0.9793	0.9798	0.9803	0.9808	0.9812	0.9817
2.1	0.9821	0.9826	0.9830	0.9834	0.9838	0.9842	0.9846	0.9850	0.9854	0.9857
2.2	0.9861	0.9864	0.9868	0.9871	0.9874	0.9878	0.9881	0.9884	0.9887	0.9890
2.3	0.9893	0.9896	0.9898	0.9901	0.9904	0.9906	0.9909	0.9911	0.9913	0.9916
2.4	0.9918	0.9920	0.9922	0.9925	0.9927	0.9929	0.9931	0.9932	0.9934	0.9936

续表

x	0.00	0.01	0.02	0.03	0.04	0.05	0.06	0.07	0.08	0.09
2.5	0.9938	0.9940	0.9941	0.9943	0.9945	0.9946	0.9948	0.9949	0.9951	0.9952
2.6	0.9953	0.9955	0.9956	0.9957	0.9959	0.9960	0.9961	0.9962	0.9963	0.9964
2.7	0.9965	0.9966	0.9967	0.9968	0.9969	0.9970	0.9971	0.9972	0.9973	0.9974
2.8	0.9974	0.9975	0.9976	0.9977	0.9977	0.9978	0.9979	0.9979	0.9980	0.9981
2.9	0.9981	0.9982	0.9982	0.9983	0.9984	0.9984	0.9985	0.9985	0.9986	0.9986
3.0	0.9987	0.9990	0.9993	0.9995	0.9997	0.9998	0.9998	0.9999	0.9999	1.0000

注：表中末行系函数值 $\Phi(3.0),\Phi(3.1),\cdots,\Phi(3.9)$。

参考文献

［1］雷田礼,郑红,齐松茹.经济与管理数学[M].北京:高等教育出版社,2008.

［2］李心灿,姚金华,邵鸿飞,等.高等数学应用205例[M].北京:高等教育出版社,1997.

［3］刘洪宇.经济数学[M].北京:中国人民大学出版社,2012.

［4］王新华.应用数学基础[M].北京:清华大学出版社,2010.

［5］杜家龙.市场调查与预测[M].北京:高等教育出版社,2009.

［6］汪荣伟.经济应用数学[M].北京:高等教育出版社,2006.

［7］顾静相.经济数学基础[M].3版.北京:高等教育出版社,2008.

［8］邱红.实用高等数学[M].青岛:中国海洋大学出版社,2011.

［9］颜文勇.高等应用数学[M].2版.北京:高等教育出版社,2014.

［10］白景富,杨凤书,等.应用数学[M].青岛:中国海洋大学出版社,2011.

浙江大学出版社
ZHEJIANG UNIVERSITY PRESS

互联网+教育+出版

立方书

教育信息化趋势下，课堂教学的创新催生教材的创新，互联网+教育的融合创新，教材呈现全新的表现形式——教材即课堂。

 轻松备课　 分享资源　 发送通知　 作业评测　 互动讨论

"一本书"带来"一个课堂"　教学改革从"扫一扫"开始

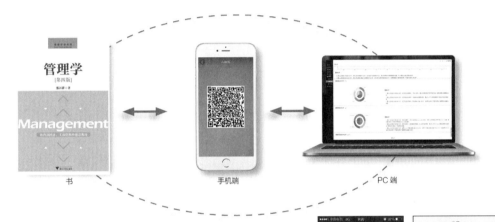

书　　　　　手机端　　　　　PC端

打造中国大学课堂新模式

【创新的教学体验】
开课教师可免费申请"立方书"开课，利用本书配套的资源及自己上传的资源进行教学。

【方便的班级管理】
教师可以轻松创建、管理自己的课堂，后台控制简便，可视化操作，一体化管理。

【完善的教学功能】
课程模块、资源内容随心排列，备课、开课，管理学生、发送通知、分享资源、布置和批改作业、组织讨论答疑、开展教学互动。

扫一扫 下载APP

教师开课流程

➡ 在APP内扫描封面二维码，申请资源
➡ 开通教师权限，登录网站
➡ 创建课堂，生成课堂二维码
➡ 学生扫码加入课堂，轻松上课

网站地址：www.lifangshu.com
技术支持：lifangshu2015@126.com；电话：0571-88273329